深

DEEP

海洋怪奇物語

自由潛水人、叛逆科學家與我們的海洋手足

JAMES NESTOR

詹姆斯·奈斯特／著

黃珈擇／譯

目次

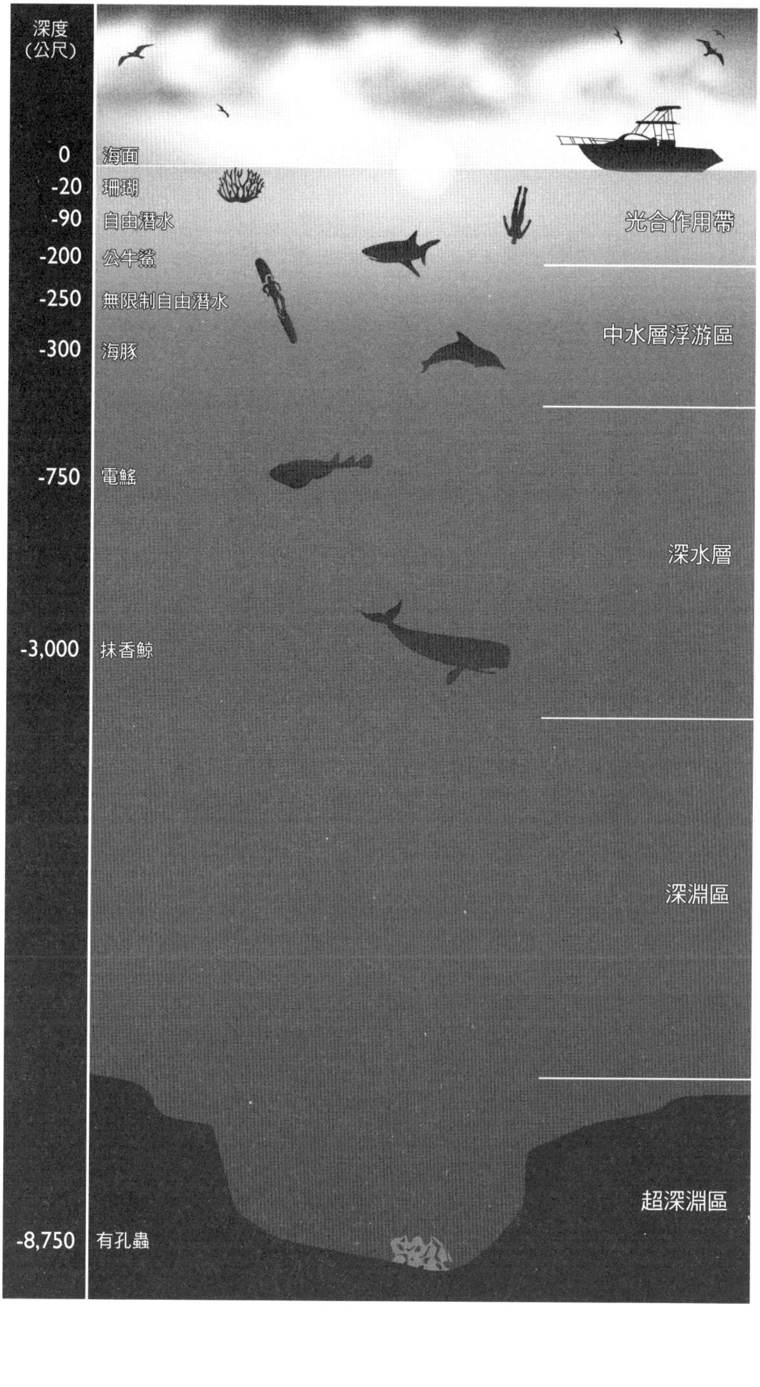
深度（公尺）
0 海面
-20 珊瑚
-90 自由潛水
-200 公牛鯊
-250 無限制自由潛水
-300 海豚
-750 電鯆
-3,000 抹香鯨
-8,750 有孔蟲
光合作用帶
中水層浮游區
深水層
深淵區
超深淵區

0

在這裡我是一名外來客，一名體育賽事的記者，來這裡報導一場罕為人知的運動賽事：世界自由潛水錦標賽。我正坐在一張逼仄的書桌前，朝窗外看去是海岸邊的一段木棧步道。這間旅館坐落在希臘卡拉馬塔小鎮的濱海度假中心。汙跡斑斑的牆壁上爬滿蜘蛛網狀的裂痕、破舊的地毯、昏暗的走廊牆上還留著曾掛過相框的灰塵痕跡。這些難以忽視的背景，宣示著這是棟有陳年歷史的旅館。

我被《戶外》雜誌派遣來這裡，因為這屆舉辦的二〇一一年世界自由潛水錦標賽，是自由潛水運動史上最大規模的運動員總號召，今年的賽事將會是自由潛水競技領域裡重要的里程碑。因為我的生活一直和海洋有很強的關聯，平日的休閒活動也多半和大海有關，海洋經常出現在我的寫作題材中。我的編輯因此判斷我可以勝任這項報導任務。但事實上，我對這項運動的認識非常淺薄，我自己沒有試過，身邊也沒有認識任何人曾經做過自由潛水，在此之前，我甚至沒親眼見過自由潛水這項運動。

來到卡拉馬塔小鎮的第一天，我就開始閱讀競賽規則，試著認識這項運動裡重要的新秀人物。我透過谷歌搜尋相關資料，看到圖片中的自由潛水人穿著類似美人魚型的防寒衣，優游自在地在水裡來去、從游泳池底吐出令人驚訝的美麗氣泡環。這項運動似乎是一群非常奇異的人才會有的嗜好，有點像是羽毛球或古老的查爾斯頓舞*。這些人會在雞尾酒派對上和人聊起這項運動，或者甚至用這個奇特的運動名稱作為電郵地址的一部分。

我的正式工作從第二天清晨五點半展開，我在卡拉馬塔碼頭上搭乘一艘八．二公尺長的帆船，船主是一名不修邊幅的魁北克僑民，這艘帆船是整場賽事唯一被允許靠近觀賽的觀眾船。競賽地點位於卡拉馬塔碼頭外十幾公里遠的深水區，我是船上唯一的一名記者。我們搭乘的帆船和水上摩托車、競賽平台與一系列裝備在海上緊緊聯繫在一塊，這裡將會是所有選手潛入深海的起點。平台邊緣繫縛著三條垂入藍色深海的鮮黃色導潛

* 譯註：查爾斯頓舞是美國一九二〇到一九三〇年代流行的一種搖擺舞，以南卡羅萊納州查爾斯頓城命名，其舞蹈旋律來自一九二三年詹姆斯．P．詹森在百老匯創作的《查爾斯頓》一歌。

繩，而第一組潛水員已經就定位了，他們圍繞著這三條重要的繩索。一位賽事裁判在眾人的注目下從十開始倒數。早晨八點，比賽開始。

接下來我的所見所聞，讓我感到困惑，甚至一度引發我的恐懼。

我見到一位身形瘦得像枝鉛筆似的紐西蘭人，名叫威廉．特魯布里奇，他吞下最後一口空氣，隨即翻身踢著一雙赤腳，垂直潛入如水晶般剔透的海中。特魯布里奇只有在前三公尺的淺處用力踢水，大約到了六公尺深處，他放鬆了身體，兩手自然地垂在身體兩側，彷彿像是一名跳傘者，非常穩定地沉向海的深處直到漸漸消失在我們的視線中。大會人員看著聲納螢幕上的指示，記錄著他此時下潛的深度：「三十公尺……四十公尺……五十公尺。」

特魯布里奇抵達了繩索最末端，那是大約九十公尺的深度。他俐落地轉身，並且朝著水面往上游。在他消失於深處的三分鐘裡，對我們觀賽的人而言經歷了一陣心理上的折磨，接著我們才在水中的深遠處，見到他小小的身影又重新出現。那種渺遠的視覺就像是戴著頭燈望向眼前一片迷霧。他回到水面後，抬起頭來呼氣並吸入他長時間閉氣後的第一口新鮮空氣，接著平穩清晰地向裁判比出一個ＯＫ手勢，他讓出了空間給下一位參賽選手就位。特魯布里奇剛剛在我面前潛入的深度，大約相當於三十層樓高，潛到底部再自力游回水面，僅憑著一口氣，沒有任何水肺裝備、空氣補給、安全背心，甚至連蛙鞋都沒穿。

九十公尺深的巨大水壓，是我們平常在水面附近所承受大氣壓力的九倍，那樣的壓力可以輕易地壓碎可樂罐。下潛的過程中，九公尺的水深，使肺部的體積縮小成在水面時的一半，而九十公尺深的水壓，令肺臟縮小成兩顆棒球的尺寸。錦標賽的首日，我所見到的特魯布里奇和其他選手，他們幾乎毫髮無傷地回到水面，深潛對他們而言毫無勉強，從容而自然，好像他們是天生屬於海洋深處的生物。

競賽首日的所見所聞，令我大感震驚，我迫不及待要將眼前發生的這些事分享給其他人。我打電話給住在南加州的媽媽，聽了我的敘述後，她不相信這是真的，「這是不可能的。」就在我們通完電話，她又撥打了電話向一位有四十年水肺潛水經驗的朋友詢問此事，接著她又打電話來提醒我，「在海底肯定有著氧氣瓶之類的東西。」她說：「而且我建議你，要發表這種報導之前，最好自己做足研究。」

但事實上並沒有什麼氧氣瓶的裝置在繩子的那一端，就算有好了，假如這些潛水選手在深處吸了這些氧氣，在他們上浮回到水面的過程中，肺裡的氣體會因外界水壓減少而膨脹，回到淺處時他們的肺就會爆炸，血液裡頭的氮氣也會劇烈析出產生氣泡，上升過程中必死無疑。人體只有在最自然的狀態下，才能潛入九十公尺的深處並且快速地返回水面。

對於這種極限環境，有一部分人能夠處理得比較好。

後續幾天的觀賽，我見到許多選手，在競賽中嘗試接近九十公尺的深度，有許多人無法順利回到水面，他們浮出水面時臉上滿溢著從鼻孔流出的鮮血、失去意識、心跳停止。即使發生了這些事，競賽還是持續進行著，而且不知道為什麼，這樣的運動競賽是合法的。

在自由潛水的族群裡，大部分的人都會盡可能往深處去，即使科學研究已清楚表明會有癱瘓甚至死亡的風險，但他們仍然一心嚮往。

但，有一小群人抱持著不同的態度。我認識許多選手，他們以更加理智的態度進行自由潛水。他們之所以進行自由潛水並非為了和死亡對峙，創下某個深度紀錄或者打敗某位對手也不是他們看重的事。他們選擇自由潛水，是想以最直接的方式融入海洋。在海面下經歷三分鐘（約百公尺深潛的平均時間），我們的身體僅只是徒具有類似陸地生物的特徵，海洋改變了潛水人的生理與心理。

世界上有七十億人口，地球上的每一寸土地都已被繪製地圖，許多地區都已經被開發，甚至有許多陸地已經被破壞，海洋保存了最終未被見過、未被接觸過、未曾被發現的自然荒野，海洋是地球上最後的邊疆。那裡沒有恐怖主義威脅、沒有手機、沒有電子郵件、沒有推特、沒有車鑰匙可以遺失、不需要記誰的生日、不需要擔心信用卡費逾期。我們文明生活中的壓力、噪音和干擾都被留在大洋的水面之上，海洋深處是地球上最後一塊保有寧靜的地方。

當你聽著一些思想具有哲理的自由潛水員敘述著他們的潛水體驗時，他們的目光透著如清澈玻璃般的明淨；那樣的神情就好像講道中的佛教僧侶或是急診室中從瀕死狀態中復活的人，這些曾經達到彼岸的人，他們對生命有著一番特別的領悟。更重要的是，自由潛水員會告訴你：「海洋裡的寧靜，接納了所有人！」

每一個人都會被大海接納，無論他的身高、體重、性別或是種族。在希臘舉辦的世界錦標賽中聚集的選手們並非都有著一致的外形，並非每一位自由潛水選手都有著世界金牌游泳選手萊恩．拉克提那樣的超人健美體形。許多選手有著令人印象深刻的身材，例如如鉛筆般瘦長的特魯布里奇，但也有胖胖的美國大叔，非常嬌小的俄羅斯女人，脖子奇粗的德國人和苗條的委內瑞拉人。

自由潛水這項運動所做的，和我所認識的落海求生的必要手段完全不同！當你選擇自由潛水時，你背向水面潛入海中，遠離你唯一的空氣來源，透過自力向深處推進，承受著水壓並一路向下前往酷寒、痛苦而且危險的深水處。有時你會昏迷，有時你會從鼻孔或口腔中冒出血液。甚至你有可能無法活著回到陸地。細數人類的運動項目，可能只有低空跳傘——從建築物、天線塔、橋梁或懸崖地形進行跳傘活動——的危險性高於自由潛水。自由潛水幾乎是地球上最危險的運動，每年世界各地都有數十甚至上百名自由潛水員受傷或死亡，這樣的運動似乎是一心求死。

然而，錦標賽活動結束後幾天，我回到了舊金山的住處，我無法停止思考關於自由潛水的一切。

我開始展開對自由潛水的研究，試著去了解選手們的說法，他們提到了人體與生俱來對潛水活動所做出的反應。我發現這些觀念是我母親絕對不相信、而且絕大部分人都會質疑的。但這種奇異的現象卻是千真萬確的，而且它在科學上還有一個專有名詞：「哺乳動物潛水反射」，或者更有煽動力的稱為「生命總開關」，這樣的生理現象已經被研究了超過五十年。

「生命總開關」是生理學家佩爾・蘇蘭德於一九六三年為此生理現象的命名。它指的是當人類臉部浸入水中，大腦、肺臟和心臟以及其他器官所產生的生理反應。當我們潛得越深，這樣的生理反射現象就會越強烈，甚至會引發生理發生轉變進而保護我們的器官適應外界巨大的水壓，最終將我們的生理轉變成一種有效率的深海生物。自由潛水人探索這種生理現象並且適應它，提升潛水能力而能潛得更深更久。

人類古代文化中，已經對此生命總開關有一定的了解，並且在過去幾個世紀以來，利用這種能力採集數十公尺深的海綿、珍珠、珊瑚和海洋中的食物。已知十七世紀時期，加勒比海、中東、印度洋、南太平洋等地都有來自歐洲旅者的目擊紀錄，這些歐洲訪客親眼見到當地人徒手潛入超過三十公尺深，並且一口氣在水下停留長達十五分鐘。這些目擊紀錄已經是好幾百年前，若真的有什麼關於人類徒手深潛的祕訣曾經存在也已經在這數百年間失傳了。

我開始好奇一件事：假如，我們遺忘了原本就具有的深潛本能，我們究竟還失去了哪些其他的生理反應能力？

。。。。。。。

接下來有一年半的時間，我試著為這個問題尋找解答。探索的足跡從波多黎各到日本，從斯里蘭卡到宏都拉斯。我親眼見到人們潛入三十公尺的水深，並將衛星追蹤器刺入大白鯊的背鰭；我搭乘特殊製作的潛水艇進入數百公尺深的深度，見到深海水母以發光互相溝通；我和鯨豚互動交談；我和世界上最大的獵食者對視；我半裸著濕透的身子和一群研究學者處在一個充滿氮氣的水下密閉室中進行生物觀察；我體驗了在水中零重力的漂浮。經歷了暈船、被太陽曬傷、移動上萬公里的長途汽車旅行，最終我到底發現了什麼？

我發現，人們與大海之間的聯繫，遠比他們所想的還要更深、更緊密。我們受海洋孕育。每一個人生命的開端，都是始於漂浮於羊水之中，羊水的組成接近海水，人類在母體中從胚胎發展的初期，具有魚類的特徵。一個月大的胚胎首先生長出來的並不是腿而是鰭狀構造，決定發展成鰭或人類的手所牽涉的基因差異度很低。滿五週的胚胎已發展出具有兩個腔室的心臟，這也是魚類的共同特徵。

人類血液的化學組成與海水成分具有驚人的相似。嬰兒時期的人類如果被置入水中，天生就懂得蛙踢動作，而且能毫不費力地閉氣四十秒，甚至勝過許多成人的閉氣能力。我們是在開始學會走路後，漸漸遺忘了這與生俱來的閉氣能力。

隨著我們的生理成熟，我們發展出某種兩棲能力，這股潛藏的能力讓我們能夠進入不可思議的深處。如果我們是在陸地上承受大深度環境裡的壓力，我們會受傷甚至死亡，但是在海中不會，海洋裡是一個完全不同的世界，那裡有著不同的規則，是陸地上的我們必須用不同的心態才能理解的新世界。

當我們對大海探索得越深，就會得到更多神祕而超然的認識。

當我們研究範圍僅只是數百公尺深，人類與海洋的聯繫是純生理性的，我們可以在自己的血液中嘗到類似海水的鹹味，我們可以在八週大的人類胚胎中發現類似鰓狀縫隙，我們現在明白自己的兩棲能力是來自哺乳類的潛水反射，這和海洋的其他哺乳類動物都是與生俱來的能力。

若超過人類能生存的兩百一十公尺深，那裡的海洋與我們僅存的聯繫，是潛藏在我們體內的特殊感官。你可以從觀察棲息在大深度環境裡的生物中得知。

像是鯊魚、海豚或是鯨魚，牠們為了生存在無光、寒冷而且充滿巨大壓力的環境裡，都發展出非常特殊的感官能力，以利在那樣的環境中導航、溝通與觀察。我們的體內也有著類似的超感官能力；在我們體內還能找到一個總開關，能讓我們的生理切換成深潛模式，這種功能是演化早期當我們還屬於海洋群體時所殘留至今。絕大多數的人們平日不會使用這股潛藏能力，但當我們的生理迫切需要的時候，就會觸發這項能力。

海洋與我們的關聯、我們和海洋物種之間共享著相似的遺傳基因，正是這種聯繫，吸引著我持續探索這項運動。

在海平面，我們是自己熟知的狀態。血液從心臟流向四肢與器官，肺部吸入空氣並且排出二氧化碳，大腦中的神經突觸群以大約每秒八次的頻率觸發訊號，我們的心跳大約是每分鐘六十到一百下，我們用陸地的方式去看、感受、品嘗和嗅聞。我們的身體已經非常適應陸地的環境。

在海平面時二十公尺以下，我們不再是原本所熟知的狀態。心臟搏動的速度可能降到平常的一半，血液從四肢流向身體的核心重點器官，肺部因外界壓力而坍縮到原本大小的三分之一，大腦突觸的觸發頻率降低，一般性知覺轉而較為麻木，此時的大腦進入平穩的冥想狀態。大部分的人都可以潛到這個深度，並且察覺體內的這些變化。但有些人選擇往更深處去。

在海平面下九十公尺處，我們會經歷更巨大的變化。在這個深度下的水壓是海平面壓力的九倍，器官體積會坍縮得更小，而心臟跳動的頻率將降低到原先的四分之一。在這個深度裡，清醒的潛水人其心率比陸地上的昏迷者更緩慢，來自感官的知覺訊號進一步減弱，大腦進入夢境狀態。

在海面下一百八十公尺處，環境壓力已經是海平面的十八倍，這樣的環境對人類而言太過極端無法承受。極少有自由潛水人嘗試這樣的深度，倖存下來的人更是少之又少。人類無法抵達的深度，其他動物可以。有紀錄觀察到鯊魚能潛入的深度，遠遠超過一百八十公尺深，牠們在深海的環境中所仰賴的感官能力與人們所知有很大的不同。其中一項就是磁感*，在深海中牠們能感受地球熔融的核心發出的微弱磁場訊號。有一些研究推測，也許人類曾經也有過磁感的能力，並且在這種能力的幫助下，達成自古幾千年來人類遷徙穿越大洋或沙漠的紀錄。

海面下超過兩百四十公尺深，這絕對超出了人類生理極限，但仍然曾有一位奧地利籍的自由潛水員甘冒死亡風險，抵達這個深度。（奧地利籍的自由潛水員赫柏特・尼奇於二〇一二年以二百五十三・二公尺創下金氏世界紀錄。）

海面下三百公尺深，那裡的海水酷寒，幾乎沒有光。動物感知環境的方式不是用看的，而是更倚重聽覺。憑著優異且敏感的聽覺能力，鯨豚透過回聲定位，其聽覺解析度可以「看見」距離七十公尺遠如米粒般大小的金屬顆粒。牠們可以僅憑聽覺辨識出九十公尺外的球是空心的桌球或是實心的高爾夫球。在陸地上，受過聽覺訓練的盲人也能透過聽覺辨位而在人行道上騎自行車、在森林步道上慢跑，並且透過聽覺感應到三百公尺外的建築物。只要適當訓練，我們都能不透過眼睛就能看見。

在海面下七百六十公尺的深度，無光環境中的海水是永恆的黑，水壓高達海平面壓力的七十五倍。對於棲息在這個深度的生物而言，生存危機潛伏在四周。電鰩發展出利用自身產生的電脈衝狩獵捕食並保護自己。科學家也發現人體細胞也都帶有電荷，西藏佛教的僧侶透過修練內火冥想，學會在嚴寒的冬季中保持身體的溫暖，其原理也和控制細胞裡的電荷有關。英國的研究發現，透過電荷在細胞裡的進出，人類不只可以自體產生熱量，甚至能夠治癒某些疾病。

＊ 譯註：磁感是一種感覺，它允許生物體探測磁場來感知方向、高度或位置。這種感官方式被一系列動物用於定向和導航，並成為動物探知區域地圖的方法。

海面下三千公尺，在如此幽暗極端的深度中，仍有哺乳類動物抹香鯨出沒，比起地球上其他大部分的物種而言，抹香鯨的文化與智力表現與人類接近。抹香鯨個體之間的溝通交流，可能比任何人類的語言都還要更加複雜。

在六千公尺的深度下，這個最深的水域裡，有著世界上最荒涼的環境。這裡的水壓已經是海平面的六百到一千倍，水溫僅略高於零度，完全無光也幾乎沒有食物。儘管如此，在這樣的環境中仍然找得到生命。這些地獄般環境中孕育出的生命，很有可能是地球所有生命在演化之初的誕生地。

人類兩百萬年的存在紀錄，約兩千年的科學實驗，近代幾百年的深海探險，十萬名的海洋生物學研究生，無數的科學研究特輯，**然而**，在我們這麼巨大的投入後，我們仍只探索了海洋的一小部分。當然，人類的觸角偶爾會伸向大海未知的深處，但我們真的有從中看到了什麼？假如你將海洋類比於人體，目前人類所進行的海洋探索，就相當於拍了一張手指的照片，利用這張相片猜測身體如何運作。而身體核心部位的肝臟、胃、血液、骨頭、大腦以及心臟，它們彼此之間有什麼關聯？如何運作的？我們身處其中又與此系統的運作有何關聯？這些真正核心的問題，仍然是一個祕密，其解答很有可能大半藏身在黑暗沒有陽光的深海領域。

這本書的結構很明確，閱讀的進程是一道通往深處的軌跡，每走過一章就會往深處再下潛得更深，從海面到最幽暗的海底深處，我將盡我所能地下潛，一旦已經超出我所能潛入的深度，我會找一個代理人，可能是人類也可能是與人類有著驚人相似之處的深潛動物。

這本書即將展開的研究與故事，只涵蓋了當代海洋研究的一小部分，而且只著重在與人類相關的研究領域內。在這本書中出現的科學家、冒險家與運動員，也只是現下正探索海洋奧祕的數千人中的一小部分。

令人不意外的是，有些研究者本身就是一位自由潛水人。我在很早期就理解自由潛水不僅是一項運動，自由潛水同時也是快速有效接觸和研究海洋中一些神祕動物的方法。例如：鯊魚、海豚和鯨魚可以潛入深達三百公尺以下，但我們很難在這麼深的地方研究牠們。少數的科學家近期發現，在水面等待牠們浮出水面並在水面附近覓食和呼吸的當下，以自由潛水的方式靠近這些生物，遠比任何水肺潛水員、機器人或甲板上的研究員，更能仔細觀察牠們。

「在海洋裡進行水肺潛水，就好像是你駕駛著一輛四輪傳動車穿越森林，門窗緊閉，開空調維持車內的溫度及濕度，汽車音響播放著音樂。」曾有一位自由潛水研究人員這麼告訴我。「實質上你不存在於那個環境之中，而且你還正在破壞它。森林裡的動物都懼怕你，你是這個自然環境裡的威脅者。」

我和這個研究小組相處得越久，就越想將這個小組與研究對象的親密接觸分享給讀者。漸漸地，我在這個領域裡探索得很深入。我也因此展開了屬於自己的自由潛水，我成為這個領域裡的一名學生。我往下潛了。

這本書向下的螺旋式閱讀軌跡同時也是我學習自由潛水的曲線——一個普通人如何克服陸地本能（呼吸）、如何切換生命總開關、如何磨練自己的身體成為一部潛水機器。只有透過自由潛水，我才能靠近那些擅長潛水的動物，從牠們身上讓我們學到很多。但我也必須接受自由潛水有其極限的現實，即使是有經驗的自由潛水人，他們都難以保持舒適狀態下超越四十五公尺的深度，即使他們有能力潛得比這個深度深，滯底停留時間也會非常有限。一般初學自由潛水的人，例如以我為例，在初學的頭幾個月甚至無法下潛超過五公尺。為了能夠進入較深的深度，並且觀察一些永遠也不會靠近海面的生物，我試著跟隨了另類的自由潛水人，他們組成海洋學界裡頭的一股次文化，他們發起「自己動手做」的風潮正在改變人們研究海洋的方式。當傳統政府部門或學術機構裡的科學家，正在撰寫研究經費申請計畫書或正在受經費申請遭削減而困擾時，我注意到另一群著重手做風格的研究人員，用大型管道零件打造自己的小型潛水艇、以蘋果手機追蹤大白鯊、以麵食過濾器組成的工具破解鯨豚溝通的祕密語言、利用過濾瓢、掃把柄與運動攝影機組成研究設備。

我必須公道地說，許多傳統的研究機構不進行這一類的研究，是因為他們沒有辦法做到。我注意到這群重視手做精神的研究員，他們所做的事情具有危險性，甚至是非法的！沒有一所大學會同意讓研究生乘坐著破舊自製的小船進入離岸數公里遠的海域，與鯊魚或抹香鯨（牠們有二十公分的長牙，是地球上最大的獵食動物）一起航行。也沒有研究機構會同意讓研究員駕駛著自製且沒有經過認證也不具有任何保險的潛水艇，潛入

「珍·古德不是坐在飛機上研究猿類。」在海洋哺乳類研究領域裡，大約二十名抹香鯨研究者中，沒有人和他們的研究對象一起潛水。斯格諾那（中央偏右手持相機）覺得這是很不可思議的一件事：「你如何能在沒有看過抹香鯨的行為、沒有親身經歷牠們彼此交流溝通的情況下研究抹香鯨？」憑藉著自由潛水的方式，斯格諾那身臨其境，這五年來他所記錄到的抹香鯨互動的影音資料，比過去任何研究學者都還要多。

數百公尺的水深。這群離經叛道的研究人員一直都這麼做，而且他們還必須自掏腰包研發潛水器。憑著他們不斷改良的手做設備，與一次次的嘗試，這群人和海裡的生物相處的時間，比起其他研究者都要長。

「珍・古德不是坐在飛機上研究猿類。」一位鯨豚溝通的自由研究員在他的實驗室這麼告訴我。這座實驗室位於他妻子所經營的餐廳頂樓。「既然如此，你就不能奢望在教室裡研究海洋及海洋生物，你必須進入海洋，你必須讓自己濕透。」

所以，我一頭栽入了。

-20

類似休斯頓太空中心和國際太空站的關係，全世界目前唯一營運中的水下研究站「水瓶座」也有一個對應的陸地太空中心，那就是位於基拉戈島以綠松石點綴的雙層住宅。這棟房子前面，郵箱被放在一塊煤渣上，並用一條鐵鍊和一堆已經嚴重風化的木頭綑綁在一起。門前白色的礫石鋪滿了車道，車道角落停著一台髒穢的老車。穿過鐵絲網圍欄，踏上一小段木製樓梯，拉開滑動玻璃門，廊道通往一間具有一九七〇年代風格木紋板裝飾的房間，任務控制面板就在進房後的右側。

水瓶座研究站的室內格局類似宿舍房，廊道盡頭有一座橡木櫥櫃，類似客廳的空間裡還擺著一張破舊的沙發，此時廚房裡有一位穿著短褲戴著球帽，皮膚有些微曬傷的傢伙正在吃著微波麵條。

營運總監索爾・羅瑟示意邀請我進入觀察艙。羅瑟目前三十二歲，已經在這間水下研究站任職了兩年，他穿著黑色的馬球衫、棕色的寬鬆褲、白色襪子搭配著黑色的鞋子，這樣的穿搭幾乎是美國工程師在休閒時的非官方制服。橫在他面前的辦公桌上放著三台電腦螢幕、一部紅得顯眼的電話和一本日誌。羅瑟和我握手，但隨即轉身去接電話。

女人的聲音略帶刺耳地透過話筒喇叭傳出：「藥膏！」

羅瑟立刻複述：「收到！藥膏。」

那一頭的聲音再說：「塗抹藥膏。」

羅瑟複述：「收到！塗抹藥膏。」

羅瑟眼前的電腦顯示器裡，即時顯示著十幾個畫面，其中一格畫面在此時出現了手在膝蓋上塗抹藥膏的影像，影像的品質不太清晰，略帶雪花顆粒狀的雜訊。

那一頭又再說明了一次：「已經塗了藥膏。」

羅瑟照例複述：「收到！已經塗了藥膏。」

羅瑟將剛剛從話筒裡所抄收到的每一個字，都手寫記錄在日誌本裡。此時話筒不再傳出聲音，他轉頭盯著眼前的螢幕，透過影像看著女人蓋上藥膏盒。片刻之後，另一個攝影機的畫面拍到一位女人的背影，她走過一個迷你的房間，將藥膏放回白色的小抽屜裡。顯示器上的畫面要不是帶著一點雪花雜訊，要不然就是像素顆粒化得難以忽視，這樣的畫面品質就好像是遠從外太空傳來的。唯一和外太空這個背景違和的是影像中的年輕女人，她頂著一頭金髮，穿著比基尼內褲，上半身套上一件T恤，這樣的穿著打扮使得水下研究站更像是一間宿舍。

話筒那頭再傳來女人的聲音；「結束通話。」

羅瑟也馬上回應：「結束通話。」

她是海綿研究員林賽・德尼安，來自北卡羅萊納大學威爾明頓分校。她已經在水瓶座研究站生活了八天，而且兩天內還不會回到水面上。她的膝蓋上有一道傷口需要醫療護理，並在陸地上休息一陣子讓傷口自然癒合。可是水瓶座裡見不到太陽也沒有醫師。如果此時她打開後艙門並直接朝水面游上來，驟減的環境壓力會產生致命性的傷害，她的血液會沸騰並且從她的眼睛、耳朵等孔竅中噴出。

以科學之名，德尼安和其他五位被稱呼為「海底科學工作者」的研究人員自願進入水瓶座裡進行研究工作，他們的身體將會處在持續加壓的環境中，加壓至每平方公分二・五公斤的壓力，當研究人員的身體持續保持在這個壓力之下，就能維持比陸地上的人更長的潛水時間，而不必擔心減壓病的問題。其代價是，一旦研究人員進入這個離海岸線約有十一公里遠的水下研究站「水瓶座」，他們必須在那裡停留十天，直到任務結束。最後他們必須經歷長達十七個小時的減壓程序，逐步將環境壓力從36 psi*回復到海平面的氣壓14.7 psi，在這個減壓過程中，原本溶入血液中的氮氣才能緩慢安全地排出體外。以研究之名，我來這裡參觀，想了解這些科學家在一座沉沒的大型露營車似的空間中生活了十天，究竟獲得了什麼樣的研究成果。而且，此時的我還不會自由潛水，所以水瓶座是我體驗水下研究的最佳方法。

幾年前有一位醫師來拜訪這個研究中心，他用戲劇性的手法直接了當地展示了如果海底科學工作者在水瓶座內因為幽閉空間恐懼症發作，而一時衝動在沒有減壓程序的狀態下回到水面會發生什麼樣的事。這位醫師很快速地下潛到水瓶座，並且針對一位剛剛完成長期任務的海底科學工作者抽血，醫師將血液充入一個小瓶子裡，接著拿著這份血

* 譯註：psi為pound per square inch或pound-force per square inch 的縮寫，是一個英制的壓力單位，定義為一磅力在一平方英寸面積所產生的壓力。

液樣本返回水面。當醫師回到水面時，瓶中的血液劇烈地冒泡，甚至將塞在瓶口的橡皮塞噴掉了。

羅瑟對我說完關於這位醫師和血液瓶的故事後，他一派輕鬆地抖著桌子底下的腳，對我說：「你試著想像一下，如果這樣的事情發生在你的腦袋裡……」他話剛講完，我腦海裡就浮現恐怖片《魔女嘉莉》的情景。*

減壓問題只是造成這類研究的不便之一，但這還不是研究員必須付出的唯一代價。在水瓶座裡，即使空調已經開到很強的設定，整個空間從來沒有真正的乾燥過。這也是為什麼生活在水瓶座裡的海底研究員，總是處在半裸狀態，也是德尼安為她膝蓋上的傷口塗抹藥膏的原因。水瓶座裡的空氣濕度高達百分之七十到一百間，長時間處在高濕度狀態，傷口極易受到感染，黴菌的生長也難受抑制，這容易導致耳朵受感染而疼痛，有些研究員也有持續性咳嗽的症狀。

二〇〇七年時，澳洲一名當時年僅二十九歲的海洋生物家勞埃德．戈德森，將自己打造的海底生物艙沉入三．六公尺的水深，並計畫獨自一人在艙內自給自足度過一個月。實驗開始後，真正影響到他的並不是孤獨感，而是濕度。幾天之內，生物艙內的濕度就高達百分之百，水持續地從天花板滴下來，他的衣服濕透而且發霉。他感到頭暈目眩，神智難以保持清晰，甚至心理上感到恐慌與偏執。在那樣的條件下，他最終撐不過兩週。水瓶座裡的海底科學家，曾有在裡頭生活十七天的紀錄，而法國著名海洋探險家的孫子法比安·庫斯托，已經擬定計畫要在二〇一四年時，來到水瓶座進行長達三十一天的任務。

如果你認為環境濕度不是個大問題，或許你可以想想水瓶座面臨的水壓。十二噸的水壓，持續性地加壓在水瓶座的艙壁上。為了保持艙體的防水性，艙內的壓力必須提高到與二十公尺水深的環境相當，大約也是海平面大氣壓的二·五倍。進入水瓶座與上到四千公尺的高空，有著完全相反的壓力體驗，洋芋片的袋子被擠壓成扁平狀，麵包也被擠壓得緻密且堅硬。這裡的烹飪設備僅限於熱水與微波爐，帶進這裡的大多數食物都是

＊ 減壓病的各種症狀，主要是由於原本溶於血液內的氮氣，在外界壓力突然降低時，氮氣從血液中析出形成氣泡，有些症狀並不是當下立刻會發作。有些以豬或其他動物為對象的研究中，發現動物在深潛後重新回到水面，大約再過了三十分鐘，氮氣的析出才達到最高峰值。首當其衝的會是體內的大型關節，例如膝蓋、手肘和腳踝，會先產生痛覺，接著是皮膚變得發癢產生斑塊，四肢癱瘓，肺部有燃燒灼熱感。嚴重的減壓病會直接導致死亡。

戶外露營用的真空包裝。幾年前，有一位支援水面的工作人員，將一個檸檬蛋白霜派裝在一個密閉的容器中送入水瓶座裡，當它被打開時，它已經成為薄薄一片黃白混合的黏性物質。

羅瑟正透過監視器傳來的即時影像，看著水瓶座裡的海底研究人員正準備就寢，他在研究日誌本中記錄：「海底科學工作者們正在準備上床睡覺。」畫面中顯示一名研究人員走向後方的牆確認氧氣含量，羅瑟見到後立即在日誌本中做紀錄：「一名研究人員檢查了後牆的氧氣含量指示器。」接下來的二十分鐘，羅瑟持續觀察並記錄著海底研究人員的一舉一動。

水瓶座受到二十四小時的監視，麥克風記錄著每個房間的對話，每一個不經意的移動、行為或是操作都會被記錄下來。氣壓、溫度、濕度、二氧化碳濃度、氧氣濃度則透過電腦每隔幾秒就會記錄一次。重要的閥門則是每小時都必須檢查一次。即使是最小的系統問題，都有可能引發某種多米諾骨牌效應，經由一連串連鎖反應，將導致整個起居空間被水淹沒，造成所有的海下研究人員溺斃。羅瑟和其他控制中心的管理人員從未讓這樣的事情發生，到目前為止他們將水瓶座營運得很好。

在過去的二十年裡，水瓶座已經執行了超過一百一十五次的研究任務，目前有一名意外死亡的紀錄。那起死亡意外是因為技術潛水所使用的再呼吸器發生功能故障所引起，該設備故障與水瓶座實驗室的營運無直接關係。

但水瓶座也曾發生千鈞一髮的危機時刻。一九九四年時，在一場颶風中有台發電機起火，情況緊急，當潛水員完成減壓程序後，頂著四．五公尺高的大浪冒險撤離水瓶座。就在這起意外的四年後，水瓶座經歷另一場風速高達每小時一百一十二公里的暴風，那一次水瓶座幾乎被殘暴的天氣摧毀。在二〇〇五年時，海象曾經一度波濤洶湧，重達二百七十公噸的水瓶座遭湧浪在海床上拖行了數公尺遠。

然而，對海底工作者而言，危險、狹窄的環境、睡在極薄的雙層床上、吃著總是被壓到扁平的洋芋片、半裸著身子坐在總是潮濕的椅子上，這些都只是為了自由進出海洋最淺的二十公尺所必須付出的一點小小代價。研究人員稱這個研究的深度範圍為「透光帶」。

在距離海面最初的幾十公尺深度內，海洋生命的形式與陸地上還有些相似之處，只不過在數量上遠遠超過陸地。海洋占地球表面百分之七十一的比例，超過百分之五十的地球已知物種居住在海洋——這是人類迄今為止在宇宙中發現的最大生命棲息地。

在淺水處的一個深度範圍內，我們稱之為「透光帶」。這個範圍沒有固定的深度定義，端看環境條件而定。在接近淡水河流出海口的海灣裡，通常是一片混濁的水域，透光帶的深度大約僅從水面向下延伸到約十二公尺深左右；在清澈的熱帶海水域，透明的海水使得透光帶深度可以向下延伸至一百八十公尺。

有光的地方，就有生命。透光帶是海洋中唯一能夠提供光合作用的區域。這個區域的範圍大約只占整體海洋的百分之二，但卻聚集了九成的已知海洋生物。魚、海豹、甲殼類等生物都棲息在透光帶的範圍內。海藻類生物占海洋總生物量的百分之九十八，它們只能在透光帶生長，海藻的存在對陸地和海洋中所有生命都至關重要。地球的大氣中，有百分之七十的氧氣來自海藻。沒有海藻的存在，我們就無法呼吸。

沒有人完全理解海藻生成大量氧氣的機制，我們也不了解氣候變遷將如何影響海藻，這也是目前水瓶座的潛水員所研究的主題之一。他們還試圖破解更多關於海洋的謎題，例如珊瑚之間如「心電感應」般的溝通機制。

每年的某一天，某一小時，甚至通常準確到分鐘等級，同一種類的珊瑚即使相隔數千公里，牠們都會突然間以幾近完美的同步產卵。這裡頭的祕密目前只有珊瑚自己知道，因為這個奇特的現象在每年發生的日期和時間都不太一樣，但世界各地的珊瑚竟都能在這奇特的一刻同步。更加奇異的是，不同種的珊瑚如果緊鄰在一起，其中一種珊瑚產卵後，緊鄰牠的另一種珊瑚會錯開時間，等待不同的日期和時間，與自己所屬的種類發生同步產卵。距離對珊瑚這種同步產卵幾乎沒有影響；如果你將一塊被折斷的珊瑚飼養在倫敦的水槽裡，在大多數的情況下，這塊珊瑚斷片也能與世界上其他同種類珊瑚一起同步產卵。

同步產卵對珊瑚的生存是關鍵性的一環。珊瑚必須不斷地向外擴張才能保持健壯，與外側鄰近的珊瑚進行繁殖能促進整個族群基因庫的多樣性。一旦珊瑚的卵子和精子被釋放出去後，必須在三十分鐘內完成授精。超過這個黃金時間，卵子與精子都會消散在海中或者死亡。也因為這項限制，一旦珊瑚同步產卵的時間誤差超過十五分鐘，珊瑚聚落的生存機會就會大大降低。

珊瑚是地球上最大的生物結構，覆蓋了四十五萬平方公里的海床面積。這座巨大的生物結構體傳遞訊息的方式，超越人類所能想像的複雜。然而，珊瑚也是地球上最原始的動物之一，珊瑚沒有眼睛、沒有耳朵、也沒有大腦構造。

牠們消失的速度很快，不久的將來會變得很罕見。澳洲大堡礁的珊瑚已經有百分之五十死亡，在加勒比海的一些特定區域，例如牙買加，珊瑚族群數量減少了百分之九十五以上。僅僅在過去十年，佛羅里達海岸的珊瑚數量就減少了百分之九十。導致珊瑚消亡的真正原因並不清楚，科學家們相信汙染以及氣候變遷可能是主因。若保持這樣的速度，五十年內珊瑚將會徹底從地球上消失，而珊瑚相關的神祕謎團也會隨之一併消失。

對水瓶座裡的潛水員而言，他們的珊瑚研究工作是一場和時間的競賽，在未來幾個月我將深入了解珊瑚研究領域的細節。

自從古希臘哲學家亞里斯多德首次描寫了潛水鐘，將一個巨大的罐子瓶口朝下，安排一個人坐在裡頭，並將罐子下沉到水裡，人類文明就開始了各種宏偉的潛水計畫，探索透光帶的海洋。大部分的嘗試者最後不是死亡就是因減壓病導致癱瘓。綜觀人類的水下探索歷史發展，即是一段用探索者的人骨所鋪成的艱辛道路。

在西元一千五百年，達文西曾手繪潛水服的草稿圖：以豬皮革作為外層布料，在胸前的位置用一個大的袋子儲存空氣，腰間繫了一個瓶子用來接尿（它只留在草圖階段，實體從未被打造出來）。多年後，另一位義大利人提出不同的構想，將一個有玻璃窗口的水桶套在頭上，試著以此下潛至六公尺深，但這一次的試驗最後失敗告終。直到一六九〇年，英國天文學家愛德蒙．哈雷（他正是哈雷彗星的發現者），提議設計一個巨大的木桶，將人置於桶內，持續對木桶內部輸送空氣。這樣的想法已經開始接近潛水鐘的基本原形，但當時他的設計也並未被打造成實體。

歷史中首次能潛入大海，並達到約現今水瓶座研究站深度的潛水器，是在大約一七一五年，由一位住在英格蘭德文郡的羊毛商人約翰．萊斯布里奇與他的十七個孩子所發明的。這艘潛水船的主體是一個兩公尺長的橡木圓柱桶，圓柱體的頂部有一個玻璃舷窗，圓桶側邊有一個袖孔和一個皮套可供潛水人的手探出來，桶內的空氣則由頂部的軟管供給。萊斯布里奇所造的潛水器看上去非常原始而且脆弱，但他仍然嘗試將這座潛水器放入約二十公尺的水深並保持了半小時之久。後來他將自己的心得記錄下來：「非常困難。」

時間又經過了一個世紀，一名叫做查爾斯．康德特的布魯克林機械技師設計出了更靈活也更「安全」的水下探索設備：世界上首套自給式水下呼吸裝置或者稱為「水肺」。這套設備包含了一條安裝在潛水人背部約一．二公尺的銅管，和一個由獵槍槍管所組成的幫浦，幫浦會將新鮮空氣引入由橡皮製成的面罩。一八三二年時，康德特在紐約的東河首次向眾人展示他的發明，並成為世界上第一位水肺潛水員。就在那天稍晚的時候，康德特在水深六公尺的地方，因為背上的銅管斷裂，不幸成為世界上首位因水肺潛水而罹難的潛水人。

很快地，其他發明也陸續提出來。在英國，約翰・迪恩發明了潛水頭盔，他將消防員用的頭盔接到一套特製的橡膠衣服上，創造出了第一批可大量生產製造的潛水服。甲板上的空氣幫浦，持續性地將新鮮空氣透過連接在頭盔後側的軟管供給潛水員。這套可量產的設備，使潛水員可以在水深約二十四公尺的地方，停留一小時。

迪恩的潛水頭盔無疑取得了巨大的成功，但也很危險。因為這套設備直接將高壓空氣灌入頭盔與潛水服中，一旦頭盔或供氣的空氣管發生破裂，導致瞬間激烈的失壓，反向壓力會令潛水服內形成類似真空狀態，這股強大的壓力「擠」到潛水員身上，輕則導致血液自鼻子、眼睛和耳朵流出。這樣的擠壓悲劇，在陸續的潛水任務中並不罕見，有些極端的例子，潛水員的身體甚至會被撕裂。在一個嚴重的案例紀載中，潛水員的屍體被撕碎並且幾乎沒有可以埋葬的部位，只剩下一部分殘留在頭盔內血淋淋的碎片。

隨著人類越是深入海洋，就產生越多怪誕且殘酷的後果。在一八四〇年代，建築工人為了在水下打造橋梁或碼頭的基礎，使用了「沉箱工法」。為了防止水進入沉箱內，會從水面將加壓空氣灌入位於深處的沉箱中。一部分在沉箱內部工作的工人，幾天後就開始回報皮膚有諸如皮疹等病變，也有人回報皮膚表面產生紅色斑塊、呼吸困難、癲癇發作、關節處產生極度疼痛。隨後他們逐一在痛苦中死亡。

這種病症在當時被稱為「沉箱病」，或是俗稱的「彎曲症」，因為受此症折磨的工人們，在膝與肘部都會因極度痛苦而無法伸直。科學家後來才發現，沉箱中所使用的加壓空氣與海平面一大氣壓的空氣，對人體產生不同的作用，加壓空氣導致更多氮氣溶入血液中，而當工人離開沉箱返回海平面或陸地時，這些在沉箱中過度溶入的氮氣，在血液中或關節組織中產生氮氣氣泡。

相關的工程人員，還要再經歷四十年，才明白真正傷害水下工作者的並非是深水，而是深潛用的供氣設備。說來極為諷刺，當西方的水下工作者穿上精心打造的設備，或是進入先進建築工程的沉箱中作業，因而衍生彎曲症，或因設備意外而溺斃，甚而被反向壓力吸掉整個臉部，他們所處的深度通常還不到水深二十公尺。與此同時，遠在南方三千多公里之外，波斯的珍珠採集人將每日潛入幾十公尺深視為日常工作，他們所使用的設備僅只是一把刀和屏住肺裡的一口氣。數千年來習以為常，未曾遭受潛水減壓症所苦。

最終，西方的工程師們發展出精密且複雜的潛水設備，保護潛水人的身體免受水下壓力的傷害。他們進一步弄清楚了，壓力以及深度的變化如何使得氧氣變得具有毒性。很多年前萊斯布里奇與迪恩的發明，最終進步成充有壓縮空氣的裝甲服、潛水艇和水肺潛水減壓表。

在一九六〇年代，美國海軍中尉唐・沃爾希與瑞士工程師雅克・皮卡爾，將一個命名為「的里雅斯特」、由鋼鐵打造的密閉艙室，帶入到太平洋最深處的一萬零九百一十公尺深的馬里亞納海溝。兩年後，人類開始在水下打造起居環境。

首個水下的居住艙，由法國海軍軍官雅克・庫斯托所建造，這個居住艙設置在水深十公尺處，被命名為「大陸棚」，其體積大約和福斯麵包車一樣大，但是既濕且冷。打造大陸棚居住艙的庫斯托說：「它太過危險了，已經超出挑戰的限度。」事實上，其危險性就連庫斯托本人都不願意冒險，而是指派了兩名下屬代替他在水下渡過一週的時間。

一年後，庫斯托將這個海底居住艙的規模大幅擴大，他在蘇丹外海的海床上打造了更豪華的五房式居住空間，包含了客廳、淋浴區、臥室區。庫斯托以這個海底居住艙為背景拍攝了一部奧斯卡得獎紀錄片《沒有太陽的世界》（參見QR Code）＊。在這部紀

＊編按：QR Code中之資訊為本書出版前在YouTube的網址連結，日後可能因時空因素轉變而有所變動或消失，尚祈讀者明察。

錄片中，以未來主義為主風格呈現一種法式天堂的浪漫生活方式。白天時，紀錄片中的海底工作者以充滿未來感的潛水設備在海洋花園中穿梭飛行，到了夜晚，他們聚集在海底的用餐區抽菸、喝酒、享受法式餐點，裡面甚至還有電視可以觀看。這些海底工作者就這樣生活了一個月，他們唯一的抱怨是同伴全是男性，沒有任何一個女性同伴可以相處。*

到了一九六〇年代晚期，世界各地海域有超過五十座海底生活艙正在興建中，尚未建造但已經計畫中的待建艙體數目還更多。澳洲、日本、德國、加拿大和義大利全都投入這一類的建造計畫。庫斯托預測未來世代的人類新生兒，很有可能直接在海底村莊誕生，且有可能適應了深海環境，無須進行手術就能夠在水中生活和呼吸。到那時候，我們將創造出「人魚」。

這場向內太空的探索競賽，原本進行得如火如荼，卻突然地戛然而止。短短幾年後，大部分的海底居住艙都被廢棄了，只剩下極少數被保存下來。殘酷的事實證明，人類要在水下生活，面臨的挑戰比任何人所預期的還要困難，維持系統運作的成本也比原本設想的還要昂貴。充滿鹽分的海水對金屬結構的侵蝕，暴風雨對海底結構物的破壞，海底居住者生活在減壓病症與因潮濕而感染的恐懼心理中。

這是一個太空時代，畢竟人類已經登陸月球，而且在環地球的太空軌道上興建居住艙。在這樣的文明進程下，花上幾個星期住在又冷又濕的盒子中，那是一個生活在陸地上的你所陌生的環境，對一般人而言這似乎沒多大的意義。生活在陸地上的人，不了解自己和海洋的關聯，海底的微生物學與氧氣在高壓時對人體的毒性作用，這些都與一般人沒有直接關係。所以科學家證明了人類可以潛入深海，並且生活在深海，那又如何

＊ 大約在一九六〇年代中期，海床成為大國的兵家必爭之地，那個時期展開了許多危險與驚奇的深海探索任務。美國為了不被法國超越，美國海軍在一九六五年時，將一位曾搭載水星七號的前太空人史考特．卡本特，放入一個名為「海洋實驗室二號」的巨型鋼管內，其內部空間達六十三平方公尺，這個鋼管連同前太空人卡本特被置入加州拉霍亞海域六十二公尺深處。卡本特就在這樣的環境中生活了整整一個月，在此期間，他依照任務計畫測試設備，美國海軍還派出一隻訓練精良的瓶鼻海豚「塔菲」，為生活在海底的卡本特送信。供給卡本特的空氣，不是一般空氣，而是混合了氦氣的特殊混合氣體（如果不使用氦混合氣，卡本特極可能出現不可逆的肺損傷、癲癇發作、噁心或更嚴重的情況）。總體來說這一個月的實驗是成功的，只是有一些氦氣的副作用：當卡本特結束任務，在減壓艙內進行減壓時，由於吸入的氦混合氣體使人的聲音變調，因此他所發出的聲音音調偏高。他只能用這樣滑稽的聲音與指揮官交談。當美國總統詹森親自打電話向他祝賀任務成功時，卡本特以唐老鴨似的聲音和總統對話成為令人難忘的經典紀錄。

呢？

今天，幾乎所有的海洋研究，都是透過從海研船的甲板吊下無人潛水載具所達成。人類對於海洋的化學組成、溫度和海床地形的測繪已有長足的進展，但人類了解得越多，其身體與心靈似乎也離海洋越來越遠了。

大多數的海洋研究人員（至少是我採訪所接觸的），身子甚至不需要被海水沾濕。坐落於海床上的水瓶座是研究人員會被弄濕，而且一次濕上十天的海研機構，可是這座最終的海研機構也已經計畫要關閉了。

水瓶座是人類近代海洋探索的最後一處遺產，我想去看看它，在它成為海底一處生鏽的垃圾堆之前去看看它。我想了解那些獲准進入水瓶座裡做研究的專家們如何研究海洋。

基拉戈島，十八公里外海，在暴雨強風的海面上，我正準備以水肺潛水進入二十公尺深的水瓶座研究站。我對著船長豎起拇指打了一個信號，調整了口中的「二級頭」*，跳入海中。我持續潛向深處，六、九、十二公尺，接著我注意到有一股銀白色的氣泡持續從海床噴湧而出。陰暗的海底中持續向上浮動的銀白色氣泡帶，彷彿是時間倒轉的瀑布。水瓶座的安全潛水員就在氣泡帶的另一端向我招手。我踢動蛙鞋向他游去，依照他的指示躬身低頭，接著再幾秒後，我整個人重新回到空氣中。那是水瓶座後方的內部濕甲板。

金屬樓梯頂部有一個男人對我說：「請脫掉你的潛水防寒衣。」接著他遞給我一條毛巾，讓我圍在腰上。「歡迎來到水瓶座。」

* 譯註：水肺潛水人所用的呼吸器。

他是布拉德．佩德羅，負責帶我導覽水瓶座海底研究站。水瓶座內部非常潮濕，即使是幾滴水可能都要數天或數週才會乾涸，因此他要求我將潛水裝備和濕衣服都留在門外，我身上僅裹著他遞給我的大毛巾進入水瓶座。我跟著佩德羅的腳步穿過甲板，進入控制室，擴音器不間斷傳來的刺耳回報聲和壓縮空氣運作時偶發的爆音，就在這個以鋼鐵構成的巨大空間中迴盪。再往前走了幾步，我看到兩對男女坐在廚房餐桌旁，由於空間狹窄，因此並坐的兩人手臂相抵。他們都是來自北卡羅萊納大學威爾明頓分校海洋生物學領域的研究生。我參訪的這天，剛好是他們完成為期十天的珊瑚與海綿的研究任務。他們成對對坐，在他們的餐桌上躺著半包被壓扁的奧利奧餅乾。坐在餐桌靠牆側、膚色略顯蒼白的男子是史蒂芬．麥克莫里，專精研究海綿群體數量的動態變化。他拿著湯匙舀動泡麵杯裡的泡麵，正透過窗戶凝視著下方的海床，緩緩地說著：「漫長的日子，會影響一個人。」

坐在他對面研究鸚哥魚的約翰．漢默，看著自己的手，笑著說：「在這底下，沒有什麼是乾的……從來沒有。」另一位水下研究者英嘉．康迪傑佩和他並坐，她頂著一頭蓬亂的捲髮，由於潮濕，髮絲都貼在頭皮上，她咯咯地笑著回應：「壓力會對你的皮膚造成有趣的影響。」

餐桌上所有人都笑了，但笑聲一斷，瞬間大家又陷入沉默。然後沒來由地大家又笑了一陣子，接著整個空間又再次陷入一片靜默。目睹這一刻，我不禁感到這裡的每個人似乎都有點不太對勁。這不單純是我事前已有心理準備會看到的「幽閉煩躁症」；他們的情緒有點太嗨了，他們似乎都處在一種喝了酒後的醺醉狀態。

人體在36 psi的氣壓下長久生活，會對心理產生輕微的譫妄症。若在更高的壓力下，更多的氮氣會進一步溶解在血液中，產生的生理效應與吸食笑氣（一氧化二氮）有相同的效果。血液中的氮越多，對潛水員造成的影響就會越嚴重。在結束了十天的海底研究任務後，研究團隊的成員狀態差不多都像是嗑了一打的「奶油氣彈」*。

海綿研究員林賽・德尼安，她就是前一天晚上，我在地面的任務控制中心看到給自己膝蓋傷口塗抹藥膏的研究人員。她的神情顯得比剛剛餐桌上的四個人更加茫然。「我們在這裡待得越久，這裡的空間似乎就變得越大。」她咧著嘴笑稱：「這裡已經是原本

＊譯註：美國超市能夠買到填充高壓一氧化二氮的「奶油氣彈」，這是廚房裡用來快速產生奶油的工具耗材。

的三倍大了，原本是一部校車巴士的大小，但現在似乎變得更大了！」

對我來說，要在這個潮濕、擁擠、危險的環境中生活，氮醉所產生的心理愉悅感似乎是一種無法或缺的生存策略。發霉的毛巾、生鏽的金屬、高到令人感到窒息的濕度是這裡基本的生活條件。來到這裡，你沒辦法說走就走，如果起床後難抑衝動，現在打開艙門就想要回家，下場就是血液從你的眼耳口鼻噴溢而出，無法倖存。事實上，生活在這裡還有更糟的事，大約每隔三十秒的週期，海面上的長波湧浪從波峰到波谷的水壓變化，會傳遞到水瓶座的內部空間，使得居住在裡頭的研究人員必須平衡耳壓與鼻竇腔。

我的導覽行程持續進行。佩德羅領我往東走了三步，進入臥室區，那僅僅只是兩排三層的薄硬床板，接著我們再轉身回到廚房。佩德羅轉頭對我說：「導覽結束了，就這樣，水瓶座上沒什麼其他可看的。」

此時我注意到，我們還沒有參觀浴廁，我向他反應我們是不是錯過了浴室，我想看看浴室。

他指著我們剛走來的方向，那就是我水肺潛水進來的濕甲板：「我們通常都在那裡解決。」水瓶座的內部空間非常有限，因此直接將潛水員進出的甲板充作茅坑使用。

在這個領域大家都知道，想在水下建造一座廁所在技術上非常困難。難處主要在於壓力的處理，要將馬桶裡的排泄物排到外頭，所經過的管線需要特殊的壓力控制，稍有不慎若在內部產生真空效應，外頭巨大的水壓就會造成廁所「爆炸」。早期興建的水下居住所，曾經試著打造和陸地上類似的廁所，下場是爆炸的廁所將馬桶裡的排泄物噴濺在整個廁所隔間的牆壁上。儘管先進的水瓶座已經針對馬桶做了改良，但狹窄的空間限制下，馬桶的尺寸被做得很小，而且難以兼顧個人如廁時的隱私。以至於雖然存在馬桶這樣的設備，但居住在水瓶座裡的研究人員還是習慣直接走到後方甲板處理。儘管如此，研究人員大小號的問題仍舊有其危險性，飢餓的海洋生物會搶食人類排出的「食物」。有一次發生了意外，一位男性研究員照慣例將腰部以下浸入甲板區的水域裡，被一條飢餓的魚弄傷了屁股還流了血。

跟著佩德羅的腳步，我們兩人回到了我剛剛進來的濕甲板。人體暴露在36 psi的氣壓環境中，氮氣溶入血液的時間一旦達到九十分鐘就會進入危險狀態，需要一定的減壓程序讓血液中的氮氣緩慢排出，才能返回水面。保險起見，水瓶座對臨時訪客規定，停留時間必須短於三十分鐘，而我這次的參訪時間到了。

我穿回水肺裝備，快速跳入水中並游出門外，踢著蛙鞋游向灰藍色的海中。隨著我的呼吸，水肺調節器不斷發出的咯咯聲響嚇跑了我身邊的海洋生物，就好像我揹著吵雜的吹葉機賞鳥。防寒衣、氣瓶、環繞著我的管線，這些水肺設備甚至讓我感受不到海水。

進入水瓶座研究站也是如此。水瓶座提供的水下居住空間，使研究人員可以在水下長時間進行寶貴的研究，坐在一個巨大的鋼管結構中、透過觀景窗或是攝影機畫面觀察海洋，對我而言這是將自己徹底地和海洋隔離。我認為在海面上衝浪的人們與大海的連結，更勝坐在六層樓深的海底以鋼鐵與橡膠構成的空間中。

。。。。。。。

我順利回到水面的小艇，脫掉我的水肺裝備後，我坐在船長艙裡等待其他工作人員，他們負責將必要的食物和補給品透過水肺潛水運進水瓶座裡，以提供水下研究人員日常所需。

船長奧托・羅騰已經為水瓶座工作超過二十年，長期烈日曝曬的皮膚是最好的證明，他遞了一瓶水給我。他和我聊起了這些年來曾經遇過的緊急狀況，海上救援、爆炸事件、水下人員緊急上升。

羅騰描述：「這裡就像是狂野的美國西部蠻荒地。我們甚至不用水肺潛水設備為水瓶座傳遞物品。」他解釋道，水肺潛水的準備花了太多時間，而且反覆的水肺潛水會有氮氣累積問題，多次潛水後會令血液中的氮氣達到危險的水準。因此，他們不使用水肺裝備，僅只是穿著防寒衣、面鏡與蛙鞋，以自由潛水的方式下潛，透過這種方式將補給品送到水瓶座。

試想想，帶著一個裡面裝滿補給品的氣密容器，潛水到水瓶座的深度並且返回水面，僅只是這樣的動作不做停留就要耗掉一分多鐘的時間。我對此感到懷疑，我認為羅騰他們潛抵水瓶座以後，一定要在濕甲板那裡換一口氣，然後才返回海面。羅騰聽了我的質疑後，笑著否認，如果他真的在底下吸了水瓶座的高壓空氣，那麼上浮過程中就有可能會喪命。

因為自由潛水人不使用氣瓶、配重鉛塊、呼吸調節器、浮力背心等水肺裝備，所以羅騰和他的工作夥伴們才能以輕裝在海中更順暢地移動，潛得更深也更多趟數。以自由潛水的方式運送補給品的速度，是穿著先進潛水設備的四倍。

我進一步詢問羅騰，是不是曾經受過特殊的自由潛水訓練才學會潛到水瓶座的深度。

羅騰答道：「不，我們沒有受過什麼訓練。這很簡單，你就是深吸一口氣，然後開始下潛。」

0

-20

-90

-200

-250

-300

-750

-3,000

-10,927

-90

一九四九年時，一名叫做雷蒙多·比歐爾的義大利空軍中尉和人打賭。他將在義大利卡布里島海岸嘗試一項可能致命的特技舉動。首先比歐爾嘗試航行到深水區，在水面上深呼吸，然後靠自力下潛，預計潛水深度達三十公尺，在那個深度會有一位穿著水肺潛水設備的人等著他。比歐爾必須從潛水人的手上拿到一根指揮棒，棒子裡頭封著一張羊皮紙信以證明他無法作弊，上浮過程中他也必須自力游回水面。假如他順利完成這樣的潛水，他可以獲得五萬里拉的賭金；但如果失敗了，他勢必會溺死在海裡。

當時的科學家向比歐爾提出警告，根據波以耳定律，這樣的潛水對人類是致命的。波以耳定律是一六六〇年時，由盎格魯－愛爾蘭物理學家羅伯特·波以耳所提出，以一個方程式描述氣體在固定溫度下的氣體壓力與體積之間的關係。根據當時科學家所熟知的波以耳定律，三十公尺的水壓將會使比歐爾的肺部過度坍縮。比歐爾沒有理會這些建議，他終究做了這項嘗試，潛到預定深度拿取指揮棒，安然地回到海面，他的肺沒有受到任何損傷。他贏得了賭注，而且更大的意義是，他證明了所有的專家都是錯的。波以耳定律，當時科學家幾乎奉為信仰有長達三百年的時間，如今被證明在水下是錯的。

比歇爾的潛水挑戰與其他為數眾多關於水的實驗產生了共鳴。依照現代的標準，許多相關實驗手段非常殘忍，甚至駭人聽聞，但隱隱中似乎指向了水對人類或其他動物有特殊的作用、甚至有延長壽命的效果。

這一系列的實驗可以說是始於一八九四年的一項鴨子實驗，當時夏爾・里歇將一群鴨子分成兩組，第一組的鴨子他直接用繩子綁緊鴨脖子，直接讓其窒息而死，並且量測這群鴨子經過多久時間才死亡。接著他重複一樣的實驗在第二組鴨子身上，唯一的實驗變因是將第二組鴨子淹入水中。第一組鴨子在空氣中經歷了七分鐘就窒息死去，但第二組在水中的鴨子則持續了二十三分鐘才死亡。這是非常奇異的結果。兩組鴨子都用同樣的方式阻絕氧氣的供給，但在水中的鴨子延長了三倍的時間才死亡。

里歇推測水可能影響了鴨子的迷走神經。人類和鴨子都具有迷走神經，它從腦幹一直延伸到胸口，可以令心率變慢。里歇是當代法國生理學家，他在過敏反應的研究成果斐然，還因此獲得諾貝爾獎。

里歐進一步推測，也許水對迷走神經產生影響，導致心跳變慢，而較緩慢的心率使生理的耗氧需求降低，從而延長了缺氧狀態下的生存時間。他為了驗證此一推測，重複一項類似的實驗，給第一組的鴨子事先注射阿托品，這種藥物可以抑制迷走神經減緩心率。另一組鴨子則不事先提供藥物作為對照組。接著在陸地上對這兩組鴨子進行窒息測試，發現不論有無藥物，兩組鴨子的死亡時間大約都是接近六分鐘。

陸地做完以後，他將另一組鴨子注射阿托品並且量測牠們在水下的窒息時間，最後得到的結果是即使注射了阿托品，在水中的鴨子仍然持續了十二分鐘才死亡。結論是，即使有阿托品藥物針對迷走神經進行阻斷，在水中的鴨子存活時間**仍然**比陸地上的鴨子長一倍。這個結論說明了，即使沒有迷走神經對心率的降低效應，水仍然對鴨子有某種未知的作用，使得生存時間得以延長。里歐曾經在實驗進行滿十二分鐘後，撈起一隻水裡的鴨子，並立即解開牠喉嚨上的窒息繩結，試著協助牠復甦，而這隻鴨子也真的活了過來。

肺的容量大小、體內血液總量、甚至是迷走神經都已經被里歐的實驗設計排除在外，似乎只要單獨有水這項要素就能令生存時間延長。他想知道，類似的效應會不會出現在人類身上。

直到一九六二年，一位在美國工作的瑞典籍生理學家佩爾・蘇蘭德，以人類實驗證實此現象。蘇蘭德招募了一群志願者，利用皮膚上的電極量測心跳，並且抽血分析。在進行此人類實驗之前，蘇蘭德曾經見識過威德爾海豹在深水中發生生理逆轉的現象。他寫道，隨著潛水深度越來越深，海豹似乎有某種機制能得到氧氣，越深就越能**獲得**氧氣。蘇蘭德好奇人體是否會有類似的效應。

他開始了他的人類實驗，讓志願者首先進入一個巨大的水槽，在他們潛水的過程中與待在池底時，監測他們的心跳。結果就像是對鴨子所做的實驗，水會立即導致心率下降。

接著，蘇蘭德要潛水人將自己綁在事先已裝設在池底的運動器材，他要求測試者在池底做一個簡短但激烈的運動。所有的測試者都有類似的結果，無論在池底多努力地運動，他們的心跳**仍然**持續下降。

蘇蘭德的實驗結果是既重要也令人震驚。在陸地上，運動很白然會拉高心率。實驗對象們的心跳下降，意味著他們所需要的氧氣比較少，也因此能夠在水下停留更長的時間。這樣的觀察結果，在一定程度上，也解釋了比歐爾或是在實驗中被分配到水下窒息的鴨子，何以能具有較陸地多三倍的生存時間：水有某種強大的能力，能令動物的心跳降緩。

蘇蘭德還注意到一些其他的現象：一旦受試者下水，他們體內的血液就開始從四肢流向重要的維生器官。幾十年前，他曾經在潛入深海的海豹身上觀察到相同的現象；血液在身體內從比較不重要的區域流向大腦與心臟，海豹體內的這種效應，為大腦與心臟保留了更多的氧氣，因此延長了水下停留的時間。將人體浸入水中，也能觸發類似的生理機轉。

這種血液分流的現象被稱為「末梢血管收縮」，它解釋了當年比歐爾為何能夠潛入三十公尺的深度，而不會如波以耳定律所預測遭受嚴重的肺部擠壓。在這樣的深度，血液會穿透器官的細胞壁以抵禦外部的環境壓力。當潛水深度達到九十公尺（現代自由潛水人經常抵達的深度），肺臟裡的血管會充滿血液，以防止肺臟過度塌陷。潛得越深，就能引發越強烈的末梢血管收縮效應。

蘇蘭德進一步發現，人類只需要將臉浸泡在水下，就能引發這一系列延長生存時間的救生效應。其他研究人員曾經實驗將手或腿伸入水中以觸發反應，但都失敗了。也曾有研究人員將人放入加壓艙，想實驗若單單只有壓力這一項要素，是否能引發這類的生理反射現象。但也都失敗了。唯有水才能觸發這類反射，而且水的溫度必須比氣溫更低。

事實證明，將冷水直接潑在臉上以提振精神，並不只是毫無來由的空洞儀式，它確實會引發我們體內**生理**產生轉變。

蘇蘭德的研究記錄了人體最極端的生理變化之一，這種改變只發生在水裡，他稱此現象為「生命總開關」。

今日，自由潛水的選手們利用生命總開關，切換生理模式，使得他們能夠潛得更深並在水下待得更久，超越現代科學原先所認定的人體極限。

二〇一一年九月十七日，我前往希臘卡拉馬塔，親眼見識能操作生命總開關的大師級選手們，前一百名世界級自由潛水好手，挑戰人體的兩棲潛能。

晚上七點整，世界自由潛水錦標賽開幕式正式展開。來自三十一個國家，數百名的參賽者、教練與工作人員齊聚在能俯瞰整個卡拉馬塔港口的巨大舞台上，揮舞著屬於他們的國旗並大聲唱出國歌。在他們身後，一支四十人組成的樂隊演奏著電影《洛基》的配樂旋律。舞台上一座九公尺高的投影幕，播放著自由潛水人從水面向九十公尺深處下潛的過程。現場觀眾仰頭望向這面巨大的螢幕，彷彿他是從九十公尺的高空緩緩下墜。熱鬧的場景與氣氛，宛如一場小型的奧運會。

自由潛水競賽是一項新運動，自從比歐爾在卡布里島進行了三十公尺的潛水（這被認為是第一次正式的自由潛水挑戰賽）後，幾乎每年都在創下新的世界紀錄。現在的靜態閉氣項目紀錄，是二〇〇九年由法國人史蒂凡．米夫薩德所創，閉氣時間為十一分三十五秒。二〇〇七年奧地利自由潛水選手赫伯特．尼奇在「無限制項目」中，以配重的滑車下潛並且以浮力氣球的助力上升，創下最深紀錄兩百一十三．四公尺。

雖然截至目前為止，所有組織團體舉辦的自由潛水競賽活動中，仍未有溺水死亡事件發生，但已經有許多自由潛水人在非競賽時死亡，自由潛水被列為世界上第二危險的運動。目前無法得知精確的死亡數字，畢竟有些死亡事件沒有正式的報告作結，統計數據亦沒辦法分辨是單獨自由潛水而身亡，又或者是與自由潛水活動相關的其他環節造成意外，例如潛水射魚活動。但一項對全球自由潛水三年來死亡人數的估計，顯示死亡個案數增加了近三倍：從二〇〇五年的二十一例，到二〇〇八年的六十例。在美國，每一萬名自由潛水人，每年大約會有二十人死亡。這相當於五百分之一的比例（相比之下，低空跳傘的死亡率大約是六十分之一，消防員的死亡率約四萬五千分之一，登山者的死亡率約為百萬分之一）。

就在二〇一一年世錦賽的前三個月，有兩位人物的死亡引起了人們關注這項運動的危險性。年僅四十歲的阿德爾·阿布·哈利卡是阿拉伯聯合大公國一家自由潛水俱樂部的創始成員，於希臘聖托里尼島海域進行一次七十公尺深的試潛中失蹤，始終未尋獲遺體。一個月後，來自比利時的前世界紀錄保持者帕特里克·穆西穆在布魯塞爾的一座泳池中獨自訓練時溺斃死亡。

自由潛水選手們將這類的潛水意外致死事件歸咎於當事人的疏忽，他們認為之所以會有這樣的悲劇，通常都是因為獨自一人潛水或是仰賴機器作為安全配套，這都是非常危險的。就在正式比賽前，我曾和自由潛水世界紀錄保持人威廉·特魯布里奇討論這個話題，他認為：「自由潛水競賽是安全的運動，它有非常強的規範，每個環節都在控制之中。我永遠都不會在缺乏十足安全配套的條件下進行潛水。」他指出，在過去十二年的三萬九千次自由潛水中，從未發生過死亡事故。*透過世界錦標賽這樣的賽事，特魯布里奇和選手們希望可以改變人們對「自由潛水很危險」的既定印象，並且讓這項運動可以更靠近主流。特魯布里奇說他希望有朝一日，能見到自由潛水成為奧運賽的項目。二〇一一年在希臘舉辦的自由潛水世界錦標賽，開幕式在響亮熱鬧的音樂中盛大開幕，舞台上巨大投影幕輪播著精彩的自由潛水影片，如此高調盛事的最終希望是能將這項運動推向主流。

舞台上的燈光突然全暗了下來，巨大投影幕的畫面也隨燈光一起消失，音響系統同步進入沉默狀態，台下原本喧騰的人們，此時注意力都望向舞台。當大家的注意力凝聚在一起，一片黑暗中，爆閃燈突然閃爍起耀眼的光芒，低音電子鼓敲打著重擊節拍，伴隨著一陣鼓掌聲後，以低音貝斯為主調的經典搖滾樂〈又一個陣亡〉作為開幕式開場歌曲，當大家還沒完全回過神來，燦爛的煙火在頭頂上爆開，自由潛水運動員高聲歡呼、跳舞，也有人揮舞著所屬國旗。

二〇一一年世界自由潛水錦標賽就此拉開序幕。

將自由潛水這項運動推入體壇主流之中，這是一個理想崇高的目標，但其實這項特殊的競技存在一個顯而易見的問題：它的進行方式不適合大眾觀賞。比賽的場所在海面下，技術上很難在水下建立即時的影音轉播，要將即時畫面傳輸回陸地上並向全世界民眾轉播，技術門檻很高。更何況，即使只是在場地附近進行轉播，也有很多後勤技術方面的挑戰。自由潛水比賽的場地，是一座浮在海中央的平台，一座由船隻、平台結構與

＊ 譯註：特魯布里奇指的並不是只有自己，還包含一起潛水的同伴，他們都安全地進行了十二年的自由潛水。

浮桶所組成的平台。它看上去就像是電影《水世界》中的場景道具。為了前往這個比賽場地，我一早從住處步行到卡拉馬塔碼頭，登上一名魁北克僑民雅尼．喬治歐的帆船。這艘帆船是唯一一艘獲准靠近比賽現場的觀眾船。喬治歐告訴我航程大約要一個小時，我在船上利用這一個小時複習自由潛水複雜的比賽規則。

比賽從潛水的前一天晚上就開始了，每位參賽的選手都必須向評審團祕密提交預定挑戰的深度。基本上這就像是一種競標出價，使得這場競賽具有策略性，每一位選手都會去猜測其他人可能設定的深度。特魯布里奇認為這就像是在牌桌上打撲克牌：「你要同時考量其他競賽者的牌，也要衡量自己手中的底牌。」你會希望你的對手選擇的深度，比你所能達到的深度還要淺，或是他們設定了超出他們能力範圍的深度而導致嘗試失敗。

在自由潛水比賽中，如果你在潛水期間觸犯了十幾項規則中的一項，或是你在返回水面前發生昏迷，就會被立刻取消資格。雖然他們告訴我，這在比賽中並不常見。但在這樣的世界級比賽中競爭激烈，選手有可能在水面下意外昏迷，所以主辦單位為此做了層層安全防護措施，包括：水下的救護潛水員們注視著每位選手的潛水；裝在平台上的聲納儀隨時追蹤選手的位置與移動；最重要的是，每位選手的腳踝都有安全繫繩，連結選手和導潛繩以確保選手不會漂離主繩，這樣的作法可以防止選手在水下失蹤的致命危險。

每位選手下潛的幾分鐘前，工作人員會將一塊覆蓋著魔術氈的金屬片環扣在導潛繩，讓金屬片循著導繩自然下沉，這片金屬的下沉深度就是前一晚該選手祕密提交的深度目標。平台上一位主辦單位的人員負責倒數計時，選手開始下潛後會沿著導潛繩下降，在目標深度處會有一片放了數個標籤的圓盤，選手潛抵目標深度後，抓取一個圓形底盤上的標牌，再沿著導潛繩游回水面。有安全潛水員戒備在距離水面大約二十公尺的深度，一旦潛水選手在安全潛水員所能及的深度發生昏迷，安全人員就能立即施救，幫助昏迷的潛水選手返回水面。但若是選手發生昏迷的深度太深，安全潛水員無法提供支援，此時就仰賴平台上裝設的聲納追蹤設備，透過回傳的聲納訊號能察覺選手的動作有異，緊急救援系統會立即捲收導繩，將選手拉回水面。此時的選手呈現昏迷狀態，像一個布娃娃在水裡漂，只能仰賴事先架好的安全繫繩，讓收繩設備將自己帶回水面。

在比賽中成功抵達深度並安然返回水面的選手，還必須在水面接受一系列的「出水流程」測試。該測試要求潛水員要能自己摘下面鏡，流暢清楚地以OK手勢向平台上的裁判示意，並同時以清晰的口語表達：「我很好！」（I'm okay.）如果這些測試你都通過了，你才能獲得一張白卡*，證明這是一項有效的深度紀錄。

國際自由潛水發展協會的媒體發言人卡拉．蘇．漢森曾這麼說明這些規則：「這些規則存在的目的，是為了讓自由潛水更安全、量測判斷上更精密、比賽成績更有公信力。」自一九九六年以來，國際自由潛水發展協會一直承辦世界錦標賽的活動。其英文會名中的關鍵詞閉氣（Apnea）在希臘古語中即為「無呼吸」。「協會為整個自由潛水競賽建立規則，確保比賽過程中潛水員的安全能被完全掌握。貫穿自由潛水競賽的主要意義，就在於完整的掌握。」

只要你能全程掌握好，即使你浮出水面後流著鼻血，好像你剛剛在水下是參加了一場格鬥賽似的，那也無損裁判對你這次潛水深度的判定。漢森告訴我：「裁判不會在意你外表看上去的樣子，流血嗎？這也沒什麼，現行規則中是允許的。」

離開碼頭後，航行了大約一個小時，喬治歐將他的船與比賽用的平台緊緊地綁在一起。海面的遠處，一艘機動船從岸邊駛來，在平靜的海面上畫出一條白線，這艘機動船先載來了第一批的選手。由於海面平台的空間很有限，因此僅允許官方裁判、選手、教練以及少數工作人員在現場。沒有任何選手的粉絲加油團，而我非常幸運地獲准搭乘喬治歐的帆船來到現場採訪，喬治歐的帆船同時也充當選手們的臨時更衣間。

首批選手穿上連帽防寒衣和雙面鏡出現在大家面前，選手們已經在帆船上展開熱身，他們動作與步伐都放得很緩慢，如糖漿般流動地保持身體狀態，選手的視線都未聚焦在眼前的事物，眼神清澈地讓自己保持在一種冥想狀態。一、二、三……當倒數開始時，選手們流利地滑入海中，並在海面上仰面漂浮，此時選手們的意識狀態進入更深的境地，部分意識進入半昏迷的狀態。選手所屬的教練，此時會在他們身旁，引導他們漂浮到指定的導潛繩上。接著裁判發出最後一分鐘提醒。第一位選手在規定時間內開始下潛，正式展開競賽序幕。

自由潛水競賽分為好幾個項目，今天要舉行的項目是「恆重無蹼」，潛水人不能使

＊ 譯註：白卡意即這次的潛水很完美，沒有觸犯規則的瑕疵。若是黃卡，代表可能提早下潛、過早轉身、未取得深度標牌。最嚴重的紅卡，則可能是太晚下潛、返回水面後的一系列出水流程測試失敗、潛水過程中拉了導潛繩、發生昏迷。

用助泳輔助器材（蛙鞋），但可以自己決定要配多少重量，前提是一旦重量決定了，就必須完整攜帶返航，潛水中途不能改變配重重量。在常見的競賽六大項目中，比拚深度的項目例如「攀繩下潛」（潛水人可以借助攀附導潛繩讓自己更省力地移動），或是泳池項目像是「靜態閉氣」（在水面競賽閉氣時間的長短）。相較之下，恆重無蹼這個項目，被認為是最純粹的自由潛水競賽方式。這個項目的紀錄保持人特魯布里奇，他在二〇一〇年打破當時的世界紀錄，締造了恆重無蹼潛水深度新紀錄一百公尺。今日，他正要嘗試九十三公尺的潛水，這個深度設定對他而言是一個相對保守的數字，但卻已經是整個賽程中最深的目標深度。在他上場前，有十幾位選手會先進行潛水。

一位官方人員先是從十開始倒數，接著宣布「下潛時間」＊，然後開始正數報時：「一、二、三、四、五……」在倒數十這個階段，是讓呼吸準備中的選手知道何時必須要進行最後一次的吸氣，準備深潛。一位女性選手在三號導潛繩準備中，她是來自日本的北濱淳子。她在出發前的最後三十秒，進行了幾次的深呼吸，流暢地躬身下潛，當她全身沒入水面後，聲納監測人員每隔幾秒鐘就會回報一次她所處的深度。

兩分鐘後，一位裁判在水面上大喊：「昏迷！」安全潛水員立即沿著導潛繩下潛，半分鐘後他們帶著已經失去意識的北濱返回水面。她的臉因失去血色而呈現淡淡的灰青色，嘴脣張著，她的頭像是一隻失去生命的鳥禽往後倒，雙眼圓睜著從面鏡底下凝視太陽，毫無呼吸跡象。

一位在她旁邊的男子大聲喊道：「向她的臉吹氣！」另一位安全人員試著從後腦勺固定她的頭部，使她的下巴能保持在水面上。他對著昏迷中的她大喊著：「呼吸！」船的另一頭甲板上有人喊著要氧氣設備待命。他再次對她喊叫：「呼吸！」但是此時北濱仍然處在昏迷中，沒有任何動作。

就在大家在極為焦慮的狀態中渡過了漫長的幾秒後，北濱開始咳嗽、抽搐、抖著肩膀、嘴脣開始顫動。幾秒鐘的時間，她就回過神來了，從昏迷狀態中恢復的臉部神情也

＊ 譯註：「下潛時間」（Official Top）是潛水選手必須開始下潛的正式比賽開始時間。裁判必須以英語報時，報時的時間點從下潛時間前兩分鐘開始倒數計時，到達下潛時間後，裁判再改為正數報時到三十秒。完整報時時間點為：2'00、1'30、1'00、30"、20"、10"、5"、4"、3"、2"、1"、Official Top、1"、2"、3"、4"、5"、6"、7"、8"、9"、10"、20"、25"、26"、27"、28"、29"、30"。選手在下潛時間後十秒內入水，成績有效且不扣分；下潛時間十秒後、三十秒內入水，成績有效但每五秒扣一分；選手若在下潛時間三十秒後沒有入水，就失去比賽資格。如果選手在下潛時間前提早入水，也要每五秒扣一分。

立即變得柔和。她笑著訴說道：「我剛剛在游泳……游著游著我就進入夢裡了！」兩位安全人員在水面協助她緩緩漂向氧氣供應設備，讓她坐在筏邊，透過氧氣的幫助進一步從剛甦醒中恢復。就在她恢復的過程中，下一位選手接替了她剛剛的位置，正準備出發潛往更深的深度。

與此同時，另一條導潛繩的潛水選手，已經完成了呼吸準備，吸入了最後一口氣，向目標深度六十一公尺出發下潛。這位選手抵達設定深度並轉身向返回，就在潛水三分鐘後回到水面。甫出水面，他的教練就提醒他：「呼吸！」他帶著微笑，做了一次吞嚥動作、然後開始試著呼吸。他的臉色慘白，嘗試自己取下面鏡，但他的手卻像抽筋般不受控制地顫抖著。嚴重的缺氧狀態影響了他的肌肉力量，他帶著小丑般的笑容，眼神空洞，漂浮在那。

就在此時，他身後另一名選手正返回水面。一名安全潛水員對那名選手疾呼：「呼吸！呼吸！」那位男子選手的臉色發青，回到水面後一直未換氣。另一個人也著急地對他說：「呼吸！」他終於有點反應，咳嗽了一陣，搖晃著頭部，還伴隨著類似海豚才會發出的吱吱聲。

在接下來的半小時裡，選手們來來去去，類似的場景不斷上演。站在帆船上觀賽的我已經緊張到胃很不舒服，我非常好奇眼前的這一切正常嗎？所有的參賽選手，在賽前都簽署了免責切結書，證明自己已被告知潛在的心臟疾病、昏迷、溺斃都可能是這場競賽難以避免的代價，選手自己必須為此負責。儘管如此，我還是不免懷疑，在陸地上批准這類活動的主管機關，也許並不了解自由潛水競賽的實際景象。

特魯布里奇登場了，他戴著墨鏡和耳機，他的手臂很長，掛在他細瘦的身體邊上彷彿是一隻蜘蛛。我距離他有九公尺，縱使在這樣的距離下，我也能看到他那與軀幹相比有著不成比例大的肺。他的意識保持在冥想的狀態中，下水時看起來好像是半夢半醒的狀態，並在旁人的協助下將安全繫繩栓在腳踝，他準備好要出發了。

一名裁判大聲宣布「下潛時間」，幾秒鐘後，特魯布里奇開始潛水，裸著腳掌踢水，流利順暢地往深處下潛。聲納監測員開始回報深度「二十公尺」，我站在船上，透過清澈湛藍的海水看特魯布里奇雙臂自然懸在身體兩側，毫不費力地直墜深處，很快地就消失在我視線所及的深度範圍之外。他與海水的畫面是如此美麗，卻又有著鬼魅般的奇特感。我悄悄地和他一起閉氣，但三十秒之後我就放棄了。

三十公尺、四十五公尺、六十公尺。隨著特魯布里奇持續向深處邁進，官方的聲納監測員持續報出儀器量測到的深度數值，經過大約兩分鐘的潛水時間，監測員報出：「九十三公尺，觸底！」隨後聲納儀持續監看著特魯布里奇上浮的過程。眾人經過煎熬的三分半鐘後，特魯布里奇重新出現在水面，他又踢了幾下水，保持在水面上呼氣，摘下面鏡，向裁判示意OK手勢，同時以清晰的紐西蘭口音向裁判說：「我很好！」這一切對他而言似乎游刃有餘，他的外表甚至顯得有些感到無趣。

。。。。。。。

接下來的兩天是選手恢復日，阿克迪泰格多斯度假酒店的庭院裡，充斥著十幾種國家的語言，大家聚集在露台桌喝著瓶裝水、討論策略、給遠在家鄉擔心的親友們發電子郵件。這群人裡大部分都是年紀超過三十歲的男性，大多數人的身材都很瘦，有些略矮，少數人是矮胖體形。一些人剃了光頭穿著無袖T恤、涼鞋和寬鬆短褲，這群人的外表看起來不像極限運動員。

我找了一張在陰影下的空桌子，安靜地坐下來等待。今天我已經約了南非國家紀錄保持人漢莉・普林斯露要做專訪，並且預計要接受她的自由潛水指導。昨天在觀賽船上遇見她，她告訴我過去的三個月裡，她一直在埃及接受訓練，目標是打破世界紀錄。但上週她卻因鼻竇感染而不得不退出今年比賽。她仍然來到現場當朋友的教練，抱著輕鬆的心態，為大家帶來歡樂的氣氛。她願意回答我許多關於自由潛水的問題，而且還熱情地催促我趕快開始嘗試這項運動。

到目前為止，光是想到自由潛水這項運動，就會讓我打從心底產生幽閉恐懼症。除了少數幾位冠軍級選手，像是特魯布里奇能夠以優雅而令人敬畏的姿態完成潛水競賽，其他大多數的參賽者都顯得非常勉強而且充滿危險性。在我觀賽的第一天裡，有七位選手在返回水面前就發生昏迷，要不是事先安排好的安全潛水員立即救援，他們現在已經死在海床深處了。我同意人類的身體是一具獨特的裝備，這套裝備可以潛入超乎我想像中的深度，但這不代表它強大到能挑戰這些選手所設定的深度目標，再這樣下去遲早有人會因此受傷或是發生更糟的事。

普林斯露堅定地表示，自由潛水不只是沿著一條繩索下潛，並試圖打敗你的對手。

「這就像是身處外太空」：在十二公尺深的水下，重力會大於浮力，你不會往上漂浮反而是漸漸被往下拉。自由潛水冠軍和海洋保護提倡者漢莉．普林斯露，正在嘗試她的深水走鋼絲表演。

她在觀賽船上告訴我：「自由潛水營造了一份寧靜。」這是一種獨特的冥想，你沒辦法在陸地上用其他方式進入這種全身式的冥想狀態。你也沒必要強迫自己到九十公尺的深度去尋求這份寧靜。自由潛水過程中，令人感到最不可思議的轉換，大約會發生在深度十二公尺附近，在那裡，重力與浮力的抗衡發生微妙的變化，水不再將你的身體推回水面，而是讓你往深處墜落。

那是一道「通往深淵的大門」，當你踩在那個門檻處，一切都變得不同，任何人都有能力體驗到這件事——甚至是像我這樣的門外漢。她為了向我證明這點，普林斯露願意提供我一個體驗式的離水課程，她將引導我增強閉氣能力，這是學習自由潛水的第一堂課。在此之前，我個人的閉氣能力頂多就是撐五十秒，她向我保證，經過不到兩個小時的訓練課程，我的閉氣時間可以倍增。我抱持懷疑的態度。

普林斯露朝我走來，有活力地打招呼：「哈囉，你好！」當她走近時，我注意到她曬黑了，身材精實，一頭深棕色的長髮；她的樣子看上去就像是天生的運動員該有的樣子，這種朝氣不像我在場上所見到的自由潛水選手。她簡單自我介紹，告訴我她在南非普利托利亞的一座農場長大，從小她和姊姊在夏季時會跳入河中游泳，她還打趣著說：「我們說著一種祕密的美人魚語言。」大約在她二十歲時，當時在瑞典生活的她發現了自由潛水這項運動，後來她搬回了南非。現在她住在開普敦，她主要的時間是花在經營一個叫做「我是水」的非營利專案，並且以兼差性質擔任激勵演說家、瑜伽伽和自由潛水教練。

簡單交談後，我們一起走向一個可以俯瞰整個麥西尼亞灣的觀景台，就地鋪上瑜伽墊。課程從一些基本的放鬆姿勢開始，它的目的是協助我放鬆胸腔周遭的肌肉。普林斯露告訴我：「如果你將肺臟從胸腔裡取出，它們是極度柔軟有彈性的，你可以將它們吹成任意的大小。」她立刻示範，挺起胸膛，呼氣。阻礙肺部擴張伸展的是肋骨、胸部和背部的相關肌肉群。透過肌肉伸展和呼吸練習，自由潛水員的肺活量能夠增加到比一般人的平均還要多出百分之七十五。實務上，並非需要增加肺活量後才能開始嘗試自由潛水，但它就像一個更大的油箱，可以幫助你潛得更深更久。二〇〇九年創下驚人成績的靜態閉氣紀錄保持人史蒂凡・米夫薩德，他擁有十・五公升的巨大肺活量，一般成年男性肺活量為六公升，成年女性的肺活量平均約四・二公升，而普林斯露的肺活量為六公升。

接下來，普林斯露帶我做了幾個瑜伽動作，協助我放鬆胸部周圍的肌肉。當我依照她的指示進行伸展動作的同時，她向我解釋水壓的原理，說明水壓如何影響我們的肺和身體。

在水下，當我們潛得越深，我們周遭的水壓就會越大，而空氣就會被壓縮得更多。海水的密度是空氣的八百倍，所以僅只是下潛三公尺多的水深，身體所承受的壓力變化，就已經相當於從海平面上升至海拔超過三千公尺的高度。在水中，任何包覆著空氣且具有柔軟表面的東西，籃球、塑膠瓶、人類的肺臟，都會在十公尺的水深被壓縮成原本體積的一半大小；若是水深二十公尺，則體積會被進一步壓縮成三分之一；水深三十公尺，體積剩下四分之一……依此類推。

被水壓縮的籃球、塑膠瓶、人類的一對肺臟，重新上升回到水面時，裡面的空氣會迅速重新膨脹成原本的體積。對於自由潛水人而言，水壓對身體是很殘酷的考驗，特別是對胸腔部位。普林斯露指導我進行呼吸練習和伸展運動，為的就是使胸部肌肉保持柔韌性，當我開始自由潛水，才能好好應對這些劇烈的水壓與體積的變化，而不會昏迷或死亡。

我們面對面盤腿而坐，普林斯露繼續向我解說呼吸的要領：大多數人終其一生都只在上胸的部位呼吸，這代表我們只使用到一部分的肺。為了能夠攜帶更多氧氣，以進行更長時間的潛水，我們需要學會呼吸的技巧以利用肺部的全部容積。我們的肺由三個腔室組成，位於下方的腹部區域、中間的胸骨，以及上胸區域，也就是鎖骨下方。

在她的指導下，我在腹部、胸骨以及上胸的個別區域都輪流進行二十秒的呼吸練習。剛開始刻意這樣呼吸，一度讓我覺得有些反胃，但幾分鐘後就適應了。普林斯露眼見時機成熟，拿出她的馬表，準備為我做第一次的閉氣時間測試。我躺在墊子上，依照剛剛的練習，深深地吸一口氣，將氣體充盈在三個腔室部位裡，接著開始閉氣。

就在大約三十秒後，我覺得有股難以承受的反胃感，我的頭止不住地顫動著，有那麼一刻，我想像自己正身處在水下三十公尺深的地方，感覺很可怕。這個感覺引發了更強烈的恐慌，幾秒鐘後，我的身體開始明顯抽搐。雖然我想試著保持不動，但身體不受控制地持續抽動。普林斯露示意停止閉氣，讓我呼氣、吸氣。我坐起來，覺得沮喪而直搖頭，挫折感很重。

她鼓勵著我：「還不錯，你的閉氣時間增加了超過一倍。」她馬上讓我看馬表，剛剛我的閉氣時間已經達到一分四十五秒。

我向她請教身體在閉氣過程中不自主抽搐的現象。她解釋身體對極端閉氣的反應有三個階段，第一個階段就是身體抽搐，「這是因為二氧化碳的累積，並非是缺氧的徵兆。當身體開始產生第一下的抽搐時，它提醒你還剩下幾分鐘的時間就**真的**需要呼吸。」第二個階段的生理反應，脾臟會釋放多達百分之十五富氧的血液進入血液循環，這種現象通常發生在休克狀態，伴隨著其他生理現象例如低血壓、心跳加速、其他器官停止活動。可是在極度閉氣的時候也會引發這類的生理現象，所以嫻熟的自由潛水人預料在閉氣到一定程度後脾臟會釋放富氧血液，這形同是一種渦輪增壓器，能進一步推升潛水員的潛水表現。

第三個階段的反應就是昏迷，當大腦察覺氧氣已經不足以支撐運轉時，大腦就會關閉運作，類似電燈開關為了節省電能而關閉。雖然大腦只占人體體重約百分之二的重量，但它對氧氣的需求占了整體耗氧量的百分之二十。昏迷的當下，若口腔或喉嚨中存在液體，將在昏迷時同步產生另一道反射動作，咽喉部位會自動關閉，以阻止外部的水侵入肺部。有經驗的自由潛水員，透過第一階段的抽搐反應，以及第二階段的脾臟血液釋放效應，他們能夠掌握何時該返回水面，在經驗上他們能夠以此避免發生昏迷。自由潛水員必須理解並尊重這些來自生理的訊號才得以生存。

普林斯露最後總結說：「我們的身體擁有一道道令人驚嘆的防線，是有原因的！你是天生的自由潛水人，你為此而生。」在說明的過程中，她協助我變換不同的瑜伽姿勢。

我仰躺著，接受普林斯露的呼吸導引，準備進行今天最後一次的閉氣測試。**吸氣**，**呼氣**，**大吸氣**，**閉氣**！普林斯露按下馬表，開始計時。我閉上雙眼。

經過了也許是二十秒鐘，我開始感受到輕柔的抽搐來到。我平靜地告訴自己，這是身體自然的反應，保持專注放鬆身體，靜待脾臟的作用。隨著時間流逝，我越來越感到艱苦，胸膛上有股壓力，心臟搏動得很劇烈以至於我的手腳等末梢都能感受到心跳。此時我感受到的只有痛苦。

普林斯露以堅定的語氣說：「堅持下去！你可以達到更長的時間，你還在第一階段。」

在她的鼓勵之下，我繼續堅持下去。又過了大約十秒鐘的時間，我的胃部開始收縮，喉嚨感到很緊繃，越來越強烈的幽閉恐懼症。她持續鼓勵我，以溫柔的語氣說道：「繼續保持，再多保持一下下……再多一下下。」彷彿有股電流流經我的身體，我察覺自己的身體正在瑜伽墊上微微蠕動，就像是一條離了水的魚掙扎著。她似乎看清這一切：「現在，你的脾臟開始作用，脾臟開始將富有氧氣的血液注入你的體內。」就在她說完後，我感受到她說的現象了。我的身體趨於平靜，閉上雙目所見的黑暗此時變得更黑，泳池區的鼎沸人聲逐漸淡出聽覺範圍，我覺得身體正在漂流……

她在我耳邊說：「呼吸！」我開始呼氣，吸氣，呼氣。感到一陣頭暈目眩，一時之間無法透過顫抖的雙眼看清眼前景物，但我感覺滿好的。她問我：「你覺得你這次閉氣了多久時間？」我聳了聳肩，我猜也許是一分多鐘吧。她笑了並讓我自己看馬表上的數值。就在這一堂課，我不僅把自己的閉氣時間延長了一倍，在最後一次嘗試時，我的閉氣時間達到上課前的三倍長，馬表顯示這一次的閉氣時間為三分十秒。

就像普林斯露所主張的，人類天生就具有自由潛水的能力，但這並不意味著自由潛水很容易。你仍然需要長時間的閉氣能力，將自己的生理推往極限，而且保持鎮靜不驚慌失措。我現在可以閉氣超過三分鐘，但我從未嘗試潛水超過三公尺。在我看過自由潛水的比賽後，我認為自己無法潛入十幾公尺深。

然而，我還是想要知道那個世界長什麼樣子。

九十公尺深是整個海洋透光帶大約一半的深度。即使是在最清澈的海域中，這個深度的光強度也僅有水面的千分之五。和淺水處的明亮區域相比，越少的光線，生命的數量也越少。棲息在這個環境的生物，必須要能適應昏暗的光照——魚類已經進化出巨大的眼球來看得更清楚，鯊魚透過電磁感應的方式尋找獵物，魷魚、微生物和細菌使用一種稱為「生物發光」的化學反應為自己照亮環境。

要潛水到這個深度，是一項艱鉅而且危險的事。水肺潛水員可以呼吸混合氣體潛入九十公尺深，但這需要多年的訓練，而且執行這種技術潛水所需要的後勤支援是一場惡夢。危險的部分並不是指下潛到這個深度的過程——即使那本身也是極具危險性的——而在於從這個深度上浮回到水面的過程。對水肺潛水員而言，若花一小時、呼吸一般壓縮空氣下潛到六十公尺深，就必須要花費十小時的上升時間，才能逐步排除血液中積蓄的致命氮氣；如果使用一般的壓縮空氣潛入九十公尺的水深，那注定是致命的。

由於潛入九十公尺深，技術上實在太難了，短期內我最好的作法是找威廉·特魯布里奇訪談，他經常潛水到這個深度。與水肺潛水員相比，特魯布里奇和其他選手以自由潛水的方式潛入九十公尺深，這種方式具有生理上的優勢：沒有減壓病的問題。他們在水面上吸入的那一口氣，裡頭的氮氣能溶入血液的量非常有限，無法在血液中形成氣泡。當他們返回水面，這微量的氮氣在幾秒內就會排出，這是哺乳動物潛水反射的機制之一。

在二〇〇七至二〇一〇年之間，特魯布里奇打破了十四項世界紀錄（大部分還是他自己所創的紀錄），包括恆重無蹼以及攀繩下潛項目。當今，他被公認是世界上最頂尖的無蹼項目自由潛水人。所以，對於以自由潛水潛入九十公尺的水深，他所經歷的體驗無人能比。

就在普林斯露為我上了第一堂課的隔天，我和特魯布里奇見面，他一開場就為自由潛水下了一個註解：「自由潛水既是一種心理遊戲，也是一種身體遊戲。」我們坐在麥西尼亞灣酒店的泳池邊。他留著一頭短髮，戴著運動墨鏡，穿著破舊的T恤，這樣的穿著打扮與聚集在這裡的其他自由潛水員風格類似。他話不多，給人一種類似程式設計師般的木訥感。

和其他競賽選手相同，特魯布里奇告訴我，他每次下潛時都會閉上雙眼。只有當他潛到目標深度，接近導潛繩底部的那塊圓盤時，他才會短暫地睜開眼睛，但僅此而已。在潛水的過程中閉上雙眼，可以防止大腦耗費能量和氧氣去處理來自眼睛的視覺訊息。

所以，特魯布里奇無法告訴我水下九十公尺深的環境**看起來**是什麼樣子，但他肯定能描述處在那個環境的**感受**。他往後靠向椅背，深深吸了一口氣，當他娓娓道來時，我的胃又開始因緊張而翻騰起來……

大約在水面下九公尺內的深度，充滿空氣的肺部所產生的浮力，會試圖將你的身體拉回水面，你必須奮力划水或踢動蛙鞋才能讓身體往下潛。下潛的過程中，未能及時平衡的耳壓所產生的不適感，會比搭飛機時向上爬升還要令你感到更強烈的痛感。如果你平壓失敗，且執意忽略耳痛繼續下潛，強大的水壓將會導致耳膜破裂。

接下來，你還有一百七十多公尺的距離要潛進。

當你潛水深度超過九公尺，你會感受到加諸在身上的水壓倍增，你的肺部已經開始坍縮。你逐漸進入一種無重力狀態的深度，在這個特殊的深度位置你能靜止懸浮著，潛水術語稱此時的狀態為「中性浮力」。繼續下潛，當你穿越這層無重力深度後，海洋開始將你向下拉，此時你的手臂自然垂擺在身體兩側，肢體完全放鬆，毫不費力地讓重力將你往深處帶，自由墜落。

抵達水下三十公尺深，和水面比較起來，加諸在你身體的壓力會增加三倍。在這樣的深度幾乎看不到海洋表面了，而且來到這個深度你通常也不會東張西望，皮膚表面傳來涼意，此時的你為深潛做準備，已經閉上雙眼。

繼續下潛，來到四十五公尺深，你的意識逐漸進入夢境，因為在這樣的深度，血液中的二氧化碳和氮的濃度已經升高到足以影響意識。有那麼一刻，你甚至會想不起來你現在在做什麼？想不起來這是哪裡？

若繼續往深處潛，來到水深七十五公尺處，水壓之巨大已經讓肺部體積坍縮到如拳頭般大小，身體為了進一步節省氧氣用量，心臟搏動速度只剩下平常的一半。在這個深度的自由潛水人心律紀錄低到每分鐘僅十四下，甚至有極端紀錄是每分鐘心搏僅七下。這些紀錄報告的極低心律值，已經比醫學上認為要維持基本意識的最低限度還要更低，生理學家認為這麼低的心律根本無法支持意識的運作。然而，根據自由潛水的紀錄報告，在海洋深處，這件事情是成立的。

在水下九十公尺深，被形容為生命總開關的哺乳類動物潛水反射機制，已經完全發揮作用。你的器官和血管像被開啟的壓力釋放閥，持續將血液和體液充入胸腔中。整個胸廓在這樣的深度已經塌陷成原本的一半大小。一九九六年古巴自由潛水員皮平・費雷拉斯，在一次無限制潛水中，量測到在水面原本為一百二十七公分的胸圍，潛入水下約一百三十三尺時已經縮小為五十一公分。

氮醉的強度在九十公尺這個深度，強烈到令潛水人忘記自己當下在做什麼，無法理解為什麼會在這個黑暗的地方。潛水人會出現幻覺，四處摸索。曾經有一位自由潛水員告訴我，在一次大深度的潛水過程中，她一度忘記自己正處於水下。她開始幻想自己正在一個黑暗的公園中，尋找她養的狗，當她重新回到水面時，氮醉效果消退，她的意識重新恢復清晰，此時她才想起來自己根本沒有養狗。

氮醉效果影響的並不只有大腦意識，它也會影響你的生理，使你的動作變得遲鈍，而你對時間的感受也會變得緩慢，你周圍的一切都慢了下來。

接著，你來到真正困難的部分，潛水人接近目標深度時，電腦錶開始發出嗶嗶嗶的警告聲，提醒你已經接近導潛繩的最末端。你睜開眼睛，費力地用半癱瘓的手從盤子裡抓取一張深度證明標籤，轉身返航朝著遙遠的水面前進。此時重力已經在你的對立面，你必須發揮僅存的一點能量抵抗下沉的重力才能向上游。如果你沒有集中精神、咳嗽、甚至猶豫遲疑，就有可能導致昏迷。但訓練有素的你不會犯這些錯誤，你將盡其所能地朝著上方光亮處的水面前進。

隨著你持續返航，所在的深度逐漸減少，從六十公尺、四十五公尺、三十公尺，你體內的總開關效應也逐漸逆轉：心跳速率逐漸增加，之前為了抵抗水壓而湧入胸腔的血液重新回到血管與其他器官中，肺臟因為呼吸反應而感到疼痛，你的視覺範圍隧道化，胸部因為二氧化碳持續累積而抽搐。你很清楚自己已經接近昏迷的極限，必須盡快回到水面。原本在頭頂上方的一片藍色霧狀空間，現在已經透出陽光的明亮光澤，你告訴自己這一次會成功。隨著水壓劇烈地降低，肺臟快速地膨脹，對氧飢渴的身體，正在拚命地從肺部榨取僅存的氧氣，但此時所剩餘的氧氣非常稀薄，所有在出發前所吸入的氧氣，在這個階段幾乎都已用盡。你的身體內部開始產生負壓效應，這類真空效果如果太強，會導致昏迷。自由潛水人發生昏迷時，大約有兩分鐘的時間會沉浸在無意識狀態，接著昏迷者會短暫甦醒，在死前進行最後一次呼吸。如果此時潛水人已經被救起而回到空氣中，這一口氣吸入以後將幫助身體恢復意識，昏迷者將會倖存。但如果不幸地潛水人此時仍然在水中，這最後一口氣將導致肺部進水，昏迷者將會溺斃水中。有百分之九十五的昏迷發生在離水面最近的四．五公尺範圍內，在淺處的水壓變化最劇烈，體內的負壓效應是這個階段發生昏迷的主因。

但這不會發生在你身上，訓練有素的你知道在接近水面約三公尺的距離時，必須呼出肺部大部分的氣體，以減輕體內的負壓效應。

大約在你出發的三分鐘後，你從大海深處返回破水而出。空氣中的世界彷彿正在旋轉，你身邊的人們都對著你大喊要你呼吸。你摘下面鏡，向裁判比了一個OK手勢並且清楚地說出：「我很好。」

然後你起身回到選手船，接著回到你的酒店房間。

二〇〇九年時，世界上只有最頂尖的十位自由潛水好手，能在「恆重下潛」這個項目中潛抵約九十公尺深，在這個項目潛水員必須保持身體配重固定，允許使用單蹼——一種特殊蛙鞋，有大約九十公分寬的蹼面，潛水員穿著時，雙腳必須套入合為一體的橡膠腳套中。本屆在希臘舉行的世界錦標賽，週四的賽程中將有十五名選手挑戰這個深度。

來自英國的選手大衛．金就是其中一人，比賽前一天晚上，他遞交的目標深度是一百零二公尺，這讓所有人都感到出乎預料，假如他成功挑戰這個深度，將創下英國的全國新紀錄。據他的隊友透露，在過去一年的訓練中，他的潛水深度從來沒有超過八十公尺。這非常不尋常，好幾位自由潛水選手私下向我表示，自由潛水的成績進展通常是一公尺一公尺地逐步推進，一口氣將目標深度的設定大幅增加超過二十公尺，這不只是魯莽的決定，而是近乎自殺的行為。

受天色影響，今天早上麥西尼亞灣的海水是灰色的，昨天這個地區經歷了一場暴風雨，雖然目前沒有下雨，但天上壟罩著烏雲，水下的能見度剩下十二公尺。

我坐在喬治歐的帆船船頭，普林斯露就坐在我旁邊，這次負責指導她的朋友莎拉．康貝爾。她是來自英國的自由潛水女子冠軍，稍後她將嘗試挑戰自己所創下的世界紀錄。此時，英國選手大衛．金正在為下潛前最後一刻做呼吸準備，最後幾口呼吸後，裁判開始計時，他躬身下潛大約十秒的時間裡，幾次單蹼的擺盪，他的身影就消失在灰色的海水中。監測聲納儀的人員開始大聲報出：「五十公尺、六十公尺、七十公尺……」聽著人員對大衛．金深度的即時回報，普林斯露訝異地向我說：「我的天，他用**飛的**在趕路！」她提醒我速度在自由潛水裡不見得是好事。大衛．金現在移動得越快，就燃燒掉越多的能量，待他自深處返回時所剩的氧氣就會越少。

「八十公尺、九十公尺……」大衛．金下潛的速度非常快，快到讓監測員來不及喊報他的即時深度。

監測員：「觸底！」

大衛．金開始朝水面返航，監測員持續回報深度：「九十公尺、八十公尺。」接下來監測員的播報開始有了停頓，因為大衛．金返回水面的速度只有剛剛下潛時的一半，觀賽的眾人焦慮感逐漸加重，大衛．金必須加快回到水面，否則他的氧氣將會耗盡。

「六十公尺……五十公尺……四十公尺。」監測員的深度回報間隔越拉越長，接著深度回報停了下來，幾秒鐘後，監測員重複回報：「四十公尺。」然後又是十秒鐘的靜默。此時大衛．金在水下的時間已經超過兩分鐘。

監測人員再次回報：「四十公尺。」大衛．金停在這個深度不再前進。此時，隱隱約約大家已經預期到糟糕的結局。我環顧帆船四周，裁判、工作人員、待命的救援潛水員，大家都緊盯著波濤洶湧的海水等待著。

「三十公尺。」

大衛．金還在移動中，只是前進速度非常緩慢。再過了五秒鐘，監測員再次重複回報：「三十公尺。」

普林斯露下意識用手摀住嘴：「我的天。」再經過五秒，監測員緊盯著聲納畫面，但已經不再回報深度。我們從船上望向海水深處，但什麼也看不見，沒有一點點大衛．金的蹤跡，水面上甚至沒有一點漣漪。

「三十公尺。」靜默停頓。「三十公尺。」

一位救援潛水人大聲呼喊：「昏迷！」大衛．金此時正在十層樓深的海裡失去意識，救援潛水員立即出動，朝大衛．金的深度奮力踢動蛙鞋。

在水面的裁判大喊：「啟動救援！」經過大約三十秒後，導潛繩附近的水面爆出大量白色氣泡，隨之是兩名救援潛水人挾帶著已經失去意識的大衛．金衝出水面。大衛．金被安全地固定在兩位救援潛水人之間，臉色鐵青，完全沒有動作，脖子僵硬。

救援人員將大衛．金的頭部保持在水面之上，他的臉頰、嘴和下巴都溢著鮮血。救援人員朝著他大喊：「呼吸！呼吸！」大衛．金仍然沒有絲毫反應。鮮紅色亮晃晃的血液從大衛．金的下巴滴入灰色的海水中。

裁判向救援人員呼救，一名救援潛水員上前口對口抵住大衛．金，對他的嘴吹入空氣。裁判要求救援人員繼續實施救援程序。此時大衛．金的教練戴夫．肯特來到他的耳邊，對著他大喊：「大衛！大衛！」

經過這麼多程序，大衛始終沒有反應。十秒鐘過去了，大衛仍未恢復意識。平台上有人喊著要開始準備氧氣，有人著手進行心肺復甦術。事情越來越危急，船主喬治歐尖叫道：「為什麼沒有人報案尋求緊急救援？必須出動直升機！」喬治歐近乎崩潰似地對我、對普林斯露、對沒有特定對象地大喊大叫。他接著又咆哮：「這他媽的到底是什麼情況？」

同時間，在我們身後另一條導潛繩的選手在回到水面後臉部朝下，他也發生昏迷了。在水面的救援潛水員將仰躺在水面的大衛．金移交給平台上的人員，並且將氧氣面罩戴在大衛．金臉上。他仍未恢復意識，脖子處於僵硬狀態，臉部表情因為肌肉的收縮而露著病態的笑容，他的眼睛睜得很大但完全失焦，空洞地望向天空的太陽。

大衛．金死了。這是我們船上所有人心裡慢慢浮現出來的共識。站在觀賽船上的我們距離他只有十二公尺，場面充斥著叫喊，沒有人能說清楚現在到底發生了什麼事。平台上的人員正在對大衛．金進行心肺復甦術，有人同時拍打他的臉，希望喚醒他：「大衛！大衛？」

比賽還在持續進行中，一名選手出發下潛，另一名又剛剛回到水面上。我移動到船的另一側好強迫自己移開目光，一名捷克籍的選手看了我一眼，閉上雙目，口中喃喃念著經文，他正在為稍後上場的比賽做最後準備。

奇蹟般地，大衛．金的手指開始顫抖，嘴唇也顫動起來，他恢復呼吸了。臉部的氣色稍稍恢復一絲生機，他的眼睛睜開又再輕輕闔上。他正緩慢進行著深呼吸，四肢鬆弛，他拍著教練的腿像似對他說：「**我很好，我很好**。」一艘動力小艇此時已經靠過來，平台上的安全人員們小心翼翼地將大衛．金移到動力艇上。

當大衛．金在返回岸邊的航程上時，特魯布里奇正在一號導潛繩進行一百一十八公尺的深度挑戰，但他這一次的挑戰並未成功，他在尚未觸底前就返回水面。接下來上場的是英國選手莎拉．康貝爾，她也在挑戰新世界紀錄嘗試時在二十二公尺處提前折返。她跳回帆船上時大喊：「我做不到。」她已經受到剛剛大衛．金的昏迷事件影響，就在這時候又傳來二號導潛繩的選手發生昏迷，然後接著是三號導潛繩的選手也昏迷了。

西風逐漸加強，我們頭頂上的船帆在強風中飄揚，康貝爾說著：「我的天，這裡越來越混亂。這就好像是骨牌效應，所有的事情都在崩潰。這是我見過最混亂的一次。」之後，今天的賽事又進行了三個小時。

這一天的最後一場潛水，是一名剛剛接觸這項運動沒多久的烏克蘭選手，他要嘗試下潛四十公尺深。他成功觸底並且返回水面通過出水流程測試，在測試的過程中，當他取下面鏡時，鼻子裡噴湧著鮮血，但儘管如此，他仍然通過測試並取得了一張白卡，這意味著他的這次挑戰完全合格，流血這件事未牴觸出水流程測試。

晚上回到旅館，潛水選手們聚在一起嬉戲玩鬧，有的開心得大笑，有的搖頭晃腦非常歡樂。這一天總計有九十三名選手參與深度挑戰，其中有十五個人嘗試了目標深度至少一百公尺的挑戰。其中，有兩個人不合格，有三個人提早返航，四位發生昏迷，以這樣的結果來說，失敗率估計為百分之六十。大衛·金已經住進醫院，沒有人確切知道他的現況細節，但有耳語傳開說水壓撕裂了他的喉部，這在極深潛水中是很常見的傷，算是輕傷。

白天大衛．金的事件成為當天參賽者事後的談資。晚上，大家聚在院子裡談論這件事時都翻了白眼，並一遍又一遍地聲稱：「這種事情以前從來沒有發生過。」類似這樣的事情，大概有時會發生，只是這裡沒有人願意承認而已。現在的挑戰賽已經變成看誰最能夠心如止水，抹去混亂事件所帶來的負面影響，並且在比賽的最後一天成功潛抵到最深處。

有一位選手似乎真的做到不為所動，他是來自法國的二十九歲自由潛水選手吉拉姆．內里。他是昨天在恆重下潛項目的優勝者。在大衛．金差點溺斃的隔天中午，我約了吉拉姆面談，那張桌子擠滿了來自法國隊的其他成員。吉拉姆用濃重的口音告訴我：「我當時不在現場，不清楚整個事件的細節。但我認為這件事情不是大衛．金的錯，而是所有自由潛水選手的錯。大家太過看重一百公尺這樣的數字，而輕忽了自己的感受，這並不是我們進行自由潛水的初衷。」吉拉姆．內里從十四歲就開始進行自由潛水，在二〇一〇年時因為一部自由潛水短片《自由墜落》（參見QR Code）而聲名大噪。這部短片是拍攝他在巴哈馬進行約十三層樓深的自由潛水。自該短片發布以來，在YouTube上的觀看次數已經超過一千三百萬次。

吉拉姆用手指梳理著他淺棕色的頭髮，帶著微笑說：「我很久以前就認識到，耐心是自由潛水成功的關鍵。你必須忘記目標，在水中享受和放鬆。」他表示在過去五年裡持續地保持自由潛水，未曾發生過昏迷。最後他告訴我：「現在最重要的事情，是嘗試潛水，然後回到水面，而且臉上還掛著微笑。」

週六，這是今年錦標賽的最後一天。灼熱的陽光，平靜的海面，清澈透明的海水，海象與氣候具備了完美的自由潛水條件。今天要比賽的項目是攀繩下潛，這個項目允許選手借助導潛繩在水中移動。在深度上，攀繩下潛比恆重下潛要再淺一點。但需要耗費更長的時間，有時選手的潛水時間甚至會超過四分鐘。這也意味著，觀看這個項目的比賽，觀眾的煎熬時間也會更長。選手們在昨天晚上提交深度目標前，都接收到了賽事總監斯塔夫羅斯．卡斯特里納基斯嚴厲地提醒：「請注意你們自身的極限！」因此今天宣布的潛水挑戰深度，似乎比以往更加保守。儘管如此，今日賽程仍然有好幾個選手向世界和國家紀錄挑戰。

「兩分鐘。」平台上的裁判向選手宣布出發倒數。第一位選手由他的教練緩緩地拖行到三號導潛繩。選手完成準備，翻身下潛，拉著導潛繩向清澈的海水深處前進。他很順利地抵達目標深度，觸底後向水面返航。像往常一樣，工作人員持續報數選手現在所處的深度：「三十公尺……二十公尺。」

又發生了一次選手在水下昏迷的事件，待命中的安全救援潛水員立刻下潛，片刻之後，將沒有意識的選手拉回水面。他張著嘴巴的臉毫無血色。我轉身走到甲板下方，不再對觀看這項運動感興趣。幾秒鐘後，選手恢復正常，並搖著頭微笑著向自己的教練道歉。

普林斯露站在我身後的甲板上說：「看吧，沒有那麼糟。」也許吧，或者我只是開始習慣看著無意識的人被從水底拉起來的畫面。無論如何，我還是回去賽場並觀看接下來十幾位選手的深度挑戰。接下來，頂尖級選手陸續登場，來自波蘭的馬里納．馬特烏斯以一百零六公尺刷新全國男子紀錄。來自俄羅斯的選手、同時是女子世界冠軍的娜塔莉亞·莫爾查諾娃以八十八公尺創下新的世界紀錄。安東尼·科德曼也以一百零五公尺創下斯洛維尼亞共和國的國家紀錄。吉拉姆·內里以一百零三公尺刷新法國國家紀錄。威廉·特魯布里奇則輕鬆地完成一百一十二公尺深度挑戰。在過去的一個小時內，有七項國家紀錄被刷新，每位選手都在掌握之中，穩穩地達成自己的設定深度。突然間在我眼裡，這項運動又變得極其迷人。

突然，二號導潛繩那一區爆發騷動。負責安全相關的救援人員，失去了與捷克選手米哈爾·里時安的聲納監控。我們失去他了！他至少在水下約六十公尺深，但聲納儀無法偵測到他，最有可能的解釋是他不明原因漂離了導潛繩。

裁判大喊：「救援！救援！」同時救援潛水員也緊急下潛，但過了一分鐘仍然毫無所獲，裁判要第二批救援潛水員出發，接著三十秒過去了，仍然沒有里時安的跡象。

此時在一號導潛繩準備的是莎拉·康貝爾。就在里時安沿著二號導潛繩下潛的三分半鐘後，他出現在康貝爾的下方，離他最初的路線偏移了十二公尺。

此時場面很混亂，康貝爾驚慌失措地讓開位置。里時安回到水面，摘下他的面鏡很清晰地表達：「別碰我，我很好。」他在沒有任何人的幫助之下，自己游回船上，他趴在我旁邊的船體上，笑著說：「哇！這真的是一次很奇特的潛水。」

他本人輕鬆看待這起意外。在他即將進行深度挑戰時，他的教練將安全繫繩扣上他的右腳踝。當他完成潛水準備，翻身下潛時，用來固定安全繫繩的魔鬼氈意外脫落，當時有一位救援人員看著安全繫繩未固定而漂走，他馬上衝下去要阻止里時安的下潛，但到了約三十公尺處已經追不上里時安。里時安當下也未察覺到自己已經失去安全繫繩，他一如往常地比賽，閉著雙眼，進入冥想狀態，隨著重力向深處墜落。而事實上，他下潛的軌跡並非直線，他以四十五度的角度偏離路線，進入廣闊無垠的大海裡。

里時安的教練也在一開始就察覺到事態嚴重，他立刻意識到這次安全繫繩的失誤將會導致選手死亡。他一動也不動地趴在水面上向深處望去，水面上的安全潛水員們各個都嚇得目瞪口呆，他說：「我會記住今天所有人的表情，很長一段時間都無法忘記。那是揉合著恐懼、敬畏、悲傷各種情緒的表情。」在大家都不知所措的當下，里時安越潛越深，他沒有意識到自己已經進入險境，當深度來到八十三公尺時，他的潛水電腦錶警報聲響起，他這時才睜開雙眼，想一如往常伸手在白盤上抓取深度標籤。他事後回憶道：「此時我才發現眼前沒有任何標籤、白盤、繩索，環顧周遭什麼都沒有，我完全迷失了，只有一片藍色包圍著我。」

當你身處二十七層樓深的水中，周遭海水宛如一團藍色的霧，每一個方向看去都是一樣的，在這樣的環境和水壓下，你沒辦法判斷自己現在是往上、往下或者向側邊游。

一下子，里時安驚慌失措，但他很快就平靜下來，恐慌無濟於事而且會更快地讓自己走向死亡。「有一個方向望去比其他方向都稍微明亮些，我突然明白那應該就是朝向水面的方向。」但事實上他錯了，實際上他是水平地往側面游去，游泳的過程中他試圖保持清醒和冷靜，神奇的事情這時候發生了，他在一團藍色迷霧包圍的深海環境中，碰見了一條白色繩子。他自述當時的想法：「我知道如果我能找到繩子，就會沒事。」

這種事情的機率非常低，要在七、八十公尺深那樣的環境中找到一條繩索——尤其是這條繩索距離他一開始下潛的那條很遠——機率可能跟在賭盤上兩次擲中兩個零那格差不多低。但這樣的運氣被里時安遇上了，他在距離自己導潛繩約十二公尺遠的地方遇到那條繩索，正是康貝爾即將要下潛的預定路線。里時安握住這條繩索，朝向水面前進，並且在發生昏迷溺斃之前回到水面。

在今年賽事的最後一晚，潛水選手、教練群、裁判人員都聚集在海灘上參加今年錦標賽的閉幕式。ＤＪ播放著歐洲流行音樂，巨大的舞台上閃爍著閃光燈和聚光燈，數百人聚集在這裡跳舞喝酒，頭頂上是希臘星光熠熠的夜空。舞台後方還有一處營火，熊熊燃燒的火焰，徹底加熱了一群互相噴濺嬉戲的潮濕群眾。

最後，大會宣布這次錦標賽的贏家。總結來說，參與這次錦標賽的選手們，打破了兩項世界紀錄，以及四十八項國家紀錄。選手們在比賽期間共發生了十九次昏迷。特魯布里奇在恆重下潛和攀繩下潛兩個項目都獲得了金牌。

不過特魯布里奇認為：「里時安才是這裡真正的贏家。」他邊說邊啜飲著手上的啤酒，旁邊陪伴他的是妻子布列塔尼。在我們身後的大螢幕上持續輪播這次賽事的剪輯影片，大約每二十分鐘就會播到里時安無安全繫繩的潛水畫面，當時由水下攝影機拍到，這個片段成為今晚群眾歡呼的重點，大家向里時安歡呼敬酒，慶祝他過「生日」（今日他九死一生活下來，宛如重生），受到大家頻頻敬酒，喝醉的里時安衝上舞台，向大家鞠躬道謝。兩天前發生嚴重昏迷的大衛·金，此時和英國隊的選手們一起出現，他面對微笑穿過人群，看起來很健康沒有大礙了。吉拉姆·內里在一旁抽著菸散發出典型的法式風格。

漢莉·普林斯露在營火旁喝著雞尾酒說：「我們擁有強大的社群。我們彼此都是一樣的，我們別無選擇，必須在水裡；我們選擇了投入其中以此成為生活的主軸，我們接受了可能的風險。」她啜飲了一口。

「但我們也得到了回報。」

-200

一個月後，我受邀觀看了另一種形式的自由潛水，一種有明確目的性的自由潛水。少數的一群自由研究人員，計畫花十天的時間潛水、研究，並且在大白鯊的背鰭上裝追蹤器。這項研究的地點在我從未聽說過的地球另一側，一個島嶼的沿海海域，光是要到那座島本身就是一項挑戰了。

。
。
。
。
。
。
。

先是花了十五個小時，從舊金山飛到澳洲雪梨，這中間經過三餐、四小瓶酒、七部電影、五次洗手間。接下來，在雪梨國際機場再花費四個小時轉機（吃了一個貝果、在機場地板小睡二十分鐘、吃光一袋腰果、在報攤看了四十分鐘的《滾石雜誌》），飛往留尼旺的首都聖丹尼。搭乘的飛機是一架老舊的空中巴士A330客機，此型飛機因高故障率而臭名遠播，而它外部的老舊塗裝造形，讓它看起來更像是一九八〇年代的老飛機。內飾破舊、骯髒的座椅、頭頂行李箱的把手已經鬆動而且充滿使用的刮痕，原本它的顏色是雪白的，如今已經泛黃。客艙大約只有五分之一的座位有乘客，大部分的乘客都是老年夫婦，除了我以外，其他人都會說法語。就在我們起飛後還不到一個小時，乘客便大剌剌地橫跨隔壁沒人的座位睡著了。為了打發時間，更多的酒、更多的電影、更多的餐點。直到黑夜漸漸轉亮。

經過漫長的十二小時，安全帶指示燈終於亮了。飛機正在朝西邊飛，我透過左舷的窗戶，看見遠方海面上出現一座小島。機長開始將飛機下降高度，此時出現了一幅超凡脫俗的景觀畫面：一團團白雲中，穿出一座高達數公里的巨大火山口，蔚藍的海水包圍著白色的沙灘。再往陸地看去，四十層樓高的瀑布從綠色叢林頂端一瀉而下的過程中散發出層層水霧。這是一個典型的熱帶自然景觀，它美得好像是以電腦合成的電影場景，像是好萊塢電影《侏儸紀公園》中才會出現的虛構畫面，或者是螢幕保護程式才會有的景象。但如今在我眼前的一切都是真實的，在這宛如史前景觀的大自然背景前，即使距離法國巴黎有六千四百公里遠，但島上充滿著法式風格的異國情調。

留尼旺島是法國最南端的疆土，同時也是歐盟最外圍的地區。這座島的面積只有二千五百平方公里，大約僅有夏威夷主島的四分之一大小，坐落於澳洲西邊九千六百公里，離馬達加斯加東海岸約六百四十公里遠。法國人大約在西元一六〇〇年來到這座島，並命名為波旁島，接下來的幾個世紀裡，法國人將其經營為貿易站和甘蔗種植區。今日，留尼旺島對法國人來說，就像是美國人的夏威夷——是一個熱帶度假勝地，擁有現代化便利設施而且全年氣候溫暖。法國人來到這裡的原因不外乎是退休、開始新生活、度蜜月或作為冬天避寒度假勝地。留尼旺最有名的是，曾在一九六六年記錄到二十四小時內累積雨量達到一千八百零三公釐，這是氣候史上的最高雨量紀錄。西元一六七一年時，全島人口僅九十人，而二〇〇八年的人口數已達到八十萬人。儘管法國聲稱留尼旺島屬於他們的領土，但來自鄰國印度、中國以及非洲的移民現在占了主導地位。大多數的居民住在西海岸附近的前殖民區域。每個鎮的中心都有一座天主教堂，緊鄰著海灘的是一片低矮但色彩繽紛的房屋。當地的啤酒被稱呼為「度度」，這個名稱是用來紀念島上已經滅絕的一種鳥類（這是錯誤認知，度度鳥並非棲息於留尼旺島），這種啤酒嘗起來有淡淡的肥皂味，別具風味。

留尼旺島的食物很棒，結合了非洲風味但兼具巴黎的品質。氣候總是溫暖宜人，風景和海灘不會有擁擠的觀光客，具有和南太平洋典型島嶼一樣壯觀的風景。留尼旺島幾乎可以說是一座天堂，但可惜的是這裡有一個備受關注的問題：「這片海域一直存在被鯊魚攻擊的威脅。」

近年來，不明原因，鯊魚攻擊事件持續上升。在二〇一〇年，公牛鯊變得莫名狂暴，在這片有著豪華渡假村和美麗沙灘的海域造成泳客與衝浪者的傷害和死亡事件。全球每年大約有六起遭鯊魚攻擊致死的意外，但在這座小島上，短短三個月內，鯊魚攻擊就造成了兩人死亡和六人受傷。留尼旺島鯊魚襲擊事件頻傳且大幅增長，已經威脅到該島脆弱的旅遊經濟。

佛瑞德·布伊爾是一名自由潛水人，同時也是攝影師及鯊魚保育工作者。我在希臘的自由潛水錦標賽上認識他，他對於留尼旺島的鯊魚事件感到憂心忡忡。就在比賽結束的一週後，我在家中接到他的電話，他和我討論自由潛水的好處，他向我解釋自由潛水在鯊魚研究中的用處，自由潛水並不是只有血從口鼻溢出或瀕死昏迷的慘烈畫面。

他以獨特的法國混比利時口音，在帶有雜訊的電話另一頭告訴我：「自由潛水也是一種工具。」這是一種接觸海洋動物的方式，他希望自由潛水能幫助我們拯救海洋動物。

我還記得在大賽期間，我第一次見到布伊爾是在卡拉馬塔的一家飯店酒吧裡，當時身邊還有一群也都是自由潛水選手。我們閒聊時，我問他以什麼為生。他帶著些微的反感猶豫地答道：「我就從事一些自由潛水，順便拍一些相片。」之後一直到那天深夜，我在谷歌上搜尋了他，我這才驚訝地發現他是自由潛水領域裡的傳奇人物。他是非常早期的自由潛水選手，同時也是全球享譽盛名的水下攝影師。網路上有許多關於他的潛水相片：他和距離只有幾公分的大白鯊一起潛水，與成群的雙髻鯊一起共游，他伸出手臂和白鰭鯊的鰭接觸。

布伊爾曾到過留尼旺島，他告訴我他去留尼旺島，是希望阻止憤怒的當地人試圖捕殺當地海域的公牛鯊群。這將會摧毀留尼旺島原本所保有的原始海洋生態系統。

布伊爾的計畫是加入當地一支由志願人員組成的海洋研究隊，其中有一位成員是留尼旺島上的工程師法布里斯・斯格諾那。布伊爾將潛水到二十四公尺深的海床上，在那裡他會碰上一群公牛鯊，他將在公牛鯊的背鰭上安裝衛星追蹤器，這些追蹤器可以用來追蹤鯊魚的游泳路線模式，以及鯊群現在的位置。這套系統能夠在鯊群距離岸邊太近時，向當地人提出警告。若能成功，這將會是世界上首套即時鯊魚追蹤系統。

布伊爾深信，近期鯊魚攻擊人類的次數增加是意外。他主張公牛鯊並不愛吃人，牠們之所以會靠近岸邊，一定有其他原因。只要能研究牠們洄游的路線，他的團隊也許就能夠找出真正的原因，拯救公牛鯊免於被滅絕的命運。

對公牛鯊有基礎認識的人，都可以理解當地人的激烈反應。公牛鯊是海洋中最頑強也最致命的頂級獵食者，牠們成年後的身長可以達到三．七公尺，體重達二百三十公斤。高度演化的腎臟，使牠們能夠自在地穿梭於淡水和鹹水環境中。曾經有紀錄，公牛鯊在一些意想不到的極端環境裡出沒：例如祕魯安地斯山脈下的亞馬遜河，距離出海口已經有三千多公里；澳洲東部城市街道的洪水中；也曾在兩百公尺深的海底發現公牛鯊的蹤跡。公牛鯊幾乎能吃所有活著的動物，魚類、其他公牛鯊、海龜、鳥類、海豚、螃蟹。與虎鯊和大白鯊相比，公牛鯊對人類的攻擊紀錄比地球上任何其他種鯊魚都還要多。

和大多數的鯊類一樣，公牛鯊大部分時間都棲息在深處，那裡的能見度不是很差就

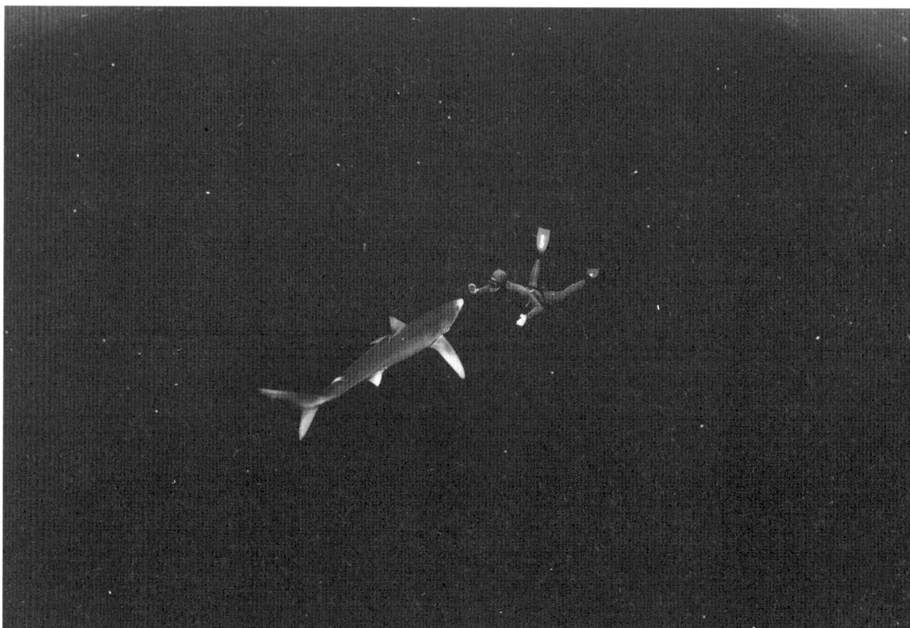

「牠們在我們身邊待了三個小時」：這張照片是一名自由潛水員和一條藍鯊的近距離接觸。這是世界上最受讚賞的水下攝影師之一佛瑞德．布伊爾的作品。布伊爾希望能夠透過自己的鏡頭，記錄地球上最受誤解的動物所不為人知溫柔的一面。據估計，每年有兩千萬頭的藍鯊被捕殺成為魚翅湯或是魚粉的食材。

是零。這使得研究公牛鯊是一件很困難的事。僅有潛水艇、機器人和穿著大氣壓潛水服的潛水員能夠在兩百公尺或更深的地方遇見牠們，但這些特殊設備欠缺足夠的速度與靈敏性去追隨公牛鯊，在那樣的環境中為公牛鯊植入追蹤器，達成有科學價值的公牛鯊觀察。就算是在陽光最明亮的天氣下與擁有最清澈透明的海水，在那個深度的海洋——從兩百公尺延伸到一千公尺，被稱為「暮光區」或「中水層浮游區」的海洋區——只有不到海面上百分之一的陽光透進來。如此低的光照無法維持光合作用，因此，這個深度範圍的食物非常稀缺。

公牛鯊會回到淺水處尋找獵物，接著再返回深水海域。幾乎所有鯊類都一樣，要長期研究鯊魚唯一的方法，就是在淺處等待牠們靠近覓食，為牠們安裝追蹤設備，藉此追蹤牠們的遷移模式。

然而，安裝追蹤器並不容易。傳統作法是透過水肺潛水或是人在小艇上安裝，這些都是很危險而且成功率很低的方式。因為這會讓鯊魚很緊張，導致牠們游走或是在這個過程中受傷，甚至咬人。

布伊爾告訴我，要為留尼旺島的公牛鯊安裝追蹤器最安全而且有效的作法，是遵循鯊魚的方式，以自由潛水潛入牠們的深度，在那裡安裝追蹤器。不過，他承認這樣的作法帶有風險，無法保證會有什麼樣的後果。

他和我約了三週後一起在留尼旺島碰面。

有一則關於中水層浮游區的歷史故事值得一提。

一八四一年，一位英國博物學家愛德華．福布斯嘗試在地中海和愛琴海沿岸的深水區採集樣本，結果他在這樣的水層撈不出任何東西。沒有貝類、植物、魚或任何生命跡象。福布斯因此下了一個結論：海面下超過兩百七十五公尺的深度是一片黑色的沙漠，他特地將此命名為「無生命區域」。此結論在之後的二十年內，沒有產生爭議。

直到一八六〇年，持逆向思維的挪威科學家麥克．薩爾斯決定付出行動檢視福布斯當初的工作。薩爾斯航行到挪威海的中間，將一些網子和桶子扔到海裡，沉到數百公尺深的地方再將它們吊起來。他一遍又一遍地重複這樣的工作，他發現所謂的「無生命」

區域充滿著盎然生機。接著在幾年之內，薩爾斯在這個黑色沙漠找到超過四百多種物種，其中一些甚至分布到七百五十公尺深。最令人吃驚的發現是海百合，牠是一種動物但具有花的外形，頎長的軀幹頂著花瓣狀的冠頂，科學家們認為這樣獨特的生物在一億年前的恐龍時代就已經相當興旺。

海百合早就被公認是已經滅絕的物種，但牠就在那，在薩爾斯船上甲板的一個木桶裡，在三百公尺深的海裡擺盪搖曳。薩爾斯所研究的那片深海，不只是生機盎然，而且還連結著我們這顆星球的古老歷史。如果我們探尋得更深，我們可以回到更古老的過去。相較於海洋，陸地上的環境自古以來就變化不斷，風暴侵襲、地震、洪水、乾旱、流星以及冰河時期，但沒有什麼自然氣候可以攪動深水區的海洋。日復一日，那樣的深度在白天只有滲入微弱的藍光；而每個夜晚都是純然的黑。在那裡沒有變化的天氣，是一座塵封深處的生命博物館。

距薩爾斯的新發現十年後，科學家們在深海發現了超過四千七百多種新物種，並且完成了以聲納探測、繪製完整的海底地形。海底和陸地上一樣有著壯闊的地形，寬廣的平原、連綿起伏的山丘、八公里深的峽谷。

自此開始，人類終於對海洋深處有了比較全面準確的認識，但這只是一個開端，我們所知的深海仍然極其有限，相當於夜晚在熱氣球上往陸地做觀察，並且以捕捉網零星地抓一些小昆蟲，試圖藉此理解陸地。中水層浮游區不再被誤稱為無生命區域，也給了這個範圍的深度一個正確的命名，但人類尚未完全揭開其神祕面紗，還沒有人**認識**其全貌，也沒有人理解那個世界是如何運作的。

是又過了三十年，才開始有人對深海區域進行攝影。威廉．比柏是來自紐約動物協會的研究員，他既沒有工程背景，而且那個年代的人也未曾見過能下沉數百公尺的潛水艇，但這些都不能阻止他。比柏設計了一種被稱為「潛水球」（希臘語為深海球之意，參見QR Code）的深海載具，把它停泊在百慕達的楠薩奇島海岸附近，一九三〇年六月，比柏為它的第一次載人潛水做準備。

潛水球的外觀像是一顆巨大的空心砲彈，上面裝了三個窗戶，這些窗戶是由七．六公分厚的石英玻璃所製，要進出潛水球，必須透過其頂部重達一百八十公斤的艙門。內部空間僅能容納兩位成人，一位乘客必須在後方採取跪姿，另一位則必須雙腳屈膝坐在前方。以絞盤控制的鋼纜繫在潛水球上方，絞盤透過鋼纜控制潛水球在海中的深度，整個系統類似一顆巨大的金屬溜溜球。艙內有壓縮空氣鋼瓶可以提供氧氣，唯一的空調系統是棕櫚葉造形的風扇。

在無人潛水測試中，這顆潛水球始終出錯。連結絞盤的鋼纜發生纏繞；在強大的海流中，這顆球會難以控制地劇烈擺動，使得內部儀器和物件跟著東倒西歪；艙體甚至有時候會漏水。

有一回無人測試時，比柏和工作船上的船員將潛水球從海洋深處吊回甲板上，透過其中一扇窗戶看見內部已經進水。當比柏鬆開頂部艙門時，其中一顆螺栓像子彈般射出穿過甲板，擊中十公尺遠的一塊鋼板，留下超過一公分深的凹痕。同時一股高壓水柱從螺栓孔噴出，比柏形容：「就像是噴發的熱蒸氣。」他理解這很有可能是潛水球在深水區因漏水而裝滿了高壓水，當它被吊回水面時，內外部的壓力差仆高達每平方公分大約一百公斤。巨大的內部水壓，推動鬆開的螺栓成為一顆子彈。如果比柏在潛水球內部，漏水將會導致他溺斃。

一九三〇年六月六日，比柏再危險也不怕，他爬進了潛水球，為潛水球的第一次載人潛水做好了準備。同行的還有一名哈佛工程師奧蒂斯·巴頓，這顆潛水球大部分的設計工作以及資金籌措都是由奧蒂斯・巴頓所完成。工作船上的船員鬆開絞盤，潛水球濺起水花直墜海裡，隨著鋼纜不斷自絞盤裡送出，比柏和巴頓持續潛入深海。

當下沉深度達到約九十公尺左右時，艙內發生輕微的漏水，比柏決定要繼續執行任務。在接近一百八十公尺深時，一陣火花突然從電燈插座裡噴出，巴頓立即按住電線接頭，火花熄滅了。潛水球沉得更深了。

比柏和巴頓感受到周圍的海水越來越暗，就像秀場即將演出前將舞台燈光漸漸轉暗似的。比柏後來寫下一段心得：「我把臉貼在觀景窗上向上方看，我看到了暗淡的藍色。當我向下望去，下方就像通往地獄的黑色入口，但我內心有股渴望驅使我朝它前進。」

海洋深處充滿了奇妙的生物——魚、凝膠狀的球體、前所未見的生命形式。當他們經過兩百一十三公尺深時，周圍的環境並非是比柏原先所以為的純黑色，而是一種類似混合著塵土的藍色霧狀。比柏如此形容：「在地球上的夜裡，月光下，我們總能想像陽光的金黃色、花朵豔麗的猩紅色。但是在這裡，當探照燈熄滅時，黃色、橙色和紅色是絲毫不存在的，這裡的生物無法想像那樣的顏色。藍色充盈著這整個空間中，不允許其他顏色存在。」

在他們初次的載人潛水中，比柏和巴頓成為人類首次進入並看到深藍色中水層浮游區的人，根據紀錄，他們初次潛入的深度大約兩百四十公尺。

然而，透過潛水球探索深海，雖然有機會令比柏和巴頓瞥見深海中的生物，但是，懸繫於鋼索之下，他們無法和海中的生物有所互動、跟隨或是研究牠們，潛水球本身即孤立於環境之中。他們甚至沒辦法拍照。他們雖然證明了生命存在於極深的海域——比柏和巴頓最終到達海面下九百二十三公尺深、接近一公里的地方——但除此之外，他們對於深海中這些奇異的生命何去何從、牠們的食物是什麼、如何在黑暗沒有座標的深水中導航，全都一無所知。

直到一九四〇與一九五〇年代，人類的深海探勘方式才有了進一步的變化。當時的研究人員開始使用塑膠製的識別標籤追蹤海洋動物。雖然無法直接研究停留在中水層浮游區的生物，但可以對像是鯊魚這種跨垂直深度的獵食者進行標記，這一類生物通常棲息在中層海洋裡，但經常會浮出水面進行覓食。

一隻在一個區域被標記、在另一個區域被觀察的鯊魚，透過統計學的研究方法，可以讓科學家推敲出鯊魚遷移的距離以及牠們可能的去向。有些研究人員捕獲鯊魚，切開鯊魚的腹部並埋入標籤，再將傷口縫合，把牠們野放回水中。這些標籤可以持續數十年（曾有紀錄，一九四九年置入鯊魚體內的標籤，在四十二年後才被發現）。在一九五〇年代後期，這樣的研究方法在美國持續了近三十年，在大西洋的西北側海域有多達十萬隻鯊魚被裝上標籤。

到了一九六〇年代，研究人員逐漸開發出更先進的追蹤方式，他們開始使用具無線電功能的標籤。這是第一次我們可以取得鯊魚遷移速度、遷移地點、潛入深度的即時數據。

其結果令人感到驚訝，超過一半已知的鯊魚物種，大部分時間都待在寒冷和黑暗的深海水域中。在那樣的深度，牠們會成群結隊地遷移數千公里，沿著一條隱形的軌跡路線，從頭到尾完美一致地巡游，最後牠們能精確地回到原點。

即使是在海水最清澈的熱帶海洋，海面兩百公尺以下的地方已經幾乎沒有光線，沒有任何可供參考的東西能協助鯊魚定位路線與位置，但牠們卻總是能知道自己所在何方，以及接下來的方向。對於人類來說，這就像是戴上眼罩和耳塞，每年都從加州的威尼斯海灘步行將近五千公里的距離，抵達紐約的康尼島後再折返回原處。

大約同一個時期，海洋研究人員仍困惑於鯊魚在海洋裡的遷徙路線之謎時，德國動物學家弗里德里希．默克爾聽聞了歐洲知更鳥的一些特殊行為。他的同事觀察到知更鳥有向遷徙方向跳躍的習慣，即使這些鳥兒被置入封閉區域中，無從得知太陽的位置或天空的線索，也還是保有向遷徙方向跳躍的傾向。彷彿這些鳥兒天生就對自己所處的位置以及環境的方位有一種精準的直覺，甚至不需要透過視覺即能達成定位辨向。

一九五八年，默克爾找來一群知更鳥，並且一次一隻地將鳥兒單獨飼養在大約洗手槽大小的獨立空間中，在裡頭無法得知太陽、天空或星辰的線索。飼養籠裡的地板已經事先埋設了電子感應器，可以記錄知更鳥的跳躍方向。幾個月的實驗下來，默克爾累積了足夠的數據，得到總是一樣的結論：在春季，知更鳥會向北方跳躍；到了秋季，牠們會改往南跳。

換句話說，知更鳥即使無從得知來自天空的環境資訊，仍然會向正常遷徙路線的方向跳躍。默克爾在不同的條件下、不同的房間裡進行重複測試，都得到幾乎一樣的結果。只有一個實驗條件得到例外的結果：當知更鳥被飼養在一個磁屏蔽的房間裡時，牠的方向感就消失了。

指南針總是被一個向北的磁力作用影響而始終指向北方，這樣的磁力作用源自於地球核心中、熔融的液態鐵在循環流動時所產生的正負電荷。對於默克爾和他的同事所設計的知更鳥實驗，充分證明了知更鳥具有磁感能力，牠們藉由對地球磁場的感應而分辨正確的遷徙方向。但當時其他科學家對此結論持保留態度，認為實驗數據太過薄弱。鳥類、走獸或**任何**生物能使用一種非視覺、聽覺、味覺、嗅覺或觸覺的感官，透過感應地球磁場來定位自己方位的想法太奇怪了，實在無法接受。

但，默克爾是對的！

在他的實驗結果發表以後，過了二十五年，動物的磁覺能力（現在稱此能力為「磁感」）被證明存在於細菌之中。接著，陸陸續續在其他生物上也發現了關鍵性的證據，證明了動物確實具有磁感，包括鳥類、蜜蜂、螞蟻、魚及鯊魚。

在接下來的三十年之間，展開了一系列人類磁感的實驗，研究結果顯示人類也可能具有這種第六感。但為了證明這一點，科學家們需要直接證據，必須找到人體內確實能發揮磁感機制的作用。為此，他們需要一個能感受磁場的受體。直到二〇一二年，科學家找到一個極可能的候選人。

佛瑞德．布伊爾推著一輛裝滿魚槍、潛水裝備的推車穿過機場安檢門，這裡是留尼旺島首都聖丹尼的羅蘭加洛斯機場。成群的蝙蝠和黑色的小鳥在他頭頂上繞著八字形飛翔，鳥和蝙蝠的糞便散發的淡淡氨味跟熱帶黏稠潮濕的空氣混合在一起。

一大群記者擠在機場的出口處，攝影機持續運轉著，他們都是為了「捕捉」布伊爾的到來。過去幾天裡，留尼旺島當地的媒體將布伊爾描繪成一名能和鯊魚對話的特異功能者。布伊爾穿著黑色緊身T恤，剃著俐落的光頭和一身發達健美的肌肉，活像是知名清潔劑品牌裡的「清潔先生」。布伊爾顯然對記者的出現感到不悅，他禮貌性地用法語與記者做簡短的交談，接著就雙手推開出口大門，逕自走向法布里斯．斯格諾那的銀色皮卡。在車上，布伊爾用他獨特的口音說：「一切都是胡扯，這裡沒有英雄。不可能有快速解決方案，現在一個漫長過程的開端才正要開始。」

那天晚上，我開著租來的迷你汽車，載著布伊爾和斯格諾那穿梭在兩旁盡是陳舊殖民時期建築的狹窄鵝卵石街道上。沒過多久，我們到達一家餐廳，這裡的視野可以望見沙灘以及海面上完美的捲浪。這是一幅很奇特的風景：黃昏時分，在一座熱帶島嶼的沙灘，海面上盡是如玻璃般無瑕、高高捲起的完美浪頭，可是卻沒有人在衝浪。事實上，整片海灘都是無人狀態。

斯格諾那在觀景露台的桌子旁坐下來，他告訴我：「海灘關閉，現在在海灘上是違法的！如果你在海裡游泳，他們會把你關進監獄裡。」斯格諾那以前曾經在這條路底經營一間木材行。就在他與抹香鯨一起潛水，獲得了某種精神體驗後，他在五年前將木材行賣掉。現在他投入經營「鯨魚和海豚區域數據庫」，這是一個專注於研究與鯨豚交流的非營利組織。他頂著一頭蓬亂的灰色頭髮，穿著大號的彩色短褲，談話間不時伴隨著狂野手勢。

斯格諾那點了一杯啤酒，靠在椅子上繼續說著：「政府禁止人們進入海灘，避免這些人受鯊魚攻擊之後，還得支付他們截肢、醫療等費用。」他還提到，現在的旅行社向觀光客提醒要遠離留尼旺島，這裡太危險了。他嘆了口氣繼續說道：「連當地人也都懼怕鯊魚。」

二〇一一年的九月，一名衝浪者受鯊魚攻擊，腿被鯊魚咬斷。就在這起事件的一週後，鯊魚攻擊一艘海洋獨木舟，從船頭下偷襲，使得獨木舟沉沒。獨木舟的人被一艘恰好經過的船救起而撿回一命。接著，一名三十二歲的趴板冠軍，被鯊魚從板子上拖下水，在短短三十秒內就被吃掉一半的身體。他殘缺的遺體被沖上岸邊。兩個月後，一位魚槍獵魚者走在齊胸高的淺水區，臀部竟被攻擊。

聽到這裡，布伊爾忍不住打斷說：「這太瘋狂了，鯊魚並不喜歡吃人類。這一切都太奇怪了，也許是有什麼令牠們感到害怕，逼迫牠們往岸邊靠近，但那究竟是什麼？」

斯格諾那拿出一枝筆，開始在餐巾紙的背面畫圖，向我們解釋他的研究方法：「這就是要解答這個問題的方法！」他指著畫出的一個方格，周圍用一些圓圈圍著，這是他所發明的鯊魚追蹤系統示意圖，他稱這套系統為「友善鯊魚」。就在半年前，斯格諾那和布伊爾在巴黎的「水下電影節」*中相遇時，兩人就討論了在留尼旺島的鯊魚追蹤標記計畫上合作。在最近一連串的鯊魚襲擊事件後，斯格諾那開始發展他的「友善鯊魚」追蹤系統，兩人開始針對這套系統做細節上的研究。

「友善鯊魚」是一種鯊魚的聲學跟蹤系統，有別於以往的系統，它具有即時性。過去的追蹤標記都使用衛星技術，將具有微處理器的追蹤裝置，放入約一條雪茄大小的金屬管內，它大約會在鯊魚身上附著六到九個月，然後自然脫落分離，最後會漂浮在水面上，並且將收集到的數據透過衛星網路上傳。雖然這種方式能準確記錄鯊魚的位置，但它只能提供鯊魚過去的故事：這隻鯊魚去年、上個月、上週做了什麼，而不是告訴我們牠現在正在做什麼。斯格諾那繼續說道：「現有的系統已經能提供令人難以置信的資訊，可是都是過去的紀錄，都已經是歷史了。」他認為留尼旺島上的衝浪者和泳客需要知道的是鯊魚現在在哪裡，而不是昨天鯊魚去了哪裡。

「友善鯊魚」是一套結合聲學、信標和衛星三種技術的複合系統。在餐紙巾上，斯格諾那描繪他構想的系統細節。首先從博坎卡諾特海岸線的草圖開始，這裡是最近發生襲擊事件的地點。若有了這套系統，當被安裝追蹤標記的鯊魚靠近岸邊四百五十公尺時，事先安裝在海岸的信標識別到特定的高頻信號後，就能立即將警報發送給衛星網路系統，而衛星又會將警報傳輸給電腦伺服器，將更新的資訊立即顯示在網站上以及手機程式中，警告人們鯊魚已經靠近。

斯格諾那告訴我，以前沒有人嘗試建立過這樣的系統，到目前為止也沒有資金贊助他和布伊爾。說完，斯格諾那將餐巾紙揉成一團，丟進放置殘渣的盤裡。他最後說：「但我們除此之外，還能做什麼呢？難道就坐在這裡什麼都不做？」

三天後，斯格諾那和我來到拉波塞雄港口，我們今天要一同出海嘗試第三次的鯊魚追蹤器安裝。過去兩天在海上的嘗試都失敗，布伊爾在海中一待就是幾個小時，但始終沒遇見任何一隻公牛鯊。今天，我們將再次嘗試，選定一個靠近博坎卡諾特的海洋保護

＊ 譯註：「水下電影節」慶祝來自世界各地一些最優秀的影像，以及創造它們的才華橫溢的電影製作人。

區進行，就在兩個月前，這一區海域發生了趴板玩家的身體被吃掉的襲擊事件。在這附近的海域進行潛水是違法的，但斯格諾那和布伊爾甘冒被逮捕或者受傷的風險，只因為選定這一區有比較高的機會遇到公牛鯊。他們還安排了技術支援人員。

馬庫斯．費克斯在動力艇旁的碼頭上等待，他是來自德國的四十四歲電腦程式設計師，同時身兼友善鯊魚系統的技術人員。費克斯穿著一件T恤，衣服上非常偏激地印著：「科學：它有效！賤人們。」費克斯打造了一個特殊的水下系統，可以播放受傷魚類發出的噪音。費克斯告訴我，鯊魚是典型的機會主義者，牠們永遠不會放棄輕鬆可得的一餐，對牠們來說，沒有什麼比受傷的獵物更好的了。

站在費克斯旁邊的是蓋．加佐，他是長相帥氣的男人，宛如男主播，銀白頭髮，身材瘦長。他是留尼旺島最頂尖的自由潛水員之一，能在水下閉氣超過五分鐘。事後斯格諾那告訴我，加佐已經七十四歲時，我非常震驚，因為他看上去大約只有五十歲左右。初次見面時，我向加佐打招呼用英語說了聲「你好」，而加佐以法語回覆我「你好」。我是事後才得知，加佐拒絕說英語。因為一九四二年，當他五歲時，英國曾轟炸法國土倫的海軍，此事讓他憤怒，從此不願再說英語。

站在加佐旁邊的，是來自加拿大的自由潛水員威廉・溫拉姆，他也是布伊爾的老朋友。溫拉姆壯碩魁梧，就在去年，他以攀繩下潛成功達到三十二層樓深的深海，創下該項目的國家紀錄。和他握手時——感覺像似握著一大堆熱狗條——他順勢拉我上船。

船離開碼頭後就直駛公牛鯊熱點拉波塞雄海域。拉波塞雄有著美麗的沙灘、一排排低矮的房屋和低垂的樹木，後方是離海岸數公里之遙、聳立在內陸的數千公尺高的巨大山脈，奇特的地形使這裡的海景更加優美。在僅僅不到十六公里的距離內，這些被稱為「冰斗」的山脈，就陡然拔升至海拔三千公尺，並與當地其他地理環境如此不成比例，使這裡的風景像是一幅奇幻的畫作。

來到距離海岸約一・六公里的海域，斯格諾那關閉引擎，布伊爾和加佐穿上了兩件式自由潛水防寒衣、手套和防寒襪。他們戴上面鏡、手持魚槍潛入如鑽石般剔透清澈的海水中。我在船上看著他們兩人，每次下潛就消失幾分鐘，返回水面時總會帶著插在魚槍上掙扎擺動的魚。溫拉姆坐在後方的甲板上。明亮的早晨太陽，在海面上閃耀著白光，溫拉姆瞇著眼睛望向海面，緩慢地穿上防寒衣。我問他：「你要加入布伊爾和加佐嗎？」

他帥氣地答道：「對，不過我要先拉個屎。」

他跳下水中，在水面上大口地換了幾次氣，踢著蛙鞋潛入二十五公尺深的海床，在那裡脫下潛水防寒褲，直接就在海底上大號，完事之後才踢回水面。由於深度的作用，在那樣的地方是負浮力，因此溫拉姆的「東西」會留在海底而不會浮出水面。

此時布伊爾和加佐回到船上，他們坐在甲板上，開始處理剛剛捕獲的三十公分長的海鰱。他們從海鰱的頭部切開，將魚體內臟置入一個用廢棄洗衣機滾筒製成的簡易過濾器中，那是斯格諾那從被棄置在路邊的洗衣機中取下而做成的。經由這過濾器的作用，魚血的氣味將在海水中傳播數百公尺遠，藉此引誘鯊魚前來。

當潛水員忙著製作氣味陷阱時，斯格諾那也沒閒著，他和費克斯設置水下聲音廣播系統，斯格諾那告訴我鯊魚具有非常敏銳的聽覺，在合適的水流環境中，牠們能從兩百多公尺遠的距離透過聽力追捕獵物。

斯格諾那一邊介紹一邊按下類似汽車音響主機的播放鍵：「這段錄音是一九六六年的紀錄，是我目前能找到唯一的錄音。」整套系統是費克斯拼裝而成，主機被塞在一個塑膠盒中，看起來雖然簡陋但功能正常運作。播放系統的喇叭傳來一陣石首魚的尖叫

-200

聲，聽起來像是有人在扭動寶特瓶的聲音。斯格諾那繼續介紹著說他認識一位澳洲人，他證明了鯊魚會被「交流／直流」搖滾樂團的音樂所吸引而來，尤其是那首〈妳整晚搖得我好嗨呀〉。

「之所以會如此，是因為牠們會聆聽隨機爆發的低頻音，」他解釋說：「而這個搖滾樂團的曲風正是如此。」因此待會，斯格諾那和費克斯將會透過廣播器播放來自德國的重金屬搖滾樂團「雷姆斯汀」的歌曲來進行他們的測試。斯格諾那打趣地說：「『長毛鯊』會喜歡他們的音樂！」

隨著海水的流動，新鮮的海鰱血液和石首魚的尖叫聲持續傳向遠方的大海。布伊爾著手將一個聲學標籤安裝在他魚槍的箭頭上，並且準備出發下潛到深處。

布伊爾往上看向站在甲板上的我：「下來啦，詹姆斯，現在沒事啦。」時間雖然只是早上九點，但船上已經非常炎熱，現在下去泡一下冰涼的海水是一件很棒的事。想想我來到留尼旺島已經五天了，到現在還沒接觸到海水。於是我換上泳褲，盡量輕巧流暢地不濺出水花滑入海中。

我透過潛水面鏡，看向遠處的加佐，他手裡正持著魚槍從一片瀰漫著魚血的海面中

就像是在月球表面，水深十二公尺的地方重力變得非常微弱，只要你能閉得住氣，在海底四處散布、做瑜伽、甚至進行海底地形的攀岩登山，都是很自在的。照片中是加拿大自由潛水人威廉．溫拉姆在海底緩步移動。

0
-20
-90
-200
-250
-300
-750
-3,000
-10,927

緩慢下潛，潛向幽暗深處。布伊爾緊跟在後，他用力踢了幾次蛙鞋後，就進入中性浮力的深度，他將雙臂放鬆垂擺在身體兩側，毫不費力地向深處下沉。這樣奇異的畫面，無論我親眼目睹過多少次，依然會令我感到敬畏。

溫拉姆和我還在水面上，他沒有下潛反而是做著奇怪的舉動，溫拉姆在水面上揮舞著胳臂和腿，模樣看起來好像拙於水性，似乎是不會游泳的人才有的舉措。他在做這些動作的同時，密切注意著海面下的動靜。過了大約一分鐘，我才意會過來，他正在利用緩慢的繞圈游泳吸引鯊魚靠近，這樣的動作是在模擬一頭受傷的海豹。同時也意識到自己在過去幾分鐘也一直在做同樣的事情。我突然覺得，彷彿自己正站在一個治安敗壞城市的自動提款機面前。強烈的不安全感，驅使我悄悄地爬回動力艇，在船上的遮陰處坐下來，回到我真正該待的地方。

幾分鐘後，布伊爾衝出水面向加佐和溫拉姆大喊：「欸，鯊魚！」他們兩人聽到後也立刻俯衝下潛，此時費克斯調高音響系統的音量，斯格諾那和我在船的另一側凝視著海面，但什麼也看不見。潛水員已經潛入深處，超出了視線範圍。一分鐘過去了，海面依然保持著平靜和平坦。布伊爾首先冒出水面，但他快速地換了一口氣後，又立刻下潛。我們可能有兩分鐘的時間沒見到加佐或溫拉姆，我不安地問站在一旁的斯格諾那：「現在是怎麼回事？」但他只是聳聳肩並搖搖頭。

終於，所有潛水員都一一回來了。布伊爾將魚槍拿出水面，聲學追蹤標籤仍然裝在箭頭上。回到船上後，布伊爾解釋道：「我們驚動了鯊魚，牠們離去了。」之後，他、加佐和溫拉姆又進行了四個小時的潛水，卻都沒有再等到另一隻鯊魚的出現。直到下午三點多，斯格諾那啟動引擎返回碼頭。

動力艇載著我們，向碼頭的方向疾馳而去。布伊爾用力提高音量以蓋過引擎的運轉聲：「牠們太緊張了！這非常不尋常。在斐濟、墨西哥、菲律賓，你潛水的時候，身邊周遭圍繞著鯊群，這是很自然的事情，人們和鯊魚能和諧共存在同一片海域裡。但這裡的鯊魚不同，牠們很緊張，要接近這裡的鯊魚會是一項挑戰。」

第二天，我們又回到原地再進行一次嘗試，但任務依然失敗，雖然曾一度發現公牛鯊，但還是沒能成功地將聲學標籤安裝上去。結束後，我特地拜訪布伊爾。他在距離博坎卡諾特一公里遠的地方租了一處公寓，一棟斑駁破舊的混凝土建築物，敲門後，他穿著短褲、T恤和拖鞋來應門，進到屋內，他領我坐到一張小桌子前，桌面上堆滿了相機、電線以及電腦。他的筆記型電腦正顯示著一系列他與鯊魚共游的照片，有雙髻鯊、白鰭鯊和其他鯊魚物種。

他笑著對我說：「把我丟入有鯊魚的水中，我會覺得很開心。」布伊爾從他的筆電播放一則影片，影片一開始，一名自由潛水員漂浮在灰色陰暗的水中，緩緩接近一隻體形有旅行車那麼長的鯊魚。影片中的自由潛水員當然就是布伊爾本人，而那隻大白鯊有著四．五公尺的體長，體重達一．八公噸。這影片令我緊張到胃部翻攪，我告訴布伊爾這樣的舉動簡直是在自找麻煩。

他出奇冷靜地回應：「你看我像是腎上腺素成癮而瘋狂追求刺激的人嗎？」一邊說一邊啜飲著鋼杯裡的水，表情平靜地像一名佛教僧侶。他繼續說道：「跳傘、特技單車，我討厭這些狗屎。和鯊魚一起自由潛水是一件和腎上腺素運動完全相反的類別，你必須保持內心平靜、平衡。你需要了解自己，因為放鬆、控制你自己的心智是和鯊魚共游唯一的方法。」

布伊爾從小在父親建造的一所小房子裡度過童年時光，他的父親將這座小屋搭建在比利時的海岸邊，距離由沙和總是被風吹偃的草所構成、全長只有六十五公里的比利時海岸線僅有幾步之遙。他的曾祖父在一九二〇年代是比利時國王的官方攝影師，而父親則是一位成功的時尚和廣告攝影師，並在四十五歲時離開自己熟悉的行業，開著一台福斯汽車環遊歐洲，最後娶了年紀僅他一半的年輕女人為妻（就是布伊爾的母親），並開始在房子後院建造帆船。布伊爾青少年時期大多待在這些船上玩耍，或是和他父親一起出海航行在北海的灰暗水域；家庭旅行則通常前往充滿異國風格的熱帶地區。布伊爾打從七歲就開始浮潛，十歲懂得用魚叉捕魚，十三歲就與鯊魚一起共游。

他回憶道：「我很喜歡和鯊魚一起潛水，我不曾看到牠們有任何攻擊性的傾向。」從十四歲開始，他就和朋友們一起進行自由潛水，他承認當時他對此運動一無所知，更不知道要如何訓練。他說：「我們必須自己摸索，自己找出解答，這個過程是一場冒險。」

一九八八年時，自由潛水的經典電影《碧海藍天》上映，這部電影以虛構的方式描述自由潛水員賈克·馬佽與安佐·馬奧卡兩人之間的競爭。電影上映後，自由潛水這項運動在歐洲的人氣迅速飆升。當時年僅十六歲的布伊爾看了這部電影後，將這部電影視為一種肯定。他說：「對我而言，這部電影就像是一部紀錄片，記錄著我們已經在做的事情！」

布伊爾花了四年時間訓練，才能下潛到三十公尺深，這在當時是一個相當驚人的深度。他認為自此之後，他在這項運動的潛力完全被打開了。二十歲出頭時，他開始參加自由潛水比賽，到二十八歲時，已經在這項運動中創下四項世界紀錄，更在一次潛水中，潛抵一百零三公尺的深度。

直到二〇〇三年，為了挑戰世界紀錄，在一次配重輔助的潛水訓練中，他潛入超過一百五十公尺的水深，但發生了可怕的意外事故。當時他在配重器材的幫助下，順利抵達設定深度，但是當他即將開始上升時，原本該充氣的浮力氣球未正常充氣。他在水深大約六十公尺處發生昏迷，最終還是靠不完全充氣的浮力氣球才將身體拖回水面。在那次意外他的肺遭受到極大創傷，但經過一個月後，他便完全康復並且重新展開大深度的潛水訓練。

他為我描述自由潛水：「對我來說，自由潛水就是一種探索海洋的方式，透過自由潛水融入海洋，成為海洋的一分子。自由潛水可以讓我們進入海洋的另一個層次，深入水中，突破人與海洋之間的固有界線。」大約二〇〇四年左右，布伊爾對其他自由潛水人的競爭態度與自我為中心的傾向，越來越感到沮喪。他因此離開了自由潛水競賽領域，他說：「自由潛水裡探索海洋的成分消失了，現在的自由潛水僅僅只是一種水上運動。」

現在布伊爾每年大約有二百五十天在世界各地的海洋中潛水，拍攝紀錄片、拍攝海洋哺乳類動物、在相關活動中演講、組自由潛水旅行團，以及從事他最喜歡的事物——即向大眾宣傳鯊魚的真相。他認為：「事實上，長久以來大眾對鯊魚一無所知，而人類很自然地會害怕他們未知的事物。協助對這些動物進行標記追蹤，可以降低我們對這種動物所抱持的非理性恐懼。」

二〇〇五年時他接受了第一份安裝追蹤標記的工作，那是在哥倫比亞西側海域的馬爾佩洛島。哥倫比亞研究人員推測，在該地區的雙髻鯊正在往南遷徙，目的地是兩千兩百公里遠的加拉巴哥群島。如果這個猜想是正確的，哥倫比亞會將這整個地區劃定為海洋保護區，以保護本地的鯊魚。但在此之前，科學家們必須證明這個猜想是正確的。他們找來了布伊爾，在接下來的三年，進行了三次密集的嘗試，他最深潛入六十公尺的深處，完成了對一百五十隻雙髻鯊安裝聲學及衛星追蹤標籤。在回傳的數據中，研究人員發現這群雙髻鯊不僅僅遷移到加拉巴哥群島和更遠方的海域，而且還會在非常深的水中成群結隊地遷移，規模達到數百隻。研究還發現，更珍稀的物種「凶猛砂錐齒鯊」，一度潛入驚人的一千八百公尺深，在大深度中遷移數百公里遠才折返。在此之前，沒有人知道鯊魚這一類的行為，因為大家幾乎對此不感興趣。布伊爾對著我笑：「我們是第一個觀察到這些鯊魚行為的人。」由於這些研究，清楚證明了鯊魚的活動範圍。因此二〇〇六年，馬爾佩洛島周圍八千五百平方公里的海域，被聯合國教科文組織劃定為世界遺產。

目前尚未確切理解雙髻鯊、凶猛砂錐齒鯊與其他鯊魚如何在永夜似的深水中航行，大部分的海洋哺乳類研究人員相信這和鯊魚的第六感磁感有關，而磁感可能源自鯊魚頭部的微小突起。一六七八年義大利解剖學家斯特凡諾．蘿倫齊尼發現鯊魚頭部有一個特殊的突起構造，這個器官以他的名字命名為「蘿倫氏壺腹」，這些小突起結構內部充滿了具導電性的膠狀物質。導電膠包覆在約一千五百個毛孔的組織中，這些毛孔的底部有非常纖細的毛細胞，類似人耳內部的纖毛構造。這些被稱為纖毛的細胞，可以敏銳地偵測環境中電場的輕微變化。蘿倫氏壺腹和身體外表面的側線一起組成強大的電訊號偵蒐系統，側線是由一系列感覺細胞組成，在鯊魚的背部從鼻子跨到尾巴形成一條天線。

包括人類在內，所有生物都因神經元的訊號傳遞，而不斷地發出微弱的電信號。海中的鯊魚身體就像一具巨大的天線，持續蒐集環境中各式各樣微弱的電場變化。一旦鯊魚接收到牠喜歡的信號時，就會嘗試靠近。如果信號的模式看起來像是可以吃的，牠就會試著咬一口。

布伊爾曾告訴我，他和其他一起安裝追蹤器的自由潛水員所穿的全套潛水防寒衣，並不只是為了保暖——留尼旺島的海水為溫暖的攝氏二十六度——在如此溫暖的海水中潛水，他們穿上防寒衣，保暖並不是最主要的目的，真正用途是抑制身體向海水發出電信號。*

鯊魚對電場的偵測靈敏度非常高，曾經有研究以圈養的鯊魚做對象，大白鯊能偵測環境裡百萬分之一二五伏特的電場，角鯊的偵測靈敏度可達二十億分之一伏特，而初生的窄頭雙髻鯊甚至就已經能偵測到小於十億分之一伏特的電場。

想要進一步理解這種驚人的靈敏度，你可以想像將一個一．五伏特的乾電池丟入曼哈頓的哈德遜河中，如果有一條電線從這顆電池連接到五百六十公里外的緬因州波特蘭市，角鯊和窄頭雙髻鯊還能夠偵測到電池的存在，這種不可思議的感官能力比起人類的感官能力強上**五百萬倍**，也是迄今為止人類在地球上所能發現最敏銳的生物感官能力。

（如果，是為了消除人類因未知而對鯊魚產生的不必要恐懼，那麼像是布伊爾和斯

* 鯊魚在正式開咬前，通常會進行類似味覺測試的動作，牠們會用鼻子輕撞獵物並同時發出脈衝電流，如果顯示測試物能傳導電流——如同動物或人類肉體能夠傳導電流一樣——鯊魚就很有可能會開咬。正如布伊爾所言，自由潛水防寒衣因為是不導電橡膠組成，所以當鯊魚靠近做這些測試時，防寒衣能傳達一項訊息給鯊魚：「我們不是菜單上的食物。」若發生鯊魚試咬，牠們會在第一口就評估被咬物的熱量值，假如被咬的獵物顯示不帶有充足的熱量，那麼鯊魚就有可能放棄這個獵物而游開。潛水防寒衣能達成這種效果，降低鯊魚在試咬後幾秒鐘內回頭對獵物展開全面攻擊的機率。

格諾那等團隊，就不得不更加努力讓人們理解他們想要傳達的訊息。否則讓一般人知道鯊魚其實可以在海中追蹤到人類大腦和心臟發出的最微弱電信號，恐怕只會加深人們對牠們的恐懼。）

因為鯊魚感應電場的能力如此強大，許多科學家認為牠們能藉由敏銳的電場偵測，感知地球磁場的存在。地球磁場的磁力非常微弱，其強度大約只有平常我們貼在冰箱門上磁鐵的千分之二·五到五而已。但這樣的強度，已經比鯊魚偵測獵物所發出的電信號要大得多。因此以信號強度來說，鯊魚能透過電場的偵測，感知地球磁場的存在。

有趣的是，鯊魚並不是唯一具有類似蘿倫氏壺腹構造的生物，牠們不是海洋中唯一能偵測地球磁場的生物。

二〇一二年，一個德國的研究團隊試著要找出鱒魚如何每年返回同一個產卵地的生物機制。研究人員懷疑鱒魚鼻子上的黑色突起物，使牠們在水中具備了以非視覺導航的能力。這個構造和鯊魚的蘿倫氏壺腹非常類似。研究人員刮下一些突起物，並讓它們暴露在設計好的旋轉磁場環境裡。結果他們觀察到了，細胞開始與磁場同步旋轉。換句話說，鱒魚的鼻子上有類似指南針的細胞，牠們也許利用這些細胞進行導航。

0
-20
-90
-200
-250
-300
-750
-3,000
-10,927

或許更進一步的發現是，這些突起物裡包含磁鐵礦的物質，是早期人類用來製作指南針的高磁性礦物。

鯊魚、海豚、鯨魚和其他一些海洋遷徙者的鼻子或頭部，也有一個區域具有磁鐵礦沉積物質，海洋動物也可能以類似鱒魚的機制在水中進行導航。

現在已知，在滿月的日子裡，有些軟體動物會以磁北極作為參考，從較深的區域遷移到較淺的區域進行獵食活動。古生物學家認為這種習性可以追溯到二十億年前，當時是地球最早居民的海洋細菌，已經使用微小磁鐵礦沿著地磁的磁力線游動，這種天然的磁性全球定位系統已經存在生物體內數十億年，並且和所有生命一樣，這樣的生物機制最早也是起源於海洋。

人類體內也有磁鐵礦沉積區，它們的分布位置是頭骨裡的篩骨；篩骨是頭顱骨的一部分，它分開鼻腔和大腦。這些磁鐵礦沉積物在人類頭部的相對位置，與它在鯊魚或其他遷徙類海洋動物中的位置有很高的相似性。這是一項演化上的證據，證明今天的人類和鯊魚在五億年前都演化自具磁感能力的魚類。

現代人類是否可以藉由自己體內的磁鐵礦物質，感知地球無所不在的磁場，這件事情目前還沒有定論。但有三個為期近十年的科學試驗，顯示這是有可能的。

第一個嘗試記錄和測量人類磁感能力的研究人員是曼徹斯特大學的講師羅賓・貝克。貝克長期以來，一直在思索古代的玻里尼西亞水手的導航問題。他們究竟是怎麼在開闊的海洋中航行數百公里，卻又始終能找到回家的路？雖然可以靠星象或太陽判斷方位，但這個方法仰賴天氣配合，並不是總能派得上用場，有時雲層會一連遮蔽數日，波濤洶湧的海象很快就會讓船偏離航道失去方向。

出身英國皇家海軍、同時也是著名探險家的詹姆斯・庫克船長，曾經描述一名大溪地賴阿特阿島的酋長圖帕亞。庫克在一七六九年時讓圖帕亞加入他的奮進號擔任領航員，圖帕亞繪製了一張詳細而且準確的航海圖，橫跨四千公里的距離，從馬克薩斯群島到斐濟，涵蓋一百三十座島嶼。在接下來的二十個月裡，奮進號航向南太平洋甚至更遠的海域，無論奮進號的位置在哪、處於一天中的哪個時候，或是海況條件如何，圖帕亞總是能準確指出他的家鄉賴阿特阿島的方向。

辜古依密舍是澳洲的原住民族，他們與生俱來就有很強的方向感，而且這樣的特殊感官性質已經融入到他們的語言之中。辜古依密舍語沒有任何可以表示「前、後、左、右」的詞彙，他們直接使用絕對方位——東、西、南、北——做方向的敘述。如果你和辜古依密舍族人一起生活，他想讓你在床上騰出一點空間，他會要求你「向西」移動一點。在辜古依密舍語沒有向後彎，他們會直接以絕對方位描述「向北、向東、向南」彎曲。

你要使用他們的語言，你就必須時時刻刻都很清楚你的位置和環境中的絕對方位，這在晚上或者在封閉的室內空間是很難做到的，但這已經成為他們的第二天性。如果深入了解，會發現不只是他們，在印尼、墨西哥、玻里尼西亞等其他地方的許多文化，在語言上也是採用絕對方位制。

一九九〇年代，荷蘭馬克斯·普朗克心理語言學研究所找來了一名講澤套語的人進行研究。澤套語是一種定向的馬雅語，現今在墨西哥南部約有三十七萬人仍使用這種語言。這位被研究的對象並未透露姓名，研究人員要求他進入一間黑暗的房間裡，蒙上他的雙眼後還讓他旋轉數圈，在這種狀態之下，要求他指出北、南、東最後是西。連續二十次的測試中，他都能毫不猶豫且正確地指出方位。

這現今看來非凡的定向能力，在古代的航海中是必備的要素，對他們而言這是基本能力。在還沒有全球衛星定位系統、也欠缺完整世界地圖可用的世界裡，身處毫無路徑的沙漠、森林或海洋之中，能否隨時知道自己的確切位置，往往是一個攸關生死的問題。處在這種文化中的民族，都發展出一種與生俱來的方向感，不單純依賴視覺資訊判斷方位。羅賓．貝克認為這種特殊的方向感官能力，是來自於人類的磁感。一九七六年，他決定進行一項測試。

在貝克的第一次實驗，他找來了一群學生，給這些學生全都蒙上雙眼，讓他們坐上一台箱型車，沿著一條蜿蜒曲折的小路徑從大學校園移動到城外幾公里遠，並且在持續遮蔽雙眼的狀態下，引領他們單獨地走到一個空曠的地方，此時要求學生指出現在大學校園的方向。令人意外的是，學生經常能指出正確的方向，比隨機亂猜的機率要高得多。貝克在不同時間、不同的地點、對不同的學生反覆進行這類測試。在一次測試中，有三十九名學生以百分之八十的準確率指向正確方向，這跟閉上眼睛原地旋轉，並要求指向時鐘錶盤上介於十點半和十二點之間的方向有著相同準確率。之後貝克進行了很多次的實驗，都得到相似的結果。在兩年期間，實驗總共進行了九百四十次，總共有一百四十名學生參加實驗，因此累積出的結論頗具可信度。總體而言，這些實驗證明了受測學生在不知不覺中，使用了非視覺感官來定位自己所處的環境。

接下來，貝克進行了下一階段的研究，他想要測試人類的非視覺導航感是否和磁感有關。早期已經有針對綠蠵龜和鳥類的研究，將磁鐵綁在這類動物的頭部會明顯破壞牠們的導航能力，即使是在很短的測試距離中也會影響牠們的導航（綁在頭部的磁鐵，磁場強度會比地球磁場強得多，足以讓受測動物無法判斷真正的磁北方向）。

貝克仿照這樣的實驗，也將磁鐵綁在半數的學生頭上，而另一半的學生則綁上不帶有磁性的黃銅棒。接下來一樣都蒙住他們的雙眼，繞著一條迂迴的路線移動到城外，讓學生個別單獨站到空地上，要求他們再次指出方位。經過多次的實驗下來，沒有被綁上磁鐵的受測學生比綁上磁鐵的學生較能指出正確的方向。更多的反覆測試，都導出類似的結果。基於實驗數據，貝克認為磁鐵破壞了受測學生的導航能力，就像鳥類和綠蠵龜的實驗。

在計算完所有的實驗數據後，貝克歸納出：「已經沒有別的可能性了，我們必須開始認真看待人類具有磁感的可能性。」貝克的研究發表在著名的頂級學術期刊《科學》上。

貝克進一步說道，人類的磁感和一般感官不同，視覺、嗅覺這些感官是意識控制的，當我們需要時可以開啟（例如把眼睛睜開來看），或關上（如果我們不想聽，可以塞住耳朵）。但人類的磁感作用方式不同，它是一種無意識的、潛在的感受，我們無法感覺到它現在是開啟或關閉的狀態，就像多數時候我們沒有注意到自己的呼吸一樣。以這種角度來看，磁感有點類似潛水反射那一類的「生命總開關」，我們能否使用這種機制取決於所處的環境，否則我們可能終其一生永遠不知道它的存在，就好像大多數人都不知道自己的身體天生具備了對大深度閉氣潛水做出相對應反應的能力。

在現代文明世界中，我們很少有這樣的機會使用這些特殊能力。今天的人類社會，有定居點、道路、地標等明確的生活模式，讓我們可以仰賴外界資訊，隨時清楚知道自己身在何方。隨著人類生活圈的都會化，城市規模與設施完備性持續成長，人類原本具有的敏銳磁感能力已經進入休眠狀態。閉氣與大深度的水壓適應能力，也因為不再需要潛入海底採集食物而被人所遺忘。

貝克的研究成果發表後，遭受研究領域裡的激烈反對。一九八〇年代其他研究學者嘗試了數十次人類磁感實驗，有些甚至是完全失敗，而部分研究成果則顯示好壞參半。大約十年後，累積的否定數據已經多到無可辯駁。當時的科學結論是，人類發生磁感能力的機率小於〇．〇〇五，統計上來說，這和你所居住的房子被閃電擊中的機率大約相同：僅有兩百分之一。*

為了證明人體的磁感，研究人員必須要直接找出形成人體磁感背後的生理機制——必須找到磁感的受體，只有這才是直接證據。懸而未決的爭議直到二〇一一年麻省大學醫學院的研究人員才找到了證據。

---

* 譯註：經過更長時間的科學研究後，如今回頭看當初貝克的研究，未被完全否定。後來的研究發現他的實驗結果之所以難以複製並重現，很大的可能是因為其他研究人員當時未以法拉第籠屏蔽環境中存在的電磁波，而貝克當年實驗的曼徹斯特大學附近剛好沒有顯著的電磁波源如無線電廣播站，因此是在相對沒有干擾的環境中完成人體磁感實驗。

研究人員將果蠅（已被科學清楚證實具有磁感能力）眼睛中能感知磁場的存在及能對磁場做出反應的蛋白質疑除，接著，研究人員從人類眼睛中取出非常相似的蛋白質，這種蛋白質被稱為hCRY2，研究人員將這種蛋白質植入果蠅的眼睛中，被置換為人類蛋白質的果蠅恢復了感知磁場的能力。這項實驗證明了，人類眼睛中存在的一種蛋白質具有磁感性質，和被研究透徹的果蠅磁感機制相類似。

這種蛋白質現在是退化了還是在人體內仍積極運作中，目前尚不明朗。但這項研究計畫的主持人史蒂文・雷珀特博士表示，因為人類體內存在此種蛋白質，如果還要主張人類毫無磁感能力，他會非常驚訝。他認為：「這樣的蛋白質已經運轉在其他動物身上，現在的問題是我們必須弄清楚此蛋白質在人類體內的機轉，到底我們是如何使用它的？」

對於當年屢受反對的羅賓・貝克而言，CRY2蛋白質的發現是一個直接證據。

他說：「二十年前，人們無法接受人類具有磁感這項事實，主要的原因之一就是沒有在人體內找到磁感的受體。因此，現在的新科學證據已經打破這種疑問，我會很著迷這項研究領域未來的發展。」

最後，在留尼旺島成功為鯊魚安裝追蹤標記的不是布伊爾，而是高齡七十四歲的蓋．加佐。

在歷經十天努力嘗試為鯊魚安裝標記都失敗後，布伊爾展開他的下一個行程，回到布魯塞爾的家中收拾攝影設備，準備到南太平洋參與一部紀錄片的拍攝。在他離去前的建議下，加佐重新設定魚槍，讓魚槍的射擊力道提升一倍，加佐帶著新設定的魚槍和斯格諾那前往島上西海岸的聖吉爾萊班。一天之內，加佐就成功為三隻鯊魚安裝標記，這初步的成功已足以對友善鯊魚跟蹤系統做前期測試。

加佐和斯格諾那在接下來的一個月的時間裡，持續觀察追蹤標記傳回來的數據，試圖從數據中找出鯊魚的出沒模式。他們注意到，鯊魚似乎很喜歡群聚在聖吉爾萊班碼頭附近的海域。他們決定以自由潛水的方式潛入該區，但這次不是為了安裝鯊魚的追蹤標記，而僅只是調查該區為何令鯊魚群特別眷戀。當他們潛入碼頭外的海底，他們立刻注意到這裡的海底根本是一個巨大的垃圾堆，有吃剩的食物殘渣、垃圾。

此地的居民和觀光客一直將靠近港口的這片海域當作垃圾桶，任意棄置垃圾。公牛鯊喜歡群聚在這一帶找尋食物。

人們在附近的海灘會受到鯊魚攻擊，很有可能是遊客們擋住了鯊魚的去路，並且讓自己因為水上活動而身陷正處瘋狂覓食狀態的鯊魚群中。

追蹤數據讓人們進一步理解鯊魚，當這些結果公開後，人們並未因此嚇跑而遠離該區；相反的，這甚至在當地開啟了一個微型的觀光產業，當地的業者推出了觀察鯊魚的浮潛之旅。斯格諾那說：「我們實現了當初的目標！」當初這個計畫之所以展開，就是要消除人類對鯊魚未知而產生的恐懼，只要適當教育居民對鯊魚有正確的認識，就能避免人鯊之間的衝突。現在，透過研究友善鯊魚系統所傳來的數據，留尼旺島的居民對公牛鯊的習性以及可能觸怒牠們的因子更加理解。

友善鯊魚系統運作兩個月後，累積的研究成果令法國政府重新向公眾開放留尼旺島的海灘。

0

-20

-90

-200

-250

-300

-750

-3,000

-10,927

-250

就在我拜訪留尼旺島的幾個月後。我又回到了希臘，和大約二十名記者坐在一間希臘餐館的露台上。這裡是阿莫迪，位於聖托里尼島西南方海灣上的一座小村莊。我們正在等待一艘包船，載我們向西進入愛琴海到錫拉夏島附近的一個海灣，距離這裡大約只有五公里遠。我們一群記者要前往赫伯特．尼奇挑戰世界紀錄的現場，赫伯特．尼奇自稱是「地球上最深的男人」。大約在一個小時後，尼奇將搭乘一台配重的滑車，僅憑一口氣，以飛快的速度潛入兩百四十四公尺深（參見QR Code）。如果他能挑戰成功，將會是無限制自由潛水這個項目的新紀錄，同時也是目前為止人類所做過最深的自由潛水嘗試。

到目前為止，事情進行得並不順利。海象比預期還差，海面波濤洶湧且海流強勁。過去尼奇從未在錫拉夏島這一帶的海域潛水，而他的團隊也擔心強勁的海流可能會吹彎導潛繩，彎曲的導潛繩會使他下降和上升的速度變慢。潛水過程中所浪費的每一秒，除了影響他再回到水面是否能保持意識，甚至會影響到他的存活機率。

潛水挑戰預定時間是上午十一點，但現在已經十一點了，我們卻等不到包船前來，也不知道包船何時會到達的時間。我們記者團裡頭的一些人感到不耐煩，威脅再等不到包船就要走人了，有幾位記者已經提早離開。尼奇的主要贊助商，瑞士手錶品牌百年靈幾天前也退出了。沒有人知道真實原因，尼奇的團隊裡也不再有人談論此事。謠傳是百年靈的高層認為這樣的挑戰太過危險。

因為天候因素，時間上的延遲沒有稍稍放鬆我緊繃的心情。特別是對我而言，再次來到這裡內心的感覺是很複雜的。就在幾個月前，布伊爾在留尼旺島為我示範自由潛水除了競技，還有更崇高的導向。他讓我明白，自由潛水可以是一項工具，用來協助海洋研究，破解大海的謎團。自由潛水能有具體的價值和目的。

相比之下，無限制自由潛水項目似乎是一種退步，這種透過配重滑車的助力，單純比拚深度的項目，似乎是為了滿足人類以競技追求自我的心理，這個項目將運動員置於極度危險的狀態中。這些道理我都懂，但是另一個面向的我喜歡超級英雄，我期待見到在演化長河中有人出現跳躍式的能力，《李普利的信不信由你》也和我有類似的心理，我們想看到尼奇打破人類兩棲能力的極限。我想見證有史以來，最深的自由潛水挑戰。而且我不是唯一一個。

就在三天前，節目《六十分鐘》的工作人員和主播鮑勃．西蒙來到聖托里尼島，此時他和節目製作人以及幾位攝影師就坐在我右邊的一張桌子旁。鮑勃．西蒙原本計畫要在潛水前專訪尼奇，並且和尼奇的父親一起在船上見證這次挑戰。他們是唯一獲准在船上採訪的記者。

但現在看來計畫都被打亂了。

隨著時間流逝，西蒙明顯開始不悅，他喝著健怡可樂不斷地滑著手機，同行的人則點了一盤炸薯條，坐在我身後的另一名記者點了一杯冰茶。我們每個人都緊盯著手機，等待通知。

接近中午時，我們終於都收到包船已經抵達的通知。尼奇的公關經理希爾維．麗特要我們所有人都前往阿莫迪灣北端的碼頭。我們匆匆付了餐廳的帳單，拿起行李向碼頭移動，然後跳上船，坐在上層甲板戶外的長椅上。海面上的風持續呼嘯，海浪拍打著海堤。船長發動引擎航向錫拉夏島，灰色的海浪持續拍打著船體。

事情的發展一如海象般惡劣，但這場秀必須繼續進行下去。

無限制自由潛水，允許挑戰者可以用任何方式達到最深深度，是自由潛水所有項目中最極端的形式。若依照人均計算，這無疑是世界上最危險的運動之一。十年前，無限制自由潛水的深度紀錄是一百六十公尺，從那以後，至少有三名挑戰者死於這個項目的深度挑戰，受傷者有數十人，而且有些傷害是永久性的。

二〇〇六年委內瑞拉自由潛水選手卡洛斯·科斯泰，也是在希臘試圖挑戰一百八十二公尺的深度，返回水面後發生癱瘓。俄羅斯自由潛水冠軍娜塔莉亞·莫爾查諾娃在進行多次無限制自由潛水訓練後，被診斷出有腦損傷症狀。二〇〇二年，比利時選手班傑明·法蘭茲在一次深度一百六十五公尺的挑戰中，回到水面後右側完全癱瘓，無法說話，自此之後他在輪椅上待了十個月才復健到能夠正常走路與游泳。這一類的名單還在持續增加中。

單靠人體的能力是無法潛入這個項目所能達到的深度，這是它們之所以如此致命的部分原因。無限制自由潛水的主流方式是，挑戰者靠配重的滑車進行下潛，抵達預定深度後，在深處給浮力氣球充氣，靠氣球拉回水面。在這樣的機械裝置幫助下，潛水員的下潛深度是其他項目的兩倍以上，而所耗的時間僅一半。由於過程是如此的快速，潛水員的身體可能來不及排除因潛入深處而溶入血液裡的氮。因此，在這種極端情況下，減壓病是無法避免的危險之一。

再說機械裝置也存在風險，這些裝置幾乎都是挑戰者自製的，而大多數的自由潛水員都沒有船體工程的相關知識與技術背景，他們為自己打造的下潛滑車有可靠度的疑慮。這次的挑戰就是一個例子：尼奇要用來下潛的滑車，是由一個二十八歲的年輕人協助設計的，而他日常工作所涉及的專業卻是製作義肢。這是他設計的第一個下潛用滑車，之前也沒有人使用過這類型的設計。為了能夠達到極端深度，滑車配上相當的重量以利快速下潛，而達到導潛繩末端時，會自動觸發事先備好的壓縮空氣，透過浮力將潛水員快速拉回海面。

尼奇和其他的無限制自由潛水員面臨一樣的處境，他們測試下潛滑車的唯一方法，就是用它來做大深度潛水。很不幸的，這些裝置經常發生故障。二〇〇二年十月，法國籍世界冠軍奧黛莉．麥斯翠，在多明尼加共和國挑戰深度一百七十一公尺，預計要創下新的深度紀錄。她順利潛入預定深度後，原計畫是在該深度為浮力氣球充氣，藉浮力幫助返回水面，不幸的是當時的高壓鋼瓶是空的。許多人指責同是自由潛水選手的丈夫皮平．費雷拉斯未確實填充高壓鋼瓶。挑戰之前，船上也沒有人檢查鋼瓶。麥斯翠在水下停留八分半鐘以後，皮平．費雷拉斯才將她的身體拉回水面。泡沫從麥斯翠的口鼻湧出，她已經徹底失去意識，但當時仍能量到脈搏。船上沒有人具有醫師資格，甚至沒有擔架，救援人員只能將麥斯翠的身體平放在甲板上的沙灘椅上，沒多久她就過世了。

粗製的機械系統、昏迷、偶然性發生死亡事件，所有這類的事情都讓無限制自由潛水令人不忍卒睹。但其實也真的沒什麼可看的，與其他自由潛水項目一樣，無限制自由潛水的主要動作都發生在水面下。即使你站在旁邊的觀賽船上，也只會看到選手在水面準備，下潛前喘著幾口大氣，最後深吸一口氣，然後他就消失在你面前，大約經過煎熬的四分鐘之後，你才看到他重新浮出水面——可能帶著因窒息而發青的臉部，經常可以看到口鼻流血，嚴重的話還需要一連串後送急診室的流程。對於不了解的人而言，這整個經過看起來非常瘋狂。

奇怪的是，尼奇看起來並不是什麼瘋狂的人。挑戰紀錄的前兩天，我在酒店裡遇到他時，我無法從攝影師、公關人員和其他團隊成員中猜出哪位是他。他的外表很健康，比一般人略高，剃得很乾淨的光頭，身材上沒有大肌肉，外觀與一般人無異。他說話時的語氣平靜而單調，低調得像是一名不為人所注意的博物館保全人員。如果抽離自由潛水的部分不談，他在家鄉奧地利過著平凡的生活，先是在航空公司擔任機長職務，接著是在金融機構裡擔任勵志演說家。他看起來非常非常的「正常」——然而，就是這種外表過度平淡正常的反差，如果你知道他的背景，知道他具有能夠執行大深度無限制自由潛水的專業能力時，平淡低調的外表反而有股強烈的違和感，近乎令人毛骨悚然。這種強烈的反差，就像是面對一名聲音極其平和溫柔的職業殺手。

尼奇是在一個很偶然的情況下接觸自由潛水。他告訴我這一切始於二〇〇〇年時，在一趟前往埃及的潛水旅遊途中，航空公司搞丟了他的水肺潛水裝備。從那時候起，他陸續打破了三十二項自由潛水世界紀錄，每一個項目的紀錄都被他改寫。不只是當代，他可以說是有史以來最偉大的自由潛水運動員。

幾個月前，我透過電話第一次採訪他時，他在電話那頭告訴我，他為何如此醉心於潛往深處，並非為了成名或是金錢，他執著在於找到人類的體能極限，並打破極限，擴展人類的體能潛力。習慣於持續挑戰的他，堅定地告訴我：「如果，你認為明天有什麼是不可能達到的，後天你就會對你之前的想法一笑置之。」

直到我們搭乘的包船抵達錫拉夏島的海域時，海風已經平靜下來，太陽也露臉了，但海面上仍有波濤湧浪，據我所知，當時海面下的海流仍很強勁。此時尼奇和他的團隊在一艘雙體船上，停在北方離我們大約九十公尺遠的海面上。甲板上一名男子正發號施令吶喊著，船上的工作人員四處繁忙走動，機械絞盤運作的刺耳聲穿過風和船隻馬達的隆隆聲。這是個混亂的場景。

尼奇將使用的下潛滑車，已經栓在水下船體旁的導繩上，那台滑車因為流線的設計，外觀看起來像是一顆巨大的感冒膠囊。在回程的上升過程中，尼奇計畫將滑車停留在水面下九公尺深的地方，他將在那個深度憋氣停留一分鐘，讓血液中的氮氣泡消散，用這一分鐘額外的停留，降低減壓病的風險。尼奇預估，整個潛水過程會超過三分鐘。

尼奇自己和他諮詢過的科學家，沒有人知道他這次的挑戰能否成功。除了減壓病可能帶來癱瘓的風險，在這種極端深度下，就連氧中毒都是需要考慮的事。今日的科學家們之所以能了解潛水深度超過兩百四十公尺，氧氣對生理所造成的效應，這主要都歸功於蘿倫斯．歐文的研究。從一九三〇年代開始，歐文和佩爾．蘇蘭德在一起工作了三十年，他們一直在研究威德爾海豹，這種海豹能夠閉氣長達八十分鐘，潛入驚人的七百三十公尺深。

海豹在潛入深海時，能夠反射式地讓肺泡（肺部氣體交換的主要部位）坍陷來避免減壓病。一旦肺泡沒有適當地擴張而呈現坍陷，自然就會限制血液和肺臟裡的空氣進行氣體交換，進而防止血液和組織中的氮含量達到飽和。

也許人類進入到一定深度以後，也會發生類似的肺泡坍陷的現象，但這件事沒人確切知道。畢竟沒有人像赫伯特．尼奇那樣挑戰如此極端的深度。所以，首先第一步是讓尼奇挑戰這次潛水，並且讓他活下來，由他來告訴我們。

尼奇從船艙裡走出來，緩慢地在甲板上來回走著，就像所有自由潛水員賽前都會有自己的準備方式。接下來他低著頭，喃喃自語，沿著梯子走下水裡。一名在水中待命的潛水人員遞給他浮具，尼奇抓過來就枕在腦後，整個人仰躺在海面，臉朝著天空，嘴巴像金魚一樣大口大口地開闔，竭盡所能地吸入新鮮空氣。

我們包租的船上，此時從擴音器裡傳來一個女聲：「赫伯特．尼奇即將展開歷史性的潛水挑戰。」尼奇將自己擠入下潛滑車裡，現在只剩下他的頭部在水面上，此時的他更用力、更專注地呼吸著。

擴音器裡再次傳來：「即將開始，大家要準備好。」雙體船發出兩分鐘倒數警示音，此時尼奇閉上雙眼，嘴裡深深吸入一口氣。

「倒數計時，」尼奇持續著深度的換氣，雙體船上已經開始從十進行倒數。尼奇保持著自己的節奏，深深吸入一口氣，再徹底呼出。

「八……七……六……」裁判繼續倒數。絞盤操作員站在雙體船後方的甲板上就定位。

「四……三……二……」

就在倒數到零的瞬間，尼奇和下潛滑車已經消失在水面上。

裁判看著聲納系統的螢幕，向大家回報結果：「二十公尺，三十公尺。」

尼奇計畫以每秒鐘三公尺的速度下降。經過三十秒的時間，他應該已經通過九十公尺深，但此時聲納系統追蹤的深度只有約六十公尺左右，似乎出了點問題。

「七十公尺，八十公尺。」

在我身後的人也察覺不太正常：「速度太慢了。」船上的氣氛很緊繃，所有人都凝結住了，全神貫注地聆聽深度回報。

「一百公尺。」

計時器已經過了四十五秒，尼奇照計畫應該要抵達一百四十公尺的深度。現在下潛的進度落後，比預定深度還要短少三十公尺的差距。

「一百二十公尺。」

九十秒過去了，尼奇仍然持續下潛。以他目前的下潛速度，他的總潛水時間將會超過四分鐘，在他返回水面之前很有可能就會耗盡體內的氧氣，若是發生昏迷而啟動緊急救援，就會讓他失去在淺水處停留減壓的機會，他將會面臨更高的減壓症、氧中毒、癱瘓，甚至死亡的風險。就在這個時候，聲納監測的人員已經停止回報深度，廣播器突然變得靜默。我悄悄問身邊的人現在究竟發生什麼事。他說：「情況不明，我一點都不喜歡這樣。」沒人知道怎麼了。

時間又過了兩分鐘，尼奇的下潛滑車衝出水面，但不見尼奇蹤影。水面待命的安全人員立刻出發下潛，甲板上所有人皆凝結無語。三十秒後，安全潛水員帶著已經失去意識的尼奇回到了水面。他的臉和脖子脹得通紅，一名工作人員從船上抓起氧氣瓶和呼吸面罩，向尼奇游了過去。

尼奇突然醒來，用模糊的發音大喊著：「給我面罩！」水面上其他安全潛水員此時面面相覷，因為沒有人曾為這種情境受過訓練，一時之間大家都不知道該如何處理。

「把面罩給我！」尼奇再次大喊。復甦後到現在他還沒有好好呼吸過，他伸出僵硬不太聽使喚的手臂，從工作人員手中搶來面罩與氧氣瓶，旋即翻身試圖下潛，他需要為身體的減氮爭取時間。但他很難潛得下去，因為身上厚重的氯丁橡膠防寒衣將他的身體浮在水面上。在沒有配重的協助下，很難抵抗防寒衣的浮力而潛入水裡。他奮力踢著僵硬的四肢，但再怎麼努力都無法下潛。在水面浪費的每一秒，都在增加氮氣泡累積在關節處、肺和大腦的風險。雙體船上的工作人員在甲板上睜大眼，面面相覷，無助地看著尼奇在水面掙扎，水面安全人員也只能無望地搖頭。

「讓我們為赫伯特．尼奇鼓掌。」擴音器傳來尖銳的女聲劃破了寧靜，「世界上最深的人！」周圍有人零星地鼓掌，但我們其餘的人則默默注視著尼奇努力嘗試踢水下潛。終於，他成功了，消失在水面上。幾分鐘過去了，我們沒有人知道他在哪，只能在船上望著海面枯等。

五分鐘後，救援潛水員再次將他帶到水面，他在水下再次發生昏迷。

甫出水面的救援人員大喊：「氧氣，立刻！」他們試著將尼奇移動到待命中的機動艇上，在移動的過程中，尼奇突然醒來，他試著靠自己爬上機動艇的甲板，但支撐身軀的雙臂突然發軟，整個人趴了下去。船長見狀趕緊協助拉他上船，讓他能仰躺在甲板上。此時尼奇看起來的狀況很糟，他的雙眼浮腫，脖子和前額的血管隆起，意識不清。他很吃力地抬起發抖的右臂，顫抖的手指指向遠方聖托里尼的方向。船長明白他的意思，立刻發動引擎疾馳而去，在海面上畫出一條白色浪花所構成的直線，啟動緊急後送醫院的程序。

尼奇被送入當地的醫院。當天夜裡，尼奇一度心跳停止，醫師對他進行了復甦術，雖然將他救了回來，但為了能讓他的身體逐漸恢復，在醫學上採取誘發昏迷，讓他能好好休息。後續，醫院人員評估後再將他從病床移入減壓艙室，但此時才進入減壓艙已經太遲了。氮氣泡進入他的大腦，切斷了控制運動的大腦功能區血流。他經歷了六次的中風，幾天後他漸漸恢復意識，但他無法走路、說話，也不認得自己的家人和朋友。

後來，我才得知整起事件的經過。系統出了差錯，下潛滑車墜落超過了預定深度，根據儀表上的深度紀錄達到了兩百五十三公尺深。尼奇在抵達最深深度之前就已經在滑車上昏迷了，後來系統上浮的過程中，他甦醒了過來，但在大約一百公尺深的地方，他又昏了過去，直到潛水滑車自動返回預定的九公尺淺水處時，他仍在昏迷狀態。水下的安全潛水員將他脫離滑車並帶他返回水面，整個過程中他都沒有知覺。如果當時水下安全潛水員沒有即刻救援，尼奇將會在水下溺斃。由於深度超出預期，且上升速度非常快速，所以尼奇的身體沒有充裕的時間排除吸收的氮氣，因此引發了減壓症。

此事件過後六個月，他仍然無法接觸海洋再次潛水。

我親臨現場經歷了赫伯特・尼奇帶給我的震撼教育，還有之前大衛・金在比賽中幾乎溺斃、米哈爾・里時安脫離導繩的迷航事件，我受夠了！我發誓從今不再觀看任何具競爭性質的自由潛水。當然，我同意人體很有可能達到超乎科學家想像的潛水深度。但人也是有極限的，我們也都看到了這些極限。我已經厭倦再看到這些人為了挑戰極限，一張張血腥、窒息到發青的臉。

在自由潛水的世界裡，「自我」是致命的刺激物，它也是令人盲目的東西。我遇到過的頂級自由潛水競技運動員，他們將重心放在對自己深潛能力的精心訓練，反而對於海的探索不見得有興趣。為了節省氧氣，潛水過程中他們閉著雙眼，深海環境中產生的氮醉影響他們當下的心智狀態，他們會忘記自己身處何方、為什麼自己要來到這裡。要達到世界頂尖的深度，選手讓自己進入緊繃的狀態，他們必須盡可能關閉在水中的**任何**感官知覺。他們必須專注在單一目標：導繩上的一個數字。打敗自己的對手，贏得獎牌，日後可以向人吹噓的資格。

是的，他們游入過去從沒有人類達到的環境中。但這一切讓我覺得很抓狂，就好像是一個陸地的探險家，他讓自己抵達以前未被發現的荒野中，但他所有的專注力都放在GPS座標的數字。

自由潛水競技運動員和海洋之間存在著鴻溝，這種脫節讓我即使回到家中幾個月後，腦海裡仍然不時重播著聖托里尼和卡拉馬塔的驚險場景。我會做惡夢，夢到腫脹的脖子和死灰的雙眼。然而當我清醒時想起的自由潛水，擁有一幅更令人嚮往的畫面：我見過佛瑞德．布伊爾與鯊魚的交流。他的自由潛水將他帶入了以前不為人知的地方，他見到了以前人們所不曾見過的景象，他解鎖了隱藏能力。我嚮往這樣的世界，他告訴我：「通往深淵的大門向所有人敞開。」

那些至少曾經到過「大門」的人，會用具有宗教性質的字眼描述它：**超然的**、**翻轉人生**、**淨化的**。那是一個閃閃發光的全新宇宙。要進入那個世界，不需要承受肺部或喉嚨的撕裂傷，你需要的只是一些自由潛水的基礎訓練。你需要的是信念，你需要的是承受一定程度的缺氧感受。

所以，不論我見過多少次深度挑戰、不論我見過多少位競技自由潛水運動員，真正激發我內心更強烈嚮往的，是與海融合為一的自由潛水，我迫不及待地去發掘隱藏在自己體內的潛水能力。我想開啟生命總開關。

0
-20
-90
-200
-250
-300
-750
-3,000
-10,927

沒有人比「海女」更了解隱藏在人類體內的潛水能力。海女，這是一種古老的日本女性潛水文化，在古代的日本，曾經一度有上千名女性從事海女的工作。這件事最早可以回溯到兩千五百年前，海女以母親傳女兒的方式，以自由潛水在海底採集食物。在我所閱讀的所有海女相關文獻中，從未有提到昏迷、流血或溺水的紀錄。儘管她們的潛水能力可以進入四十五公尺深，並且停留數分鐘，但海女從未參加自由潛水競賽。自由潛水對她們而言是一項工具、一種為了生存的手段，也是一種精神上的修行。海女們相信，當她們以自然人的狀態潛入海底，這樣的方式能為世界帶來人與自然的平衡。一位海女曾經這樣描述：「（在水中）我可以聽到海水進入我的身體，我可以聽到陽光穿透海水。」她們之於海洋，並非一時的過客，而是海洋的一部分。

她們的故事可以追溯到西元前五百年，當時來自中亞的游牧民族發生海難，被困在能登半島的岩石海岸，那一區幾乎沒有植被，也鮮少有陸地動物棲息，因此在陸地上能獲取的食物非常少。這群游牧民族轉而向大海尋找食物，在這樣的生活形態下，他們的身體迅速適應了這種生存需求，以利他們潛入海底尋找食物。這個游牧部落的女性——不知什麼原因，只有女性——繼承了日常的潛水狩獵活動，這群女性後來被稱為「海女」。在能登以海為生的游牧民族不僅存活了下來，族群人口還持續成長壯大，這一支民族的活動範圍甚至沿著日本海擴展到了韓國。數以千計、甚至可能數以萬計的海女的分布範圍曾經一度延伸到太平洋東岸和日本海區域。直到一八〇〇年代，海女在某種意義上可以被視為當年世界上最大的海洋狩獵團隊。當時的歐洲水手有幸親眼目睹這些工作時半裸著身子的海女，在水手的報告裡留下許多不可思議的描述，指她們可以僅憑一口氣潛入近百公尺深，甚至有些人聲稱海女可以在水下停留長達十五分鐘。

隨著捕魚技術在十九和二十世紀的發展，海女的人口逐漸減少，她們的村莊消失了。在傳統文化中原本會繼承母業以自由潛水在海中進行食物採集，海女的女兒們都離開了鄉下，進入城市過著更舒適的生活。截至二〇一三年為止，據估計現役海女的總人數可能在數百人以下。

根據我曾在線上觀看的一部紀錄片的導演介紹，有一小群的海女仍然在仁科的海域工作。仁科是距東京東南方一百九十公里的小鎮，位於伊豆半島上。這引起了我的興趣，為此我寫信給不同的日本歷史學家和旅遊組織，都無法確認仁科的海女是否仍然存在。多年來，沒有正式的報告記載有人見過她們，沒有人知道她們是否還在進行潛水。

幾週後，我飛到東京，乘坐火車前往伊豆，在一個叫下田的海濱小鎮租了一輛汽車。在這裡的當地人告訴我，我正在尋找的海女已經不存在於現實了。他們的說法和我現在僅有的消息來源一樣，皆無法證實現今海女依然存在。他們進一步告訴我，原本的仁科海女住在離這裡僅十幾公里的海岸線附近，但幾年前就過世了。也另有一說，海女仍然存在，但一年之中只下水幾次，而且主要都集中在假期期間。還有人告訴我，她們既年邁又虛弱，已經無法接受外界的拜訪了。

這些不時向我展示阻礙的「反嚮導」總是對我投以同情的眼神，指著我走下潮濕、死胡同的街道，繞不出正確的方向。過去兩天，我聽從他們的指示移動，但一無所獲。

然後，在我沿著仁科海岸線開車的第三天，我來到了澤田這個地方，一處有點骯髒的小港口，空氣中充滿著刺鼻的氣味，四處都是荒廢的破船，我在這裡走了一點好運。

我的嚮導身材高瘦、名叫高彥，是我在仁科遊客中心找到的。此時他與我站在防波堤上，凝視著遠方的六名潛水員，她們在鉛灰色的水面上載浮載沉。現今世界最古老的自由潛水文化可能就只僅存在這片海域了。

「海女？」我問高彥，想再次確定我們找到她們了。高彥先是下意識地以日語回答我：「對。」緊接著才用英語改口說道：「是的，海女！」

我轉身跑向租來的汽車，沿著碎石路回到車上拿錄音機與相機。幾分鐘後，當我回到高彥身邊時，海女們正拖曳著當日的漁獲爬上防波堤旁的巨石，將漁獲塞進用保麗龍製成的保冷盒中。

高彥對我說：「我們來晚了，她們整個上午都在潛水，現在要結束今天的工作了。」其中一位身高最矮的海女已經站在高彥身後，她兀自脫下潛水防寒衣，全身赤裸地站在離我只幾公尺遠的地方。我立刻走開離她遠一點，盡可能給她一些隱私空間，沒想到我尷尬靦腆的反應，反倒是惹得她咯咯地笑著，她用日語和其他三位海女不知說了什麼，說完，她們都笑了，然後也都脫下了潛水防寒衣。

日本的社會文化是由複雜難解的風俗民情所編織而成，我現在才意識到我可能冒犯了很多習俗規則，在沒有任何邀請前，我隨意接近海女（或者是沒有事先準備好禮物、沒有說日語，或甚至是我身為一個男子的本身都是一種冒犯），可是就因我在家裡看了一部紀錄片，接著一時興起就飛越了一萬公里的距離來到這裡。即使在初見面之時，我做出了這麼多的冒犯舉動，我終究還是找到了她們。如果我錯過了她們，很有可能此生再也沒有機會找到她們，與她們交談。

我走到了水邊試著暫時迴避她們，畏縮了幾分鐘，等待她們換上運動褲和破舊的雨衣。接著，我試著微笑並重新走上前去。她們有看到我，但沒有對我回以微笑。

高彥此時阻止我：「她們現在太累了，所以不想說話。」他說如果我們明天早晨太陽剛升起時，在她們下水前先來到這裡等她們，會有更好的機會採訪她們。我聽出他的言外之意，他真正的意思是，海女們想要知道我對於了解她們的文化有多投入，她們想看我的誠意。明天一早來到這裡等待，向她們展示我有多麼熱衷於想了解海女文化，並表明我不只是一名只想隨意看看的觀光客。

我走回車上，隔著髒兮兮的擋風玻璃看著她們，海女們將脫下的裝備裝進一台生鏽的購物車中，推著車向前走。我注視著她們前行，緩緩走過荒廢破碎的小船，走過空蕩蕩的澤田港，漸漸消失在海面上飄來的白色霧氣中，

海女可能是人類歷史中規模最大的自由潛水團體，但她們不是第一支進行自由潛水的人類隊伍。關於自由潛水的考古證據可以追溯到一萬年前。自由潛水具體的歷史記載，至少可以追朔到西元前二千五百年前，活動範圍擴及太平洋、大西洋和印度洋。

大約在西元前七百年，詩人荷馬寫道：潛水人將自己和沉重的岩石綁在一起，下潛三十公尺深，從海床上切割以獲取海綿。西元前一世紀，亞洲和地中海沿岸的貿易活動激增，一部分的貿易需求來自於在中國和印度醫學中被視為萬靈藥的紅珊瑚。大多數的紅珊瑚棲息在三十公尺以下的深處，當時採集紅珊瑚唯一的方式即是自由潛水。西元八世紀，北海的維京人能以自由潛水在海中移動，潛到敵人的船艦底部，在敵艦的船體鑿

洞使其沉沒。

接著是珍珠採集，採珠人在加勒比海、南太平洋、波斯灣和亞洲活動了三千多年。當馬可波羅在西元十四世紀後期造訪錫蘭（今日的斯里蘭卡）時，他曾經目睹採珠人自由潛水到水深三十六公尺深，並在水下待了三到四分鐘。

西元一五三四年，西班牙歷史學家奧維耶多拜訪加勒比海的瑪格麗特島，他在筆記上記載，他曾見到島上原住民盧卡亞印第安人潛水進入三十多公尺的水深，並且在水中持續閉氣了十五分鐘。*

這並非是他們民族裡的潛水冠軍，根據奧維耶多的觀察，至少有數百名盧卡亞印第安人都能達成這種水準的閉氣能力，他們經常是一週七天都會下水，從早潛到晚，而且從不顯露疲態。

就在西班牙人來到加勒比海後的幾年內，平日以自由潛水採集海中食物為生的盧卡

* 考察其他相關的記載，疑似奧維耶多的本意是五分鐘而非十五分鐘，但也有其他文獻支持十五分鐘這個紀錄是正確的。

亞印第安人不是死於瘧疾，就是被奴役並運往其他島嶼採集珍珠。西班牙人甚至遠從非洲帶來奴隸取代他們。初來乍到的非洲奴隸很快就學會自由潛水，根據當時的記載，他們很快就能潛入三十公尺深，並且同樣能在水中閉氣長達十五分鐘。

一六六九年，遠在地球的另一端，田野調查學者菲利伯托·韋爾納蒂爵士和英國有名的科學組織皇家學會合作，探訪住在印尼的採珠者。韋爾納蒂在報告裡也記載了類似的事情，他看到採珠者在水下停留了「大約一刻鐘」。日本、爪哇和其他地方也都有類似的十五分鐘徒手潛水紀錄。

要在水中這麼長時間的閉氣是一件很不容易的事，根據這一類的文獻紀錄，除了記載採珠人能夠在水中閉氣長達十五分鐘以外，也記錄到許多潛水員在浮出水面後發生劇烈的癲癇：水和血從嘴巴、耳朵、鼻孔和眼睛湧出。但他們也只是現場坐下來休息幾分鐘，等身體恢復過來，再做個深呼吸，並接著繼續潛水。有些人一天要進行四、五十次的潛水。

總而言之，幾個世紀以來，已經有十幾個由不同的人、在不同的地點的紀錄，都描述著相同的事情：潛水深度達三十公尺，一口氣在水中閉氣時間長達十五分鐘。這些紀錄裡沒有提到供給氣體的管子、特殊飲食或抑制新陳代謝的藥物。事實上，在那個時空背景下，大多數加勒比海地區採珠人的生活環境非常惡劣，並習慣在潛水休息時吸菸斗或抽香菸，甚至他們會在水面抽菸，下一秒就撲通一聲，躬身潛入海底。

直到二十世紀，珍珠養殖以及新的捕魚技術發展，才使得徒手下潛採珠或捕魚漸漸成為過去式。人體原本具有出色的潛水能力，以及在自由潛水方面累積的經驗與知識，便逐漸消失在時代的演進中。今日，一個像我這樣的普通人，即使已經具有在海裡游泳幾十年的經驗，我也無法在海中閉氣超過三十秒。

現代的自由潛水選手們正在努力重新發掘這項能力。假如歷史文獻所記載的是可信的，那麼現在的自由潛水選手們，離過去採珠人的實力水準還有段距離。這些古老的文化是否熟諳一些我們所不知道的事？悠久的日本海女文化中，是否藏著一些自由潛水的祕訣，能幫助我閉氣閉得更久、潛水潛得更深？我們是否正在重新發現我們在水裡的真正潛力？

假如，這世上有誰能回答我這些問題，那一定非海女莫屬了。

第二天的黎明時分，高彥和我返回澤田港。我們抵達時，望見四位海女圍成一圈，坐在港口防波堤的消波塊上。她們吃著乾海苔和優格搭配著綠茶，互相開玩笑，時常顧不得口中還有食物而開心地大笑，海女的笑聲此起彼落不間斷，有時甚至大笑到頭往後仰、面朝著天空。

海女的豪爽氣魄和我在日本其他地方見到的打扮精緻、行為端莊、一絲不苟的日本女性完全相反，也和電影、木刻版畫或是舊銀版相片所宣揚的童話故事般的海女文化不同。

現在在我眼前的這群人，她們大而化之、坦蕩蕩、甚至是有點粗魯。數十年的時間裡，直接暴露在海水的鹽分中以及陽光曝曬下，她們的皮膚呈現黃褐色並帶有皺紋，頭髮蓬亂，穿著破舊的衣服。簡而言之，她們是一群特色鮮明令人眼睛為之一亮的雜牌軍，她們不在乎我或者世間其他人對她們的看法。

高彥向前去用日語和她們對談了幾句，海女們點點頭。接著高彥將我一一介紹給海女們。

身材高䠷、頂著紅髮、長臉，她是六十歲的芳子，自十八歲就開始在海中潛水。另外兩位海女至少大了芳子十歲，她們從十五歲開始潛水。雖然這三位海女沒有血緣關係，但她們都擁有相同的姓氏鈴木，並宣稱她們都是數百年前正宗海女血統的後裔。另一位身材嬌小的女人，頭髮捲曲得像是「奇異子寵物」，她告訴我們她已經八十二歲了，名叫福代馬努桑克，從三十歲開始潛水。她是這群人之中，聲音最宏亮的。

在高彥的口譯協助之下，我對馬努桑克進行採訪，提出了一些問題。有人告訴我，海女一直都由女性組成，其背後原因並非像許多歷史文獻所臆測「因為女性屈從於男性而被迫下海採集食物」，真正的原因是，只有女性才能理解海洋的節律。馬努桑克指著正從澤田港口航向大海的商業拖網漁船，她告訴我，這些船兩側綁著巨大的漁網，它們將附近海裡的所有生物都撈起來。被網子捕獲的許多魚、水母和其他動物，被漁民視為無用的垃圾，像廢棄物般被扔回大海。馬努桑克指責這些現代漁民破壞了環境，打破了海洋自古以來的平衡。

「當男人來到海洋時，他會竭盡所能地剝削它、掠取它；但當女人將手伸進海裡時，她們會試著讓海洋的平衡恢復。」馬努桑克進一步解釋道：「海洋可以提供人類一切所需，只要人類保持以自然原始的方式從海裡汲取所需。人，應當取走他憑自己能力所能帶走的，不應當靠外力向海洋強取豪奪。否則，最終，人類將一無所有。」

在悠久的海女文化中，一直到六十年前，海女們還不願意戴上潛水面鏡。她們害怕在水中的視覺變得太過清晰，以至於和其他海洋生物相較之下，取得了不公平的優勢。甚至一直到一九八〇年代，部分海女們才願意穿上潛水防寒衣，但同時仍然有些海女堅持裸露上半身潛水。

仁科一帶曾經有六十位海女，在最近的二十年裡，這裡的海女大約減少到剩下二十五人。僅存的海女中，許多人已經很少下水了，延續長達二千五百年的海女傳統即將斷裂。馬努桑克說：「你看到的我們，是這裡僅存的海女了。」

她禮貌性地中止了我們的談話，緩步地走向破舊的購物車前，裡頭裝著防寒衣與簡單的潛水裝備。採訪結束了，她們告訴我是時候下水了。

這次我從舊金山來時，也帶上了自己的潛水裝備。我向海女們表示，希望可以和她們一起下水，想要親自見習她們閉氣的技巧。海女們雖然沒有熱情地回應，但她們同意帶我下水幾個小時。我趕緊跑回車上，拿自己的潛水裝備，站在水邊和海女們一起準備下水。

海女們拿起老舊褪色且多處撕裂的水肺潛水防寒衣時，我正在穿著從義大利客製化訂做、價值四百美金的自由潛水防寒衣；當海女們以隨手可得的野草葉子為骨董潛水面鏡塗抹以預防起霧，我正拿著新買的低容積自由潛水面鏡，朝鏡面內側噴灑化學防霧液；當她們穿鮮黃色但破舊的短版蛙鞋時，我正在試著將自己的腳掌塞入九十公分長、超高效能迷彩塗裝的自由潛水長蛙鞋。

馬努桑克注意到了我的長蛙鞋，她指著我的裝備嘲笑，另一位海女芳子也走上前來，敲了敲我臉上的面鏡後，搖搖頭嘆氣，另一位海女鈴木敏惠，頂著一頭不羈的捲髮，直接伸手過來撫摸我的防寒衣，又快速地抽回手，並對我搖晃著手指，彷彿她剛剛是碰觸到了什麼骯髒東西似的。我被她們圍繞著嘲笑，覺得自己像個白痴。

頓時我才明白，為什麼海女們在過去幾個世紀以來，總是覆蓋著一層神祕的面紗，為什麼她們要保有自己和海洋的祕密，為什麼她們害怕與外人尤其是男人分享她們所知。我是典型的男人，而且我正用著最先進的技術試著潛入我模糊理解的海洋世界裡，在文明技術成果的幫助下，我似乎是走在一條捷徑上。在某些方面，我與正在我身後航行的商業拖網漁船上的漁民沒什麼不同。此時此刻的我，正在破壞二千五百年來海女們試著保護的海洋平衡。

馬努桑克和其他海女們，從防坡堤上的消波塊跳入海中，濺起浪花，她們開心地大叫，彼此呼喊，發出類似海豚的吱吱聲。我跟隨她們朝遙遠的海平線游去，直到身後的澤田港消失在霧中。鈴木獨自一人朝東游去，游往海灣岩石的峭壁底下，而我和馬努桑克待在原處，我看著她調整著自己的面鏡，深深吸一口氣，朝著另一位海女吹口哨，示意自己要出發了，接著就躬身下潛。她翻轉已經八十二歲的身軀，朝著海底前進，踢動蛙鞋，先是一．五公尺、三公尺，然後是六公尺，持續往深處下潛，動作放緩，完全靜止，通過了中性浮力點，她毫不費力地持續下墜，身軀融入黑色的海水中。

我在水面上也深深吸一口氣，想追隨馬努桑克，但即使我穿上了先進的自由潛水裝備，我仍然只能浮在水面附近，我最深只潛到三．六公尺，最長的閉氣時間只有二十秒，而且我漸漸感到恐慌，疑似幽閉恐懼症，耳朵和頭部也開始疼痛難耐。我越是努力想要下潛，潛水的感受就變得越痛苦。我最終放棄了。

中午時，我們回到岸上，我和海女們圍成半圈坐在防坡堤上，海女們在我面前整理她們一整個早上的漁獲，她們每個人都收集了幾十個海膽，稍後她們會用微薄的價格賣給附近的壽司店。我換裝並收拾好自己的裝備後，親自上前感謝海女們，隨後高彥與馬努桑克及其他海女交談了幾句日語。我聽不懂他們說什麼，只見她們一群人笑了，然後彼此愉快地揮手告別。當高彥和我走回車上時，我問他剛剛在笑什麼。高彥告訴我，他剛剛問了馬努桑克，海女們是不是有什麼關於古老的自由潛水祕訣可以和你分享。

「你這樣問她！那她說了什麼？」

高彥轉告馬努桑克的回答：「你就是去潛水。你只要願意下水，自然就會發現祕訣！」

海女的回答和水瓶座研究中心、補給船船長奧托·羅騰給我的答案一樣，也是佛瑞德・布伊爾、漢莉・普林斯露和在希臘遇到的其他選手給我的建議。自由潛水沒有捷徑，沒有看了就能學會的書，也沒有密技，沒有專門的設備、飲食或藥物可以讓我們達到那樣的狀態。他們所有人都在說一件事，深入自由潛水的關鍵解答已經藏在我們體內了，是我們與生俱來的。

只不過要解開這個祕密，比我想像的還要更加棘手。

0

-20

-90

-200

-250

-300

-750

-3,000

-10,927

-300

法布里斯．斯格諾那說：「這就像一場瀕死經驗，就像是你被傳送到另一個地方，另一座星球上。」

斯格諾那和我一起坐在健康食品餐廳「自然星球」的二樓，這間餐廳是他和妻子在留尼旺島首都聖丹尼市中心一起經營的。斯格諾那將餐廳二樓休息區充當個人辦公室，雖然美其名為辦公室，其實這個空間看起來更像是一間儲藏室。USB線和各式各樣的電線，像藤蔓植物一樣攀爬覆蓋了桌子，桌面邊緣還有成堆成堆的科學論文，一排排折角的學術書籍塞滿了角落的書架。

就在我和日本海女見面的幾個月後，我不顧超長旅程所造成的腰部痠痛，又再次回到了留尼旺島。斯格諾那幾週前發了一封電子郵件給我，這件事吸引我再次來到留尼旺島與他會面。信件裡他描述自己正處於「重大發現」的關鍵時刻，這與他長期研究的鯨豚語言有關，但他還有些細部的問題需要釐清。他告訴我，為了讓研究更完整，他邀請了來自世界各地的科學家、研究人員和自由潛水員一同前來留尼旺島，參加由他舉辦的研討會，這個研討會為期一週，會議目的就是要討論這個問題。

斯格諾那信中寫道：「你應該加入我們這次的研討會。」我接受了他的邀請，並且飛行了三十二小時重返留尼旺島，計畫在這裡停留十天。

此時，就在研討會正式展開的前幾個小時，斯格諾那邀我坐下來，他要講述他是如何結束自己的生意，並決定畢生致力於研究海豚和鯨魚所使用的通訊。

斯格諾那喝了一口啤酒，開始說起：「大約五年前，當我航行到模里西斯時，自從那時開始，一切都變了。」

當時斯格諾那正駕駛著一艘名為安娜貝爾的十八公尺長單桅帆船，這艘船是他的朋友盧克從帕洛瑪·畢加索那裡買來的，帕洛瑪·畢加索正是鼎鼎有名的西班牙畫家畢卡索的女兒（畢卡索的畫作仍懸掛在船體上）。一干人經過三十六小時的航行後，船主盧克和其他六名船員因為嚴重暈船而無法行動，船上的工作全部都落到了斯格諾那的身上。

他並不介意這些事。相反的，他喜歡擔任安娜貝爾號的船長，主要是他喜歡獨自一人在海上的感覺，尤其是在黑暗的汪洋中。其他人都暈船在底下休息，反而給了他獨處的空間。第一天晚上的十一點左右，他靠在船長的椅子上，注視著開闊夜空下閃爍的星星。他的左手持著裝滿咖啡的保溫瓶，以右手掌舵將船轉向東北方。海浪不時拍打著船頭，傳來陣陣浪花被擊破的聲音，他想像那樣的聲音是來自一隻巨大手掌的手指在船底敲出來的音樂節奏，就像手指靈巧地在曼波鼓打出的鼓音。大海的聲音和他耳機裡「門戶樂團」的經典歌曲〈暴風雨中的騎士〉相互揉合，迴旋的貝斯節奏聲逐漸消失，歌曲裡的風雨聲和此刻海洋真實的風浪聲相互混合；飛濺的浪花伴隨著海風，不時吹到他的臉和頭髮上。斯格諾那愉快地繼續航行，他看著黑夜從天空中慢慢消失，就像一盆汙水逐漸沉澱髒汙後，漸漸清明。當黑夜褪去，眼前只剩下藍色的清澈天空與橙色的黎明。又一個早晨來臨。

一直到上午十點左右，海風漸漸平息，最後消停了。此時船員們才慢慢地從底下的船艙走上來，個個眼睛浮腫，臉也浮腫，大家看上去都很疲倦。盧克船長向斯格諾那道歉，因為他讓斯格諾那整夜值班沒得休息。斯格諾那點點頭，又喝了一口咖啡，並吞下最後一口盧克為他準備的三明治。此時他仍然掌著舵，眼睛注視著遠方的海面。盧克注意到靠近船邊的海面突然爆出一團霧氣，看起來就像是有人在水中引爆了一枚手榴彈，接著又爆出另一團霧氣，然後又是另一個。斯格諾那對此雖然早有心理準備，他曾從其他水手那裡聽過在印度洋這片海域會遇上鯨魚，航行時你在遠方海面看到牠們的蹤影是很平常的事，但是像現在這麼近，船隻被牠們近身包圍幾乎是前所未聞的，因為牠們很少這麼靠近船隻。斯格諾那突然在心底升起一股衝動，想跳進海裡與牠們一起游泳。他立刻跑到下面船艙去拿他的潛水面鏡、蛙鞋與呼吸管和一台防水相機。盧克趕到船尾求他留在甲板上，無獨有偶，另一名船員尚・馬克竟也興起相同的念頭，與斯格諾那一起爬到船尾的欄杆上跳入海中。

海洋通常是寂靜無聲的，但此刻這裡的海不斷地發出清脆響亮的咔嗒咔嗒聲響，那種聲音就像是木炭在爐中燃燒時偶發的微小爆裂聲，而現在他們所聽到的音量，就像是被一千座火爐所包圍。這種咔嗒聲音充盈在整個海水裡，來自四面八方。斯格諾那起初以為這樣的聲響來自船上的某種機械裝置所發出的噪音，於是他游得離船越來越遠，但那咔嗒聲卻越來越響。過去他從來沒有聽過這樣的聲音，也不知道是從哪裡來的。當他正在疑惑時，他低頭看了下方。

一群巨大的鯨魚，身體垂直，牠們緩慢地游向水面，就想是一座座矗立的方尖碑，四面環繞著他，每頭鯨魚都圓睜著眼注視著斯格諾那。隨著牠們向他靠近，咔嗒聲音量持續放大，牠們聚集在斯格諾那身邊，甚至面對面地輕輕摩擦他。斯格諾那感受到奇妙的咔嗒聲穿透他的肉體，感覺到自己的骨頭與胸腔隨著鯨魚群發出的咔嗒聲而振動。

斯格諾那感動地說：「我覺得，自己正在和來自另一個星球的外星人溝通，你知道嗎？那就像是來自另一個星球的信號。」那天，他和尚・馬克在海中與鯨魚一起游泳了兩個小時。在這一場意外地相遇之前，他對鯨魚一無所知，經過這天和野生鯨魚的相處之後，他從此對鯨魚著迷，對牠們念念不忘。

航行旅程結束後，斯格諾那回到留尼旺島的家裡，他試著在網路上搜尋各種鯨魚的相片和他那天在水下所拍攝的鯨魚做比較。抹香鯨是目前已知體形最大的齒鯨，根據歷史記載，牠是最凶猛的獵食者，斯格諾那找到了一些歷史圖片，將抹香鯨描繪為凶殘的鯨類，牠們殺死人類、壓碎船隻、吞食巨型魷魚。但那天短暫與牠們的接觸中，斯格諾那對牠們留下了美好的印象，牠們溫柔、具有好奇心而且聰明，他自身的經驗使他質疑這些歷史文獻的正確性。牠們有著二十公分長的利牙，鯨魚若要取他的性命，那是易如反掌。但相反的，牠們平靜地主動靠近他，接納他進入牠們所環繞的空間中。斯格諾那想了解歷史的紀載與現實之間為何相距甚遠，他四處蒐集關於抹香鯨的研究，但是找不到令自己滿意的資料。

「我以為，全世界有成千上萬的科學家，早就在研究像抹香鯨這類的動物。但我卻什麼也找不到，沒有研究、沒有影像紀錄、沒有照片。」斯格諾那說。

斯格諾那意識到了，如果要讓妻子、船上的其他船員或是任何其他人明白他與抹香鯨相遇的感受，唯一的方法就是由他開始展開對抹香鯨的研究。就在他與抹香鯨相遇的六個月之後，他賣掉自己的木材供應店，創辦了非營利組織「鯨魚和海豚區域數據庫」，並前往留尼旺大學參加生物學課程。他之後才了解到，海豚、白鯨、虎鯨和其他鯨豚類動物也會使用類似他從抹香鯨那裡聽來的咔嗒聲做溝通。

抹香鯨很少靠近留尼旺島的海域，比較常見的是瓶鼻海豚，牠們能下潛到三百公尺的水深。由於經常出現在留尼旺島的沿海，斯格諾那起初專注於記錄海豚之間的互動，並分析牠們發出的聲音，包括咔嗒聲、短瞬的爆音還有哨音。

在過去的五年裡，斯格諾那帶領一小群義工記錄海豚的行為，累積了超過一百小時的影音資料——這是世界上最完整的野生海豚紀錄資料。

斯格諾那站起身來，把我帶到他的辦公桌前。埋在一堆文件之後的是一個超大電腦顯示器，畫面上有聲譜圖——透過圖像的方式表達聲音訊號——裡頭有他這幾個月記錄的一些海豚的各種聲音。他播放其中一條音軌，他說明這聲音裡是一連串快速連發的短瞬爆音，喇叭此時放出像是人類的派對口哨和機關槍射擊的連發音。他繼續解釋：「所有你聽到的聲音，都來自一隻海豚，**只有一隻**。」

海豚和其他鯨豚類動物使用這些豐富複雜的聲音，作為聲納探測的音源，並以回聲定位。這些聲音和幾年前穿透斯格諾那身軀、抹香鯨所發出的咔嗒聲很相似，只是聲音強度比較弱一些。

斯格諾那繼續說明：「要理解鯨豚的回聲定位，你必須先理解聲納技術的概念。」

一套最簡單的聲納系統，是由一組水下音源和水聽器（水下麥克風）所組成。首先，音源發出脈衝聲，這道脈衝聲在水下傳播，直到此聲波撞擊到物體，在物體表面形成反射聲波，即我們所說的回聲。水聽器接收到回聲後，只要量測聲波在水中往返所耗的時間，這套系統就能計算出音源與水中物體的距離、移動速度和方向。以上就是聲納系統最核心的概念。

一套複雜的聲納系統，會在廣闊的空間內部署幾十個水聽器，當音源發出探測用的脈衝聲波後，幾十個同步的水聽器將各自接收回聲，這些回聲抵達的時間都略有不同。系統綜合大量水聽器的數據，不僅能計算距離，還可以描繪出物體的形狀和深度，重現水中物體的立體形貌。

海豚和一些種類的鯨魚，頭部內存在相當於數千、甚至上萬個水聽器。當鯨豚類發出一聲咔嗒，這道脈衝聲穿過海水，撞擊物體產生回聲，鯨豚利用位於下頜底部的脂肪囊接收回聲，這種脂肪囊為鯨豚提供了數千個感測器的數據，而不像我們只靠兩個耳朵

抹香鯨會向外界發出咔嗒聲，藉由回聲觀察水下的世界，這是一種回聲定位的方法，類似人類的聲納技術。「鯨魚和海豚區域數據庫」的發起人法布里斯．斯格諾那認為，這些聲音不只是用來偵測海底的地形地物，聲音裡還包含著某種編碼語言。他手做打造了環繞式水聽器（水下收音器）並結合攝影機，用來研究抹香鯨的聲音以及行為。

接收聲音。大量的回聲數據，令鯨豚不只可以探測周遭環境地形，還能知道與其他生物的距離、形狀、深度，甚至能探測生物體內的構造。

目前已知海豚可以探測遠達十公里外較大的物體。牠們的回聲定位系統非常敏銳，其強度可以穿透三十公分深的沙子，甚至可以「看見」海中生物皮膚底下的構造。海豚有能力可以看見周遭動物的肺、胃和大腦。科學家們相信，海豚的回聲系統所接收到的數據量，足以高解析度地重構生物的裡裡外外。本質上，海豚和其他鯨豚類動物都具有透視眼。

強大的回聲探測系統，不僅僅只是滿足生物對周遭環境的好奇心，對於鯨豚類動物而言，這攸關在海中的生存。大海有百分之九十的區域，長年以來都是純粹的黑暗無光，即使是靠近海面的淺處，在夜裡也依然是無光的環境。為了適應這種低照度的環境，一些海洋生物進化出敏銳的雙眼，部分生物則用生物發光的機制照亮自己，鰩科和鯊魚則利用電磁感應在黑暗中偵測周遭資訊，而鯨豚則進化出具有非凡的回聲定位能力。

這套特殊的「感官」並不只限於海洋鯨豚。陸地上的蝙蝠，從五千萬年前開始具有回聲定位的感官，牠們能藉著回聲定位技術適應黑暗環境。而人類其實也進行了數百年甚至可能上千年的回聲定位。

十八世紀中期，法國哲學家德尼·狄德羅注意到人類疑似具有「盲視」能力。大約一個世紀以後，在一八二〇年代，一位英國盲人冒險家詹姆斯·霍爾曼被稱為盲人旅行者，他使用自學的回聲定位方式環遊世界。大眾對此抱持懷疑的態度，霍爾曼和其他關於人類具有回聲定位的例子，質疑的人們認為他們還保有一定程度的視力，或者可能只是使用一種稱作「面部視覺」的效應，即當有物體靠近人的臉部時，臉部的皮膚會有壓力感。一九四一年，康乃爾大學的心理學家卡爾·達倫巴哈對此做了一系列實驗。

他找來一群盲人，讓他們走向一堵牆。他要求這些盲人如果自認為可以感受到牆壁的存在時，舉起左手臂；如果在行走過程中感受到即將撞上牆壁時，請舉起右手臂。他所招集來的盲人，能成功地在距離幾公尺外感受到牆壁的存在，而且能持續靠近直到剩幾吋的距離停下來避免撞上牆壁。之後，達倫巴哈再招集了一群視力正常的人，將這些人的眼睛蒙住，重複一樣的實驗，實驗結果證實視力正常的人與盲人一樣能準確地感知牆壁。

下一階段，達倫巴哈改變方式，讓受試者走在鋪有地毯的路徑上，實驗助理會隨機地以木板擋住去路。經過三十幾次的試驗，無論是視力健全的人或是盲人，都能穩定地察覺板子的存在。達倫巴哈進一步將毛氈帽蓋住受試者頭部，再進行相同的測試，以此阻絕受試者利用面部視覺的效應感受環境，實驗結果發現這些被蓋住頭部的受試者，也能同樣感知木板和牆壁的存在。達倫巴哈根據他的實驗結果，認為人類有某種類似回聲定位的第六感，而且排除這是來自面部視覺的效應。

在留尼旺島，斯格諾那為我仔細地介紹回聲定位的觀念。幾週後在洛杉磯郊區，我和世界上最頂尖的回聲定位者布萊恩・布施威（參見QR Code）一起在街道上散步。我們當時正前往他所選定的餐廳吃午餐。走在路上，他直接從嘴裡發出一聲尖銳且短促的咔嗒聲，並且馬上指出右邊有一條空車道，左手邊停著一台餐車，並說明前方的轉角處有一排灌木叢。他再朝另一個方向發出類似的聲音，告訴我剛剛我們經過的房子很迷你，上頭還覆蓋著灰泥，而馬路對面的房子有很大的八角窗，前方公寓大樓底下的草坪急需園丁好好整理了。我們走到人行道盡頭時，布施威停了一下，接著帶我走過兩輛停下來的汽車旁，沿著路邊走向街道另一側的人行道。我們經過轉角向右轉，布施威再次發出脈衝音進行探測，接著他帶我穿過一座擁擠的停車場。他告訴我，要去的那間古巴餐廳就是要走這條路。我跟著他進入餐廳，這是一家擁擠的餐廳，服務生領我們到角落的位子，為我們遞上菜單。布施威連看都沒看就直接放下菜單，讓我幫他點菜。他沒辦法讀菜單，甚至看不到菜單，因為他是盲人。

我是從YouTube串流影片知道布施威這個人。影片中，他騎著越野自行車沿著泥濘小徑疾馳，敏捷地避開樹枝、灌木和岩石，騎下一段陡峭的階梯。接下來的畫面是他沿著一條河慢跑，穿過一個九尺寬的泥坑。另一段影片是他穿過一座公園，靠近一棵樹，然後俐落地爬上樹。

布施威擁有肌肉發達的身形和一頭捲髮，他告訴我大約在十四歲時漸漸失去視力。有一天，他再也無法辨認學校黑板上的字跡。幾週後，在打曲棍球時，他找不到冰球，也漸漸地難以辨識出他的朋友。即使是換了隱形眼鏡，視力也沒有起色。直到有一天他醒來，視野中的一切都變成明亮的白色，他的母親趕緊將他送往醫院。一位醫師先試著為他進行散瞳，接著再將燈關掉，對他進行例行性的測試。

布施威將餐紙巾鋪在腿上並說著：「從此我的人生中，燈光就不曾再亮起來了。在那之後，我記得我和母親走出醫師的辦公室，我問母親：『太陽出來了嗎？』」

太陽當然是出來了，布施威有生以來第一次看不見再尋常不過的日光，從那天開始，他再也看不見任何東西了。

後來醫師診斷布施威罹上一種罕見疾病導致視神經萎縮，疾病破壞了雙眼的視神經。回到家後，他接下來幾個月的時間裡感到極度無助。醫師建議他採取組織切片檢查，透過進一步的檢查確認這樣的疾病是否具有遺傳性。外科醫師為了取得切片，剃掉他半邊的頭髮，切除一部分頭骨，將他的大腦挪到一邊，並切除了一部分的視神經。經歷這場大手術後，他的大腦留下了疤痕組織。他開始癲癇發作，醫師只好投以抗癲癇藥物，但副作用令他極度暈眩和不斷地顫抖。他說：「我當時很不舒服，只能坐在沙發上，聽著電台談話或是錄音帶上的有聲書。」當時他一整天最開心的事情，就是由母親開車載他去得來速買一份餐點回家吃。

在失明了幾個月後，布施威重新回到學校。以前，他能夠很開心地過著自己想要的生活方式，積極並且獨立。可是現在，在校園裡，他需要一個成年人隨時在他身邊引導他。他不能再運動，不能自己走路，也難以和朋友來往。他自覺是一個被拋棄的人，在人群中感到完全孤獨。他很害怕將以這種方式度過自己的餘生。

幾週後，有一天他站在學校的院子裡，他突然感覺到前方有一些東西，他能分辨出那是一根柱子，他的注意力漸漸擴展開來察覺到旁邊還有幾根柱子。他說：「我發誓我沒有碰到它們，那幾根柱子就在離我一．五公尺外，但我真的能看到它們，我能數出周遭有幾根柱子，就像第六感或甚至像是一種魔法。」

布施威很快又開始騎滑板車、打籃球和溜直排輪。他還加入一個越野自行車隊，快速地穿梭在狹窄的原野山徑中。他的視力沒有恢復，視神經的損傷在醫學上是不可逆的。但在他體內有一種感官突然啟動，某種未知的感官能力突破了已喪失的視覺，讓他能夠再次「看見」。憑著這種感官，現在的布施威能夠指出九十公尺外停車場裡的一輛車，告訴你人行道對面的樹幹寬度，隔著餐桌區分是魔術方塊或是網球。

布施威意外察覺幾公尺外的柱子後，時隔幾週，他在一場盲人學生的午餐聚會中認識了丹尼爾・基希。基希從一歲開始就喪失視力，經營名為「盲人探訪世界」的非營利組織，旨在透過程序教導盲人使用基希開發的「快閃聲納」回聲定位系統，這能大大幫助盲人改善生活品質。

快閃聲納並不是特殊的設備，使用它所需要的工具早已存在人體內。基希解釋，布施威在學校院子裡看到柱子的能力，並不是什麼「魔法」。在過去的五千萬年裡，海豚和鯨魚在黑暗的海洋中航行時，就已經開始使用回聲定位，這和布施威之所以能看到柱子是同一種能力。人類一直都具有在黑暗中「看見」的能力，只是我們大多數人忘記如何使用這個技能而已。

回到古巴餐廳，我看到布施威從嘴裡發出一聲清脆短瞬的咔嗒聲，停頓了一秒，接著就伸出手越過桌子拿起一個水杯。當我們用餐結束付完帳後，布施威又再次發出相同的聲音，然後從座位站起來。當他帶我走出餐廳、穿過停車場、走在人來人往熱鬧的人行道時，也同樣持續性地發出探測音。我們走回到他居住公寓前的人行道時，他還停下來提醒我注意自己的腳步並帶我穿過前門。

現在是我要上第一堂「快閃聲納」課的時候了。布施威帶我走到他的客廳中央，與他肩並肩站著。他把舌頭頂在上顎，接著用力往下彈舌，使舌頭彈到下排牙齒後方，發出一聲清脆的探測音。他靜靜聆聽回音，利用回聲確定周圍事物的形狀和距離。

例如，距離他僅一公尺的牆所反射的回聲，比更遠的牆還要快。不同的物體聽起來的聲音也會有差異，這取決於它們的結構和材料。布施威解釋說：「如果某樣東西看起來很軟，那麼它所反射的聲音**聽起來**也會很軟。」例如，木牆會吸收更多的聲音，因此木牆的回音會比玻璃門更柔和。布施威敏銳的聽覺可以察覺這些微小的差異。*

他彈了舌頭，發出一聲咔嗒，然後很順暢地穿過客廳，走進廚房，彎下腰拉開其中一格抽屜，取出砧板。他又發出咔嗒聲，快步走到離我不到六十公分的地方，停下腳步後，他將砧板放在離我的頭左側有一隻手臂遠的地方，接著用眼罩蒙住我的眼睛。

布施威說：「現在發出咔嗒聲！」我馬上跟著照做，將舌尖由上往下拍打，發出彈音。此時我的眼睛仍然被蒙住，我能聽到布施威走到我的右側，他舉起砧板（雖然我看不見）並要求我再發出探測音，我立即感覺到回聲的不同。就這樣練習了幾分鐘後，我已經可以在大約兩公尺的範圍內，辨認出在房間不同地方隨機變換的砧板位置。

我摘下眼罩，在這麼短的時間內就能感受到成效，使我信心倍增，但布施威開玩笑地提醒我不要太自滿，五歲的孩子也能做到我現在的水準，而且可能還做得更好。

他提到了一項在西班牙進行的研究，研究人員招募了十名視力正常的志願者，並為

* 當人類嘴裡發出用以探測的咔嗒聲後，這道聲音即以每秒三百四十公尺的速率向外傳播，直到撞擊物體後反彈，人類以雙耳收聽這道迴音，大腦再藉此訊號建構物體圖像。這樣的操作僅耗時千分之幾秒。

他們進行兩堂培訓課程，教導他們快閃聲納的基本技巧與知識，每次上課時間可能不到一小時。培訓課程結束後，學生們被請到一個十五平方公尺的空房間裡，為了模擬真實世界的情境，房間背景裡還播放著白雜訊噪音與類似回聲的干擾音。僅上過短期培訓課程的志願者能夠在大約九公尺外就探測到牆壁、木板和平面顯示器等較小的平面。志願者在房間內四處走動時，總能在距離牆壁五十公分的地方停下來而不會撞到牆。二〇一一年，一群加拿大的研究人員，邀請基希和另外一名也熟悉快閃聲納技術的盲人參與研究，研究人員透過功能性核磁共振造影觀察他們，記錄當他們使用快閃聲納技術時他們大腦中的活動情形。接著，研究人員帶來兩位視力健全且完全不懂快閃聲納技術的人作為實驗對照組，讓他們在接受功能性核磁共振造影時也模仿盲人發出彈舌音。研究人員比較盲人與一般正常人的掃描結果，他們發現當盲人在操作快閃聲納技術時，他們的大腦皮質負責視覺的功能區塊會亮起來；而視力健全的對照組，雖然在核磁共振的觀察過程中也持續性地發出類似的探測音，可是他們腦中的視覺區塊並沒有特殊的活動跡象。

這項研究結果顯示操作快閃聲納技術的盲人，雖然以聽覺接受回音，但在大腦裡卻是以視覺型態處理訊息，這和我們使用視覺的方式高度相似。回聲定位正是利用回聲來看見周遭事物。

哺乳類動物潛水反射、磁感，這些功能是潛伏在我們體內的，平日的我們無法察覺自己擁有這些特殊能力，我們不清楚它們究竟有沒有在運作。然而，人類的回聲定位是很清楚的——我們可以有意識地**聽到**它的效果，並「看見」成效。只要透過一些練習，任何聽力正常的人都可以被訓練出這種非視覺的感官。

布施威現在和基希合作，在盲人探訪世界基金會中擔任講師。在過去的五年裡，他幫助了來自十四個國家的五百多名盲人學會快閃聲納。布施威說：「當你失明時，盲人組織會有人來協助你，給你一根手杖和一條狗，教你怎麼從家裡去郵局和餐館，然後你就會回家了。快閃聲納技術能讓盲人獲得完全的自由。」

布施威要求我重新戴上眼罩，他引領我走向屋子的前門。等我準備好後，他為我打開前門，彷彿帶我潛入海洋最深處漆黑無光的世界裡。我站著不動，靜靜等待我的耳朵適應眼前這座夜間城市的聲音。慢慢地，洛杉磯逐漸進入聽覺的對焦範圍內，城市的輪廓重新浮現，比我過去所「聽見」的洛杉磯更加清晰、豐富。

「現在，」布施威告訴我：「發出咔嗒聲！」

在布施威的協助下，我認識到了人類也能像鯨豚類動物，利用咔嗒聲及回聲來感知環境、探索世界。斯格諾那相信鯨豚可以利用這些聲音彼此溝通。

回到留尼旺島斯格諾那凌亂的辦公室裡，斯格諾那透過他的電腦向我展示鯨豚的錄音紀錄，向我說明鯨豚類動物可能不僅僅使用聲納技巧，他進一步認為這或許是鯨豚溝通的方式。斯格諾那告訴我關於鯨豚的回聲定位討論就到這裡，鯨豚以聲納技術在黑暗的海底中探測環境，那是大家都已經知道的事情了。現在，他想告訴我為什麼他邀請我和一群科學家、自由潛水與研究人員來留尼旺島度過這一週。他有一些新的發現想先讓我看，他關閉電腦上原本播放的錄影檔，再開啟另一個檔案。他要帶我更仔細地探討鯨豚類動物在水中發出的咔嗒聲。

斯格諾那指著螢幕，要我觀察兩個音檔的頻譜：「我想讓你看看，它們有多麼地協調。」螢幕上秀出兩道頻譜，這是被稱之為「哨聲」的海豚發聲。這兩張頻譜分析所產生的特徵讀數完全相同。哨聲的型態是非常精確的，每個特徵波形具有完全相同的週期，時間間隔的準確度達到毫秒等級。

斯格諾那認為，鯨豚用來探測環境的咔嗒聲與哨聲，都是一種複雜的交流方式的基礎。他再播放另外兩個海豚哨聲，其頻譜分析結果也和之前的兩個相同；海豚可以一遍又一遍地以精準的頻率和長度重複著這些哨聲。進一步分析，發現牠們會在典型的哨聲中添加細微的變化，重複發聲多次，接著再做細微的改變，重複這個過程很多次。斯格諾那認為哨聲模式是鯨豚使用的語言。他打趣地說：「你知道嗎？這和你的狗亂吠是不一樣的事。」

二〇〇八年時，斯格諾那進行了首次的實驗。斯格諾那將海豚哨聲下載到一支防水手機裡，並與當年僅十二歲的女兒摩根乘坐動力艇沿著留尼旺島的海岸線航行。航行一個小時後，野生的海豚群靠近了他們的船，斯格諾那負責手持水下攝影機，而摩根抓著防水手機，兩人一起跳入海中。當海豚距離他們父女只有幾公尺時，摩根照計畫按下手機的播放鈕。

斯格諾那說：「我們嘗試對海豚釋放牠們聽得動的訊息，這就好像是有一隻野生海豚突然冒出水面，用我們人類的語言打招呼說：『哈囉，詹姆斯！』只是我無法確定我們播放的訊息到底是對牠們說什麼，也許是對牠們說『哈囉』，或是，也可能是告訴牠們『去你的』！」

當摩根在水中播放事先錄製的海豚哨音時，突然有一隻野生海豚停了下來（斯格諾那將這隻特別的海豚命名為呱呱），仔細打量了他們一遍，並在游走之前，用一連串尖銳的哨聲回應他們。眼見牠即將離去，摩根調高手機音量，再次按下播放鍵，呱呱這時候再次停了下來，轉過身來對他們重複了剛剛那一連串尖銳的哨聲。

斯格諾那描述這一段時往事時，興奮地說：「呱呱真的以為我們在和牠對話，彷彿我們學會了牠們的語言！」

在接下來的幾個月裡，當斯格諾那駕駛著動力艇出海時，呱呱經常會找到他的船，主動靠近他並開始發聲，就好像要接續上次見面時的談話。

斯格諾那告訴我，在大群體中，海豚會用特定、極其詳細的標誌性哨聲來表明自身，就像人類都有自己專屬的姓名一樣。母海豚通常會連續幾天向新生兒發出特定的哨聲，部分的海洋生物學家認為這是母海豚為新生嬰兒取名的方式。海豚在接近其他同類時，會使用這些精密的哨聲來自報身分以協助對方識別自己。當牠們與人類接近時，也會用這種方式報上自己的姓名。斯格諾那解釋：「當時呱呱聽到摩根手機裡傳來一陣哨聲，呱呱立即回覆了牠自己的姓名，牠是在對我們做自我介紹。」

去年，斯格諾那創造了屬於自己的標識哨聲，他打算用那段哨聲向海豚介紹自己，那將是斯格諾那在海豚世界中的名字。這段哨聲在設計上有相當的巧思，斯格諾那雖然模仿野生海豚的哨音，可是他在設計時加入了一些破壞，產生了一段非常特殊的哨聲，這是過去從來沒有海豚發出的哨聲模式，斯格諾那做這樣的設計，目的是希望日後如果有海豚學會了他的姓名（海豚名），並且向他說出來時，他可以從錄音紀錄中區別出這段奇特模式的哨聲。目前記錄到的所有海豚哨聲，都是平滑的聲波形式，而斯格諾那打造的哨聲在聲學中非常刺耳，是一種尖銳的方形波，這樣奇特的聲音過去從未出現在海豚的聲音紀錄中。

他乘著動力艇出海，在沿海找到一群海豚並且對牠們播放精心設計的哨聲。斯格諾那告訴我：「我第一次播放哨聲時，牠們非常、非常地感興趣，可是並沒有立刻模仿我的哨聲。」經過六個月後，有一回斯格諾那在水中收錄另一群海豚的哨聲。他將收錄到的聲音帶回辦公室分析，他發現這群海豚裡有十隻所發出的哨音，竟然都添加了他當初設計的方形波訊號。

「我設計的哨音，被牠們模仿並使用在牠們的語言中！」斯格諾那說。他描述這種感受，就像是西方人深入中國內地某個遙遠村莊，發現村莊每個人都知道你的姓名。

與其他動物相比，鯨豚類動物的大腦體積比例異常的大，而且也相對較複雜。例如，瓶鼻海豚的大腦就比人類的大腦還要大上約百分之十，而且構造上在許多方面都顯得比人類大腦更複雜。像是海豚大腦中的新皮質——在大腦中的功能是執行高階思考與解決問題——以比例來說，比人類的新皮質要更大。斯格諾那曾經在大學期間加入大腦研究實驗室數月之久，他認為海豚具有較大的新皮質在生物中是一件不尋常的事，他相信海豚和鯨豚類動物非常聰明，能夠進行複雜的交流與溝通。

海豚沒有聲帶和喉嚨結構，因此牠們永遠都不可能以聽起來像人類的語言發聲，而是透過嵌入頭部的兩個迷你的口狀結構發聲，這是在過去漫長的演化史中，由鼻孔退化後所遺留下的結構。海豚可以彎曲這些被稱為「語音嘴唇」的鼻腔通道，形成類似人類控制發音的嘴唇，能產生非常豐富的聲音如哨聲、脈衝音、咔嗒聲。多年來，科學家們遺漏了許多海豚所發出的聲音，因為那些聲音處在人類聽不見的頻率範圍裡。海豚的發聲頻率範圍從最低的七十五赫茲到十五萬赫茲，而一般成年人類講話的主要頻率範圍大約介於八十五赫茲到三百赫茲之間，儘管人類的發音伴隨著可能高達兩萬赫茲的泛音，但仍遠遠不及海豚，海豚發聲所使用的頻帶已超出我們熟悉的範圍。科學家能夠發現海豚以如此高的頻率進行交流的唯一方法是記錄這些聲音，然後在電腦中進行頻譜分析，適當地將這些聲音訊號降頻處理，才能進入人耳聽得見的範圍內。當研究人員這樣做時，這些哨聲和咔嗒聲的聲波可以類比為人類文明早期使用的象形文字。

斯格諾那意識到以目前累積的數據以及研究手法，如果做出這些語言學的推斷，在嚴謹的科學檢視下都太過牽強附會。他決定改變方式，才不會走向他稱為「新時代胡說八道」的死胡同。於是他將所有收集來的數據都分享給該領域裡知名的研究人員進行分析；所有鯨魚和海豚區域數據庫發表的研究成果也會一如科學界的慣例，經歷嚴格的同儕審查。「這才是正統的科學。」他說。

斯格諾那對自己苦心收集到的數據以及分析結果，採取正統的防衛是很合理的，畢竟他希望這些成果能被主流科學所接受。在他之前，這個領域已經有一長串的其他研究人員不計毀譽、甚至被人視為失去理智執著地投入心血，試著破解鯨豚的語言密碼。在這些人之中，最有名的莫過於神經學博士約翰．坎寧安．利利，他是研究鯨豚語言的始祖，職業生涯始於美國國家心理健康研究所。

一九五八年，他進行了首次的海豚實驗，利利錄製了海豚之間所發出的咔嗒聲與哨聲對話，他事後將這些聲音以慢速播放。他試著調整各種播放的頻率和速度，而放慢的標準是盡可能讓陸地上的人類能在空氣中聽清楚。他發現，如果放慢的比率達到四．五比一，就能讓海豚的哨聲匹配人類在陸地上所聽到的尋常聲音。這是一個令人印象深刻的發現，因為聲音在水中的傳播速度是空氣的四．五倍。這不是一項巧合。利利寫道：「海豚使用的溝通頻率，如果根據水的密度進行修改，會與人類在空氣中說話的確切頻率相匹配。」當他以這種較慢的速度播放海豚的聲音，它們聽起來與人類說話的聲音驚人地相似。利利得出結論，海豚的語言實質上和人類的語言相似，但因為生活在水中，所以牠們發聲的速度比人類快上許多，快到我們難以理解。在那年晚些時候，利利將他的發現在舊金山舉行的美國精神病學協會會議上發表出來，立刻成為國際頭條新聞。

在一九六〇年代初期，利利在美屬維京群島的聖托馬斯島建造了一棟兩層樓的大型研究院，裡頭包含了一座裝有三萬加侖的海水游泳池，辦公室與實驗室緊鄰在周圍。他將這座建築物命名為「通訊研究所」，它唯一的目的，就是破譯鯨豚語言。

一九六一年時，利利更進一步與當時著名科學家卡爾·愛德華·薩根及諾貝爾獎得主梅爾文·埃利斯·卡爾文一起加入了名為「海豚會社」的神祕組織。這個組織的終極目標是與外星生命溝通，而他們第一階段的目標是破解海豚的語言密碼，組織成員們會戴著瓶鼻海豚徽章，他們開始著手試驗，並且以編碼方式通訊。薩根多次前往利利的通訊研究所，協助利利設計實驗與測試方法。

在一項實驗中，利利將兩隻海豚分別獨立關在建築物兩端的水池裡，每一個水池中都有水聽器與喇叭，這兩個水池能透過水聽器與喇叭傳遞聲音，類似一種水下對講機的系統。每個水池中只有一隻海豚，利利則在辦公室裡觀察牠們。當利利開啟對講機後，水池裡的海豚就會開始發出一系列的哨聲與咔嗒聲彼此溝通。由於實驗室的水池只比受試海豚的身體大上幾十公分，而且與另一隻海豚的溝通僅能透過對講機系統，因此海豚無法在這樣的環境條件下使用回聲定位，這樣的設計可以記錄海豚對話的聲音。

利利發現海豚的兩個發音的語音嘴唇可以分開來獨立運作，當其中一個發出哨聲時，另一個可以產生咔嗒聲，反之亦然。牠們在交談時能夠一心二用、順暢並同時產生兩種聲音。在實驗過程中觀察到，有時一隻海豚發出咔嗒聲，另一隻則發出哨聲；有些時候則是一隻海豚同時產生哨聲**與**咔嗒聲，而另一隻海豚則保持沉默。對於未經訓練的人耳而言，這些海豚音聽起來非常刺耳，但利利仔細分析牠們的錄音時，他注意到海豚的交談是井然有序的，當其中一隻海豚發出哨聲或咔嗒聲時，另一隻海豚絕不會發出哨聲或咔嗒聲，換句話說，牠們不會隨意穿插打斷對方的發音。

利利推測，海豚可以同時用兩種不同的發音（哨聲與咔嗒聲）進行交談，這相當於人類在上網聊天時，還一邊講著電話。

當利利無預警地關閉兩個水池之間的對講機時，海豚的交談被硬生生地切斷，其中一隻海豚會一遍又一遍地重複發出相同的口哨音，好像人類在講電話時突然失去訊號般說：「喂？喂？有聽到嗎？」利利對海豚的研究成果在頂級學術期刊《科學》發表。*

利利堅信海豚所使用的語言，傳遞資訊的速度比人類語言更快、更有效率，也更加複雜，但他仍然不知道該從何著手，將這些哨聲與咔嗒聲翻譯成英語。他持續進行了一

＊一九六三年，加州穆古海軍基地實驗室的研究人員，嘗試複製利利的實驗。他們找了兩隻測試海豚分別名為桃樂絲和達希。他們仿照利利的實驗設計，將這兩隻海豚分別關在獨立的隔音實驗室中，並且也架設水下對講機讓這兩間隔音室的海豚能互相溝通。研究人員記錄海豚的對話內容，並在累積一定紀錄長度後，切斷對講機。他們試著對達希播放錄音內容，將之前牠們對話時桃樂絲的部分播放給達希聽。起初，達希會做出相同的回應，達希和錄音中的桃樂絲進行相同的對話，但直到第三十二分鐘，達希突然就停了下來，不再回應桃樂絲。第二天，研究人員再次重複這個實驗，達希在相同的地方又停了下來不再回應。研究人員多次重複這項實驗，但都得到相同的結果。研究人員對這段海豚發音進行分析，他們認為最後桃樂絲發出的一段聲音所代表的意義，很有可能是「閉嘴，有人正在偷聽！」第三十二分鐘時桃樂絲發出一段具警告性質的訊息，讓達希聽到後立刻不再回應。但這只是研究人員的推測，最終無法很肯定其真實的語意。

0
-20
-90
-200
-250
-300
-750
-3,000
-10,927

陣子的對講機實驗，並且定期將研究成果發表在《科學》期刊上，這些研究成果都是通過嚴格的同儕審查才獲准刊登，具有一定的科學公信力。

然而，到一九六〇年代中期，利利開始走入偏鋒，不顧卡爾・薩根和其他成員的意願，執意進行了一系列瘋狂而且經常涉及虐待動物的實驗，他希望能夠用這種手法取得突破。他將ＬＳＤ這種迷幻藥注射進動物體內，並觀察動物的行為。他天真地認為，也許迷幻藥可以刺激這些動物使牠們突然會說英語（但迷幻藥的效果只是讓動物變得親人、愛發出聲音）。利利認為既然海豚比人類聰明得多，所以他決定教導海豚說英語，或許這樣比破解牠們的原聲語言要更容易。儘管他也明白海豚沒有聲帶，但他認為海豚靈活的發聲氣孔可以彎曲變形產生類似人類的聲音。

基於這些天真的想法，一九六五年利利啟動通訊研究所第一個海豚英語教學專案（參見QR Code）。

這是一個沉浸式教學，由研究所裡的一名研究助理瑪格麗特・浩威主持。她同意花十週的時間與一隻名叫彼得的雄性海豚朝夕相處，從早到晚和這隻海豚相處，讓海豚持續性地處在英語交談的環境中，彼得是研究中心裡特別活潑愛講話的一隻海豚。白天，瑪格麗特會給彼得上英語課程，餵牠食物和牠互動。到了晚上，她會在游泳池中央一張漂浮的塑膠床上睡覺，彼得則在她身邊悠游。

這項實驗後來發展成一場災難。瑪格麗特難以在這樣的環境中入睡，實驗室中的高濕度環境消耗她的精神，沒多久她的皮膚就開始受到感染。在剛開始的前三週，彼得漸漸變得對她展現性侵式的傾向。當她與彼得一起泡在池子裡時，彼得會將她推到池子的角落，用牠勃起的陰莖頂撞她的腿。隨著持續的相處，彼得這樣的傾向越來越嚴重。進行到第五週時，彼得對她的態度已經到痴迷的地步，以至於無法再進行英語課程。瑪格麗特最後屈服於彼得的性挑逗。

她曾描述這段過程：「我發現，讓牠靠在身上，而我伸手握住牠的陰莖時，牠似乎會達到某種性高潮，張著嘴巴、閉上眼睛、全身顫抖。接著牠的陰莖就會放鬆並縮回體內，這樣的動作可能會重複兩、三遍，之後牠的勃起才會停止，牠看起來很滿足。」

這樣的作法在一定程度上奏效了，海豚彼得重拾對英語學習的熱忱，牠發音的音調和語氣轉折都有所進步，牠可以清楚地發出簡單的單字，例如，球、哈囉和嗨。當彼得在池中獨處時，牠會主動地以「類人類」的語言說話。當瑪格麗特和實驗室以外的人通電話時，彼得會產生嫉妒的情緒，牠會藉著大聲說英語來吸引她的注意。兩人相處時，彼得仍然時常在勃起的狀態下接近她。她後來回憶時說：「彼得對我的執著，令我感到非常受寵若驚……很高興能有這麼一段被雄海豚赤裸求愛的經歷。」

最後，瑪格麗特．浩威認為彼得的英語能力有很大的進步，她當時相信如果能夠持續給予指導，彼得有可能與人類對話甚至進一步發展出自己的詞彙。這場沉浸式英語教學專案的結果，雖然在科學上還不足以形成結論，但對於當時的利利來說，他認為這些初步的結果已經足以當作證據，他認為未來十年內人類可以和海豚交談。

利利記錄道：「不用多久，海豚會透過電話遠距參加聯合國會議，海豚可以演出電視節目，牠們能表演水下芭蕾、在廣播節目中吟唱流行歌曲、參與水下工程。」儘管懷抱著這些綺麗的目標，利利的通訊研究所持續投入研究，隨著歲月的流逝，不同物種間的語言交流一直都沒有太大的進展，利利的耐心與熱情逐漸被消磨殆盡。後來通訊研究所漸漸變成了一所海豚「集中營」，一九六八年時甚至發生三隻海豚死亡的事件，利利對自己在通訊研究所的工作感到極度的羞愧，他認為那三隻海豚之所以會喪命，是因為牠們強迫自己停止呼吸而自殺。利利關閉了自己一手創立的通訊研究所，讓實驗室其他的海豚都回歸自由。

利利離開了聖托馬斯島，在接下來的五年裡，大部分時間都在一個感官剝奪艙*和K他命中渡過，K他命是一種動物用強效鎮靜劑。一九七二年，當時的美國總統尼克森簽署了《海洋哺乳動物保護法》。這項法律禁止在美國境內殺害、捕獲、騷擾、進出口、銷售海洋哺乳類動物，這項法律嚴格保護鯨豚免遭屠殺，但也禁止了科學家在美國所屬的地方（包含海域）研究野生海豚。

* 譯註：感官剝奪罐是一種充滿水、漆黑、不透光、隔音的環境。使用過程中會把水加熱到和體溫完全相同的溫度，在水中加入定量的浴鹽，人會毫不費力地浮在水面上。

「從此，接下來漫長的三十年，利利可以說是摧毀了美國鯨豚研究這個領域。」南密西西比大學、海洋哺乳動物行為認知實驗室的心理學家斯坦．庫查伊如此評論這整起事件。他告訴我：「利利一剛開始做的研究非常棒，他發表在《科學》期刊上的文章很精彩，也足以信賴，但他最後墮落到深淵裡了。」

這是我再次來到留尼旺島的第四天，大約早上六點半，我和庫查伊站在碼頭旁一塊雜草叢生的地方，在我們身後的是兩個生鏽斑駁的貨櫃，這兩個貨櫃就是「鯨魚和海豚區域數據庫」的分支辦公室和這次研討會的會議中心。會議在兩個貨櫃圍起來、上方撐著塑膠防水布遮陽的中央陰涼處舉行，討論區除了擺了幾十張造形不一的陽台坐椅之外，還搬來兩個木椿充數。而在座位區的中央，平放著一張舊門板，底下用牛奶箱當桌腳，上面鋪著大垃圾塑膠袋當桌巾，這就是我們這次研討會主講者演講的地方。假如與會的人餓了，可以就近在旁邊將速食麵放入容器裡以微波爐加熱，一切都採自助式。

庫查伊長得有點像搖滾巨星湯姆・佩蒂，研究海豚的行為和溝通方式已經長達二十五年之久，他被公認是這個領域的頂尖科學家。他來到留尼旺島的部分原因正是美國禁止研究野生海豚，但真正吸引他的是斯格諾那所擁有的野生海豚和抹香鯨影音紀錄資料。庫查伊評論斯格諾那所完成的大量鯨豚影音紀錄是「卓越不凡的成果」。

每天早晨，庫查伊和其他成員都會聚在這裡喝咖啡、吃羊角麵包，然後我們會出發沿著留尼旺島的海岸線兜風，在海面上搜尋鯨豚的蹤影。假如發現野生鯨豚出沒，我們會立刻停下來並且跳入海中，大家用各式各樣的攝影、錄音設備盡可能地捕捉鯨豚的行為與交流。大約接近中午時，返回拉波塞雄港，將剛剛錄製的內容透過斯格諾那的筆電播放，互相分享數據。每天晚上，一位科學家會站出來向小組介紹新的研究成果，將這些分享回饋給斯格諾那，對他在接下來幾年破解鯨豚語言的計畫做出貢獻。

儘管庫查伊非常懷疑人類真的有朝一日能與鯨豚溝通，但他確信如果這件事真的發生，那也不會是透過我們人類的語言，而是必須用鯨豚**牠們**的語言。

他提到了一項著名的「種間研究」。一九七一年一隻名為可可的雌性西部低地大猩猩，她出生在加州的舊金山動物園，學會了美國手語系統中的一千個詞彙；另一隻名叫坎茲的雄性倭黑猩猩，在一九八〇到一九九〇年代，學會了超過三千個英語單字。

庫查伊說：「可可或是坎茲也許能聽得懂一部分我們說的，但實際上牠們對於我們的口語理解非常有限。」他又補充說，研究人員不確定像是可可或是坎茲這樣的大猩猩或黑猩猩，是否能夠透過聲音與同類溝通，更不用說要與其他物種溝通了。如果牠們不以聲音做交流，那麼研究人員一直在嘗試教可可和坎茲的不僅是英語，而是口頭溝通——這是一個巨大的躍進。

然而，有趣的是，像海豚這樣的生物，牠們在同類之間的交流本來就已經是透過非常豐富的聲音來達成，庫查伊認為，如果人類要與動物做交談，斯格諾那現在進行的工作就是一個很好的起點。

。。。。。。。。

今天，在斯格諾那這次舉辦的研討會的倒數四天，眾人依然過著相同的模式。在一大早天亮之前就必須起床，拖著還沒完全清醒的身體爬上動力艇，出港沿著留尼旺島的海岸線搜索鯨豚的出沒，時間長達六到七個小時。但什麼也沒發現，我們返航回到碼頭吃午餐。午餐後接著是下午的研討會會議，接著是晚上的討論會，結束後各自開車回住宿處，結束這一切後，大約只剩下五個小時的時間可以睡覺，接著隔天又再重新跑一次同樣的流程。

到了週間，我已經開始害怕一大早還在半夢半醒之間就聽到斯格諾那來敲門的聲音。在任何環境下，過度的疲勞都是令人不快的。在這個度假勝地的熱帶島嶼上，我們這樣努力工作簡直是一種犯罪。庫查伊和其他成員都希望可以有幾天放鬆一下，讓大家放個小假，有點空閒的時間逛逛留尼旺島，但在斯格諾那的監督下，這種事情不會發生。在我們眼前，總是有太多的工作要做，時間總是不夠用。

在研討會的第五天，我五點二十分就醒來，在一片黑暗的房間裡跌跌撞撞，找到我的泳衣，並將水瓶、防曬乳和筆記本一股腦兒全部丟進背包裡，匆忙地趕在斯格諾那不耐煩地按喇叭催促之前，跑進我租的汽車上。

在這一天，我們開始走運了！大約在上午十一點時，我們距離拉波塞雄的海岸線數公里處，斯格諾那突然大喊：「有海豚！大家抓緊自己的裝備，準備下水。」

想要和野生海豚一起在海裡游泳，你需要耐心和毅力。斯格諾那告訴我們，大約只有百分之一的時間能遇見牠們，而且遇見牠們以後，牠們願意靠近你的機率也僅有百分之一。也許他過度誇張地形容這種事情的機率，但我明白他要說的重點：這樣的研究是一項很艱苦的工作，而且所能得到的回報很少。

他在動力小艇的引擎聲中對我們說：「你不可能接近野生海豚，你必須讓海豚選擇願意接近你。」如果用動力艇高速追逐牠們，你最多只能從遠遠的距離匆匆一瞥牠們的蹤跡，如果你貿然跳入水中，牠們會被嚇到並且用極快的速度下潛到大海深處。你必須有耐心地以四十五度斜角非常緩慢地接近牠們，讓牠們有充分的時間可以觀察你，並且決定是否和你有進一步的互動。

斯格諾那指示我和搭檔庫查伊戴上面鏡，此時我們距離海豚群大約還有三百公尺的距離。

斯格諾那讓來自巴黎的一位研究助理凡妮莎接掌船舵，他自己拿起了水下攝影設備並輕聲地說：「好，我們下水吧。」斯格諾那轉頭過來向我確認：「你會在我後頭，對吧？」我點點頭後，斯格諾那就輕巧無聲地滑入水中，下水後他就開始往前游。海豚群未被驚擾，牠們正在緊追一群與我們航行方向平行游動的魚群。

對海裡的其他魚類，海豚是海洋裡的凶猛獵食者。斯格諾那曾經在船上目睹一群野生海豚用非常高的速度包圍一群體長一．五公尺的鮪魚群。海豚群先是環繞著鮪魚以高速游泳，在速度的作用下海豚前方尖尖的鼻子宛如水中的矛尖，從鮪魚體側穿刺而入。那一片海水很快就布滿血跡，海域顏色轉變成一片紅棕色（那一次，斯格諾那依然下水並拍到了一些珍貴的鏡頭）。

現在海中沒有鮪魚群，至少我們還沒看到，海豚只是追逐著一般體形的魚群。我和庫查伊隨後也穿上蛙鞋、戴上面鏡潛入水中，我們入水處就在海豚群的前方。

因為海中突然出現一大群人會導致海豚過度緊張，所以我們分成兩組人，我和庫查伊一組，而另一組是斯格諾那與當地的一名自由潛水員，兩組略為保持距離，讓野生海豚自己選擇要靠近哪一組。假如牠們不願意接近我們，直接穿過我們之間朝遠方游去，我們也無法追趕牠們，我們必須尊重牠們的選擇。

我把頭抬出水面看牠們，此時牠們與我的距離已經拉近到僅六十公尺，牠們持續朝我們靠近。

斯格諾那示意要我們停下來，在原地保持不動，平靜地等待牠們，不能透露出一絲絲的威脅氣息。

我和庫查伊漂浮在水面上等待時，斯格諾那距離我們大約十五公尺，他持著水下相機輕巧地潛入六、七公尺的深度，他也已經就定位，準備用不同的角度捕捉海豚接近我們的畫面。我在水中看不到牠們，今天海水的能見度大約只有三十公尺，這樣的能見度對於留尼旺島海域而言是很差的。我們和海豚的距離已經很近了，在水中可以聽見海豚的聲音，牠們密集地發出一連串的咔嗒聲，簡直就像是水中有一百位打字員正在全速敲打舊式打字機。這種綿密刺耳的雜音就像人類都市裡不和諧的噪音，我從未想像大自然裡也會出現這樣的聲音。

我只管靜靜地趴在海面上，頭埋在水下，聽著四面八方傳來的咔嗒聲。我意識到此時雖然我見不到任何一隻海豚，但是牠們正在能見度之外注視著我。我在水中所聽到的每一咔嗒聲都會撞擊我的身體並且反彈回到海豚身上，持續密集的咔嗒聲在牠們的大腦中產生上千張的快照，描繪出我們的模樣。

今天與牠們的相遇維持了數分鐘，接著咔嗒聲逐漸轉弱，牠們光滑的背部在海面上

0
-20
-90
-200
-250
-300
-750
-3,000
-10,927

朝向遠方的海平面游去，我們望著牠們消失在海中，接著轉身踢回船上。

斯格諾那一邊忙著重新啟動動力艇的引擎，一邊說著：「今天牠們不打算和我們一起玩，牠們一定是很餓了。明天吧！明天我們一定能夠再遇上牠們。」斯格諾那很正面地看待這樣的處境，他沒有任何一點失望的情緒，我也不覺得沮喪。今天的我有了一項收穫，我終於親臨鯨豚的回聲定位，沉浸在牠們神奇的咔嗒聲域裡。

今天是星期天，是我在留尼旺島的最後一天。我和斯格諾那坐在我出租公寓前陽台的大木桌旁。這座出租公寓的周遭已經呈現半荒廢的雜亂，在我們左側走上樓梯階梯後可以看到一座荒廢的游泳池，周遭的水泥地板上覆蓋著潮濕的落葉，四處積著厚重的塵土和一灘灘宛如深褐色咖啡的濃濁油水。一台廢棄的泳池清潔機器人，破碎的外殼和糾纏的纜線躺在乾涸泳池的底部。緊靠著游泳池的房子有一扇灰塵厚重的窗戶，透過陽光照射，從外頭可以清楚看到裡面堆滿了沙發、桌遊、衣物和一些舊垃圾。在這間屋子後方，走上年久失修、裂開的樓梯，就是斯格諾那凌亂的辦公室所在。這整個場景，看起來就像一個以熱帶為主題的《灰色花園》*。當斯格諾那在會議後的夜晚要找我談話時，不得不踮起腳尖穿過廢墟，來到我的房間會面。

當我十天前初抵留尼旺島時，斯格諾那向我提到他在鯨豚類的「哨聲與咔嗒聲」的研究中有重大的發現，但他當時沒告訴我細節。接下來整週的時間，我不時纏著他想了解他所謂的重大發現，只是研討會開始後一切都很緊湊，再加上還要經營自然星球餐廳並同時照顧三個小孩，他實在忙到沒有時間和我好好細談。今天我們終於又能安靜坐下來。就在我要離開去機場的前兩小時，斯格諾那告訴我他準備好了，要對我分享重大發現的具體細節。

斯格諾那反覆說了幾次：「聽起來真的很瘋狂！」這似乎是他很喜歡講的一句話。斯格諾那在說之前再次提醒我：「剛開始會很難理解，但你要有耐心聽我說完。」

斯格諾那認為，現在科學界已經知道海豚會透過獨一無二的哨聲作為自己在群體中的身分識別，而且每個群體都有專屬的「方言」，讓這群海豚在與不同群體相遇時，可以表達牠們來自哪裡以及和誰一同在海中旅行。這是目前科學界已知的事。至於鯨豚透過咔嗒聲以回聲定位探索周遭環境，但牠們是否同時以這種咔嗒聲作為某種高等語言進行溝通？這是目前科學界仍未知的一個謎團，斯格諾那經營「鯨魚和海豚區域數據庫」其中一個目的，就是想要解開這個謎。

斯格諾那大膽地猜測，鯨豚除了透過聽覺交流資訊，牠們彼此之間還共享著一種視覺導向的語言，即所謂的「全像攝影溝通」。這種非語言的溝通方式能讓鯨豚將牠想描述的立體圖像傳送給另一隻鯨豚，而接收者並不是透過語言理解內容，而是在腦中直接建構對方傳送的立體影像。這就像是我們人類透過智慧手機將拍攝的照片發送給朋友。斯格諾那相信鯨豚類動物可以在不張開眼睛或耳朵的情況下，就能與同伴分享腦中的想法或是所見的影像。

全像攝影溝通聽起來非常的超現實，以現有的科學證據做這種推論也太過牽強，但鯨豚類動物在演化的過程中，已經使用回聲定位技術長達五千萬年，漫長的演化史裡意

* 譯註：《灰色花園》，是一部二〇〇九年HBO製作的電視電影，講述前美國總統夫人賈姬的姑母和堂姊的生平故事。這對母女原本是紐約的上流名媛，但之後她們退出了紐約的生活，在一所座落於長島、名為「灰色花園」的大宅裡避居於世。

0
-20
-90
-200
-250
-300
-750
-3,000
-10,927

外將這種技術進一步純熟化也並非不可能。斯格諾那認為，鯨豚既然可以透過回聲定位建構環境或獵物的立體影像，牠們或許能夠將這樣的影像複製並傳送給其他同伴。

斯格諾那這個想法不算是全新的概念。早在一九七四年，俄羅斯科學家科扎克就有類似的推測，他認為抹香鯨的大腦具有影像導向的聲學訊號處理機制，牠們能夠將回聲定位的訊息轉換為立體圖像。無獨有偶，著名的研究學者利利也主張抹香鯨是用聲學圖像進行交流。不論是斯格諾那本人或科扎克都沒有驗證這個假設。

就在留尼旺島的研討會結束後一年，斯格諾那帶領的團隊計畫了一項實驗，目的是釐清野生鯨豚是否使用全像攝影溝通，這是首次有人對此題目展開科學實驗。

在屋內時，斯格諾那拉著一把椅子到廚房的空桌上，從口袋裡掏出一枝筆，將我的記事本翻開到空白頁，邊畫邊解說：「鯨豚的回聲定位實際上是這樣運作的。」他在紙上先畫出一隻海豚的輪廓，海豚周圍繞著一團團濃煙狀的線條。他說這些四面八方類似煙霧狀的線條代表的是聲音，而每隻海豚頭部下方的圓圈代表下巴。

他繼續解說，聲音並不像我們在圖表上所呈現的那樣以直線傳播，事實上聲音是像一團擴散的煙霧，在三個維度同時展開。我們的人耳只能處理兩個通道的聲音，鯨豚類動物擁有數千條接收聲音的通道，可以在同一時間接受不同方向傳回來的「煙霧」。斯格諾那說：「鯨豚的下巴能夠直接重構高解析的聲波圖。」

以回聲定位重構聲波圖像，對人類而言不是一件容易的事。科學家們要先打造一個約人造頷骨尺寸的接受裝置，這個裝置裡必須集成數千個麥克風以模擬鯨豚下巴裡的微小受體。接著還需要打造一部電腦，能夠即時處理接受到的聲音信號。很少有科學家有興趣或願意冒險投入資源做這件事。

斯格諾那和團隊裡的首席工程師馬庫斯・費克斯，計畫先打造一套陽春版的全像系統，使用十個水聽器建構類似鯨豚下巴結構的回音接收器，斯格諾那希望可以用這套系統接收鯨豚發出的咔嗒聲，透過多通道同時接收、記錄可能存在的「聲波圖像」，接著再以電腦程式對這些聲音訊號進行處理，隨後利用三十九個喇叭組成的發音陣列播放出來，以此衡量鯨豚的反應。斯格諾那說：「圖像的品質將會非常低，就像是一般電腦螢幕上的十像素圖像，但這可能足以給我們一些想法。不過，我們必須很小心處理這件事，我們不想要發送負面或暴力的圖像給鯨豚。」

斯格諾那期待這套系統，能達到初次與鯨豚進行視覺交流的目的。我們將透過這種方式，理解鯨豚是如何看待這個世界，然後我們也能透過相同的方式，將我們眼中的世界模樣傳送給牠們。這就像古代來自不同土地的兩位旅者相遇時，為了能和對方溝通而一起在沙灘上繪製符號。

。
。
。
。
。
。
。

時間已經接近晚上六點。太陽即將落入海平面之下，租屋處外頭竹林長長的影子拖曳在地上，熱帶地區惱人的蚊子隨著陰影的擴展逐漸氾濫。該是時候收拾行李踏上歸途，忍受長達三十六小時的漫長飛行。

在我離開前，斯格諾那告訴我，他計畫要用新的裝置研究抹香鯨的咔嗒聲，他將這個新的鯨豚全像攝影溝通研究專案視為團隊的一項探險。團隊大約在四個月後會出發前往抹香鯨出沒的地區進行一系列研究。

我如果要參與這項研究必須有一個大前提：「我必須在此之前學會自由潛水。」

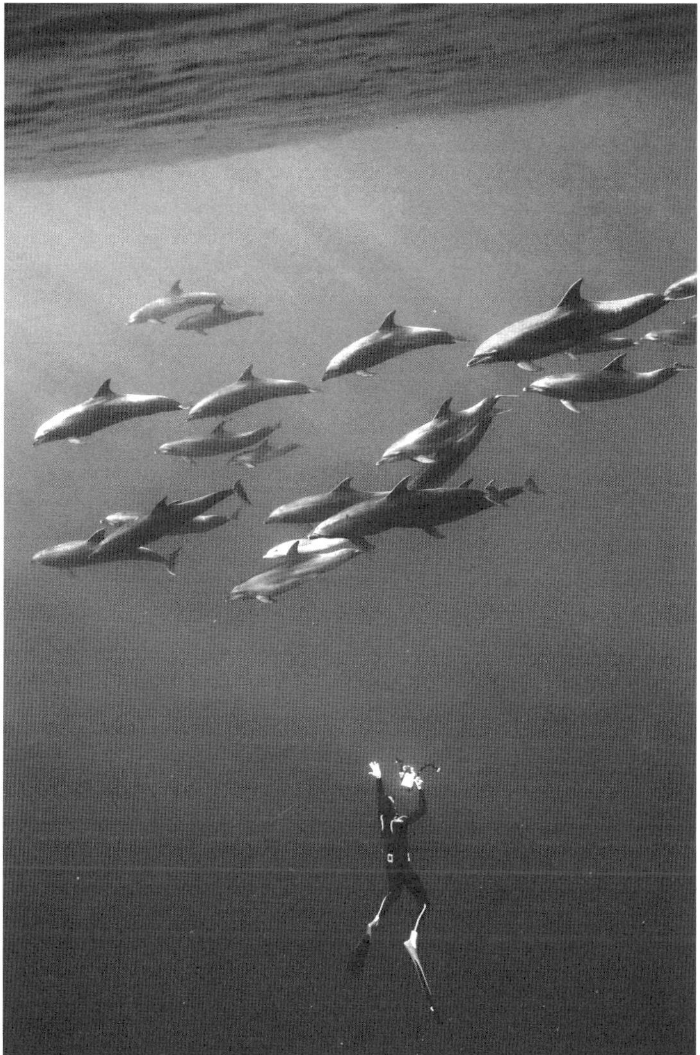

海豚在接近另一隻海豚或有時候靠近自由潛水人時，會發出聲音「報出」自己的姓名。牠們有能力以聲學的方式傳遞圖像訊息給對方，研究人員稱之為「全像攝影溝通」。斯格諾那正潛入海中，接近海豚群以聆聽牠們之間的溝通。

-750

埃里克·皮農瘦弱矮小，一臉睡眼惺忪的神態，頭髮稀疏但蓄著精心修剪的傅滿洲鬍。在陸地上他為人溫順，走路動作輕柔，說話帶點結巴，但千萬不要被他這些在陸地上的外貌所誤導，下了水以後，皮農勇猛的水下狩獵技能可以輕易撕裂任何人。他具有閉氣超過五分鐘的能力，能夠潛入四十五公尺深的水下，將魚槍的矛刺入重達四十公斤的巨型馬鮫魚體內，並追蹤這頭海中猛獸進入一個洞穴中，他將手伸進馬鮫魚的鰓裡，活像制伏了一匹野馬的牛仔，騎著這條馬鮫魚回到水面。

但皮農過去從未開五百公里遠的車，從在邁阿密的家來到坦帕的一間用水泥磚塊建造的教室。他並不是要教我們如何在海中狩獵，相反的，他來教我們如何在海中生存。

三十年前，皮農曾經瀕臨死亡。當時他和幾個朋友在加勒比海的一座碼頭附近進行自由潛水，他突然想藉著一次超長的閉氣表現讓朋友們留下深刻的印象。於是他做足準備後，只下潛到大約三公尺的水深，他抓住水下的一座固定塔架，安靜地停留在上面，閉上雙眼，盡可能地讓身體保持低耗氧狀態，他打算進行一次極限閉氣。幾分鐘過去了，在某個未知的時間點，他在毫無知覺的情況下進入昏迷狀態。最終，他的身體憑藉著肺部的空氣一度浮出水面，但意識不清的他回到水面時，卻將肺裡的空氣全數排出，接著他吸入海水，身體失去了浮力像一塊岩石往海底沉。

他的潛伴雖然在水面上目睹經過，但他們認為那只是皮農正在捉弄他們，是皮農的一場惡作劇。時間又再經過了幾分鐘，潛伴們開始感到不對勁，他們朝海底俯衝，將昏迷多時的皮農救起，將他拖回海灘上。當時皮農已經失去心跳，沒有生命跡象。一名現役的護理人員剛好在現場，他立刻對皮農進行心肺復甦術，期間雖然皮農一度恢復心跳，但很快又停止跳動了。大約十五分鐘後，緊急醫療直升機抵達，將皮農送到醫院。他在醫院昏迷了整整八天，醒來以後又花了三個星期進行復健。經醫師評估，長時間的缺氧已經造成皮農不可逆的腦損傷。他說自從那次事件之後，他的記性變得很差，不僅容易忘記日常事情，也容易拼錯單字。他不希望類似的情況發生在我和其他自由潛水人身上。

皮農現在一家魚飼料公司擔任管理職。過去三年的時間，他利用週末在佛羅里達一帶教授基礎自由潛水以及進階的潛水安全課程。他隸屬於美國自由潛水學校，這個機構最早創立於加拿大，現在同時也是第一間美國的自由潛水學校。這個週末，自由潛水學校租下了這座看起來過去曾經是一家快餐店的單樓層水泥磚造建築。

我和同學們坐在原本堆放在戶外的露台椅子上，這些椅子圍繞著四張塑膠野餐桌。我的同學裡有班，一位身材矮胖的年輕人，脖子上的金項鍊從一件破爛的T恤中露了出來；戴著彩虹鏡片太陽眼鏡的是賈許，他是和班一起來的死黨；蘿倫則是一位膚色曬得黝黑的南方美女；最後則是一位來自卡達的學生莫罕默德，他手腕上戴著巨大的鍍鉻手錶。放眼望去，這個班級除了我和講師皮農以外，沒有人超過二十三歲。

再過幾個小時後，皮農將會在教室外面的游泳池裡，教我們如何在水中閉氣至少一分半鐘。明天，我們將開車到北方一個天然的淡水深水潭，學習如何閉氣潛到二十公尺的水深。

今天上午的課程，原則上是要傳遞我們一些安全相關的觀念。具體來說，皮農會教我們，當察覺自己身陷「粉色雲霧」之中時，要如何保住自己性命。粉色雲霧是許多自由潛水員在瀕臨昏迷前體驗到的主要幻覺之一。

現年四十四歲、出生於法國西南部的圖盧茲的皮農操著濃重的法式口音：「發現自己身處粉色雲霧中，基本上是無害的，但此時的你可能已經失去意識，如果能夠浮出水面呼吸，那就沒問題。如果你無法回到水面呼吸，那麼……」說到這裡皮農故意停頓了一下，接著說：「如果無法回到水面呼吸，那狀況就會很不好。」皮農的意思很清楚，在那種情況下潛水人將面臨死亡風險。

在課程一開始，皮農先向我們解釋，當我們明天到開放水域上課時，他可以把我們帶入任何我們想要的深度中，但他沒辦法保證將每個人都帶回來。想進行這項運動，所有人都有責任了解自己的極限在哪。今天和明天的課程會協助各位去感受自己的極限，但如果我們輕忽自己的限制，而冒進做了超出自己能力的事，將會永遠墮入粉色雲霧之中再也回不來。每位學員都簽署了長達六頁的免責文件，這六頁文件是要在法律上保障皮農以及所屬的自由潛水學校，一旦有學員在課程中發生意外，他的親人不能對皮農和自由潛水學校提告三級謀殺罪。說完以後，皮農慎重地檢查手中所收到的文件是不是每一位學員都確實簽名。接著他又清了清嗓子，撫摸臉上的鬍子，然後才正式開始上課。

雖然我對海洋研究的進度很快就會把我帶到七、八百公尺這個深度，但我個人的實際經驗卻遠遠落後這個深度，只能自由潛水幾公尺深。經歷數個月的觀察、訓練和羨慕，現在的我仍然只能被困在水面附近的淺處。

我曾經有幸在觀賽船的甲板上，親臨現場觀看世界頂尖的自由潛水選手潛入九十公尺級別的大深度，採訪他們，傾聽他們自述各種潛水反射的效應，但我自己從未體驗過那些藏在體內的潛水反射機制。我親自到日本拜訪海女，希望能得到一些自古流傳的自由潛水祕訣，但我反而因自己的無知而受到嘲笑。我曾經聽佛瑞德·布伊爾談論他和鯊魚之間特殊的連結好幾個小時，但我仍然沒有在海中遇上鯊魚的經驗，更不用說是和牠們一起游泳了。在留尼旺島和法布里斯·斯格諾那一起相處了好幾個星期，聽他描述與鯨豚的奇遇與超然的感受，但實際上我也不曾在海中見過牠們。

要我放棄自由潛水的理由很容易：這項運動根本不適合我。人類與生俱來，體內都隱含著自由潛水的能力，雖然自由潛水這個領域敞開雙臂歡迎大家的加入，但入場的代價並不低：當耳壓平衡不順的時候，你會感受到耳朵的疼痛；面對能見度極低的海水時產生的幽閉恐懼症；閉氣過程中無法控制的抽搐及不舒服。有許多因素可以讓我輕易放棄自由潛水，然而，現在斯格諾那卻對我提出了一項無法拒絕的誘因，他讓我參與他的團隊一起去找抹香鯨潛水。這是一個我不能錯過的機會，這件事情驅使我面對自由潛水，我必須讓自己具備潛得更深的能力。

這間自由潛水學校是世界上數一數二的自由潛水教育機構，它已經培育出六名世界紀錄保持者，在這裡上過課的自由潛水員超過六千人，其中還包含一些名人，例如演員伍迪·哈里森、高爾夫選手老虎伍茲。入門課程稱為「自由潛水人」，課程內容包含基本安全、深度體驗、閉氣基本技巧。雖然我在希臘曾經接受漢莉·普林斯露的閉氣指導，但為了確保我沒有遺漏，最好還是從最基礎的課程開始學。

回到教室裡，皮農走到一台筆記型電腦前，並且開始播放影片。由於美國自由潛水學校在初級課程裡非常強調自由潛水的危險性，因此打從課程一開始，就先訓練學員應對各種可能致命的情況。一開始的影片露骨且真實地表現自由潛水的危險性，這種作法類似美國公路總局製作的交通意外醒世電影《紅瀝青》。

皮農平靜地解說：「這種現象稱為森巴，外人看起來有點像是在跳森巴舞。」影片中的潛水人全身抖動類似癲癇發作，搖滾風格的背景音樂加強畫面的張力。森巴是潛水員返回水面瀕臨昏迷前常有的現象，此時潛水員的大腦已經出現缺氧，它開始向肌肉發送隨機信號。

隨著影片播放，皮農繼續解說著：「有些人看起來像是喝醉了，有些人的表情顯得很開心，也有人看起來很悲傷，你可以看看他們的表情。」皮農伸出手指著一位表情幸福的潛水員，在這種瀕臨昏迷的狀態下，他們看起來還很情緒化，似乎是沉浸在某種夢境之中。皮農繼續解釋：「此時只要保持潛水員頭部在水面上，不要讓他意外吸入水，讓他保持呼吸，避免進一步發生昏迷，森巴現象是無害的。」

自由潛水員重新回到水面後，一剛開始他可能正常呼吸、正常地說話，看起來完全正常。但片刻之後，他可能會無徵兆地突然進入森巴狀態，這是因為他即使開始呼吸了，但空氣經過嘴脣、氣管再進入肺部，由肺部透過氣體交換進入血液，這個過程是需要時間的，至少要數秒以上。即使回到水面，缺氧的大腦仍可能來不及獲得氧氣供應，而讓潛水人進入森巴狀態。如果遇上這樣的狀況，潛伴必須協助，將他的口鼻保持在水面上至少三十秒的時間。皮農提醒，這是自由潛水人永遠都不該單獨潛水的眾多原因之一。潛伴有責任密切觀察剛返回水面的潛水人，維持至少半分鐘甚至更久的時間。皮農慎重地一再對學員強調這點。

下一段影片則是潛水人在森巴之後進入昏迷的例子。皮農提醒學員，當你閉氣的時候就有可能發生昏迷，在任何地方都有可能。經過統計，無論是在大海，或是較淺的淡水湖泊，甚至在浴缸裡，有百分之九十的森巴和昏迷是發生在水面，另外有百分之九的機率發生在離水面五公尺以內的淺處——這個範圍被自由潛水人定義為危險區，在這個淺水區具有最劇烈的水壓變化。自由潛水人極少在海底深處發生昏迷，昏迷通常發生在水面，而且在沒有人協助的狀況下沉入水中而溺死，就像影片中這個人。

拯救昏迷潛水員的第一步就是在他耳邊大聲呼喊「呼吸！」並呼喚他的名字。發生昏迷後，視覺和身體感覺會首先消失，但聽覺仍然存在，而且經常變得更加敏銳。在他耳邊大聲呼喊，可以刺激大腦中尚未關機的部分。昏迷者會因為身體的反射動作而關閉咽喉通道，這會讓呼吸無法運作，新鮮空氣無法進入肺部。在他耳邊呼喊有可能刺激大腦發出訊號，越過反射動作將咽喉通道打開，協助昏迷者重建正常的呼吸。

如果在他耳邊呼喚沒有產生立即性的作用，我們必須進一步摘除潛水人的面鏡，輕輕拍打他的臉部，對他的眼睛吹氣。這個技巧經常使昏迷的自由潛水員甦醒過來，通常他們都能立刻醒過來並大口地換氣。

但如果已經做到這一步了，昏迷者仍然未恢復意識，皮農說：「事情就變得更加嚴重了！」我們必須動手打開他的喉嚨，暢通呼吸道，迫使外界的新鮮空氣進入肺部。

我們的身體為了防止自己溺斃，其中一種方法就是關閉喉部。我們天生就有這種反射動作，當新生嬰兒被放入水中時，他的喉嚨就會自動閉鎖，寶寶會睜開眼睛，本能地在水下游泳，但不會嗆到水。

潛水人進入昏迷狀態，反射動作關閉喉部通道，阻止外界的水侵入肺部（這是優點），但這樣的機制同時也阻礙了新鮮空氣進入肺部（這是缺點）。許多在水中溺水的人被稱為乾性溺水，就是因為喉部關閉的這項機制，雖然未讓外界的水侵入肺部，卻因缺氧而死亡。

皮農為我們示範，如何用手指張開潛水員的嘴，並快速地吹入兩口氣。第一步是暢通呼吸道，第二步是將空氣吹入對方肺部，刺激昏迷者的身體開始進行呼吸動作。進行到這個步驟，幾乎能應付所有的自由潛水昏迷，絕大部分的昏迷者都能被救回來。

雖然進行到這個步驟的救援，已令周遭所有人感到恐懼，並承受巨大的心理壓力，但實際上潛水昏迷的危險性很低，正確即時的施救不會留下後遺症。皮農笑著說：「所有的痛苦都會很快過去。」

昏迷的發生，最一開始的症狀是視覺失去方向感與心智上產生輕微幻覺，接著是手指、腳趾、手臂和腿部開始感到刺痛。你逐漸失去肌肉控制，隨著體內的氧氣越來越少，這些症狀會一直持續，最後你會進入一個絢爛的夢境中，甚至感到極度興奮的狀態，這就是前面所描述的粉色雲霧。曾經發生昏迷的潛水員，事後回想昏迷的經歷都有類似靈魂出竅的共通經驗：在希臘時，一位自由潛水選手曾經告訴我，他在昏迷的過程中看到了未來（但他不願意向我透露他看到什麼了）。

不論潛水昏迷被描述得如何的心曠神怡，我們最好還是盡自己最大努力避免昏迷。長時間保持在昏迷狀態是致命的，若最後沒有喪命，也會留下不可逆的傷害，像是腦損傷、癱瘓、心臟驟停或中風。

從一開始閉氣的每一秒，體內的氧氣就持續下降。如果大腦中的氧氣降得太低，你就會發生昏迷。一個人可以安全地保持在昏迷狀態大約兩分鐘，但如果超過這個時間，大腦中的氧氣就會低到進入真正的缺氧狀態，不可逆的腦損傷往往就從這時候開始。這種極端的缺氧會觸發身體產生最後一次呼吸嘗試，這種現象稱為「終末喘氣」。如果在最後一次呼吸嘗試中，環境裡仍然沒有新鮮空氣可用（例如此時昏迷者還在水中），腦損傷就會開始發生，直到溺斃死亡。

避免昏迷以及後續造成腦損傷等後遺症的關鍵是，一旦你察覺到接近昏迷的症狀，例如感到無力、肌肉控制有異，甚至出現幻覺，就應該立即返回水面。但實務上這是一件非常困難的事。一旦你錯估了自己當天的身體狀態與能力極限，在六十公尺深的地方肌肉不正常抽搐，你很有可能無法及時返回水面。皮農再一次地對學員們強調：「不要做出超過你能力的潛水。」

接近中午時，皮農在下課前提醒大家，中餐最好選擇清淡的食物，若能是素食會更好，不要攝取含咖啡因的東西，咖啡因會提高心律，加速體內的新陳代謝，使身體消耗更多的氧氣，縮短閉氣時間。另外也最好避免乳製品，因為乳製品有可能造成鼻竇阻塞，這會使得下潛過程中耳壓平衡變得更加困難。午餐後，我們都會到游泳池進行閉氣練習，學員們會感受到自己的閉氣極限。

在所有的自由潛水競賽項目中，就屬靜態閉氣是最特殊的項目，這個項目通常在游泳池舉行，比賽內容很單純就是計時閉氣時間，在外人看來是奇怪、乏味、甚至做起來很痛苦，訓練過程中也毫無樂趣可言。但靜態閉氣卻也是自由潛水員應對大深度潛水的一種必要的精神、生理壓力耐受訓練。

二〇〇一年，捷克選手馬丁．斯捷潘內克創下新的靜態閉氣世界紀錄八分零六秒。二〇〇九年，法國自由潛水員史蒂凡．米夫薩德一舉將世界紀錄往前推進百分之二十七，長達十一分三十五秒。*根據公開的紀錄，至二〇一三年已經有兩位自由潛水員能夠閉氣超過十分鐘，除了米夫薩德以外，還有另外一名德國選手湯姆．西塔斯。如果我們用世界紀錄被推進的進程來推估，大約在二〇一七年左右，人類的閉氣時間就會來到十五分鐘大關，這個不可思議的閉氣時間，同時也是許多歷史記載的珍珠、海綿採集人的閉氣紀錄。

靜態閉氣這個項目，近年來有它自己獨特的發展：在大型水族箱中閉氣、在冰下閉氣、為了畫面效果在大型透明塑膠球狀魚缸中閉氣，甚至有一種越來越流行的變體是純氧閉氣，它遵循與一般靜態閉氣相同的規則，唯一的不同，就是挑戰者在正式閉氣開始之前，可以純氧做準備，純氧準備時間可能長達半小時。這種作法會讓血液中的氧氣達到過飽和狀態，這與一般競賽的選手利用空氣做呼吸準備有很大的不同（空氣中只有百分之二十的成分是氧氣），純氧閉氣可以顯著延長大腦和身體重要器官運作的時間。二〇〇八年時，美國著名魔術師大衛．布萊恩先是接受美國自由潛水學校的訓練，接著在歐普拉的脫口秀節目中，進行公開純氧閉氣表演，創下十七分零四秒的純氧閉氣世界紀錄。五個月後，一般閉氣的世界紀錄保持者西塔斯，也嘗試了純氧閉氣挑戰，他成功打破布萊恩所創下的紀錄，將純氧閉氣紀錄一舉推進到二十二分二十二秒。

我們不會在課堂上做這種特殊的嘗試，但想要被自由潛水學校認證為自由潛水人，每個人就必須得具備靜態閉氣至少一分半鐘的能力。這個要求對一位健康的成人而言，就生理而言並不是太困難，是人人都可以達到的標準。但精神上，這對一般人已經是一項挑戰。將臉埋在水面下保持靜止不動，閉氣直至肌肉抽搐甚至大腦出現幻覺，這對一般人不是一件熟悉或者自然的事。但我必須嘗試，因為這都是要在大海中潛往深處的基礎訓練。

到了下午一點三十分，我們每個人都穿上潛水防寒衣，並且在游泳池的淺水區集合。同一時間，原本在隔壁房間進行靜態閉氣課程的中級班也進入泳池。現場有兩名中級教練，其中一位教練已經脫掉上衣站在泳池最深的那一側，在他肋骨兩側有著魚鰓造形的紋身圖案。

這堂課和我坐在一起的是閒靜少言的莫罕默德，他同意擔任我的潛伴，在我進行靜態閉氣時，他會在我身旁每隔一段時間確認我是否還保有意識，同時防止我的身體在池中亂漂。

長時間的閉氣很容易產生旋轉的感覺，皮農提醒我們這是一種錯覺，因為身體已經漸漸往即將失去意識的邊界靠近，不必太在意這種錯覺的出現。在閉氣的過程中，潛伴會輕輕地將手安靜地放置在閉氣者的背部，此舉雖然無法避免閉氣者昏迷，但背部穩定的接觸感可以幫助閉氣者在發生幻覺時，能有信賴的來源，他們知道自己正受到周全的看顧，不會突然漂走或是下沉，這在心理上有助於閉氣者穩定，並盡可能發揮閉氣實力。

皮農提醒大家還剩下一分鐘。我將繫在額頭上的面鏡滑下來戴上，開始進行最後的深呼吸。皮農和靠在我身邊的莫罕默德，一起大聲地喊出呼吸準備的節奏：「吸氣，一，閉氣，二，吐氣，二，三，四，五，六，七，八，九，十，閉氣，二。」*在皮農的命令下，我深深地換了四口氣，接著就將臉埋入水中。

我很有把握自己可以閉氣超過一分鐘，但再撐下去就是完全不同的事了，閉氣到兩分鐘已經令心理充滿了乏味式的痛苦，但是，繼續撐下去，奇怪的事情發生了。當閉氣到三分鐘時，好像越過某種神祕的邊界，我被一種奇幻的舒服感包圍著。我沒有昏過去，雖然感到一陣神智恍惚、頭暈目眩，但心情上非常興奮，就像我剛剛嗑了笑氣一樣，這感覺很不錯。

這種舒服的感覺，似乎是一種危險的訊號。長時間的閉氣總是令人覺得勢必會在體內造成某種不可逆的傷害，人們相信閉氣將導致缺氧，而缺氧會在短時間內就殺死幾千個腦細胞。但根據數十項的研究，長時間的閉氣並不會造成傷害。大腦裡的血液攜帶的氧氣不足，或是腦中的血流完全停止，就會發生不可逆的神經損傷。然而，事實上這些傷害是當閉氣者失去意識且昏迷時間超過兩分鐘才會產生。只要在潛伴的協助下，令昏迷者在兩分鐘內甦醒，就不會留下後遺症。水會促使身體的血液從四肢往大腦和重要器官集中，這個潛水反射機制幫助你延長閉氣時間，讓身體進入低耗氧模式，各器官在這種模式下運作，協助潛水人在水中的閉氣表現能優於在陸地上。以上這些效應，都是藏在我們生理中的「生命總開關」。

在一般情況下，人體的血氧飽和濃度介於百分之九十八到百分之百（血氧飽和濃度

＊二〇一二年一月，塞爾維亞的布蘭科．彼得羅維奇以十二分十一秒的靜態屏氣時間，打破了米夫薩德的紀錄。然而，該記錄並未得到國際自由潛水發展協會的認證，因為彼得羅維奇這次的潛水挑戰，沒有受認證的裁判在現場認可其紀錄。

越高，代表血液中含有越多的氧）。一旦身體遭受疾病侵害或是在壓力下，血氧飽和濃度有可能下降到百分之九十五附近。鮮少有健康的成人血氧會低於百分之九十五，但在自由潛水時，曾在頂尖自由潛水員身上量測到百分之四十的血氧濃度，這是一個非常低的數字。在醫學上，血氧飽和度若低於百分之八十五，已經會促使心跳加速，視力受到影響；當血氧低到百分之六十五這個水準時，將會嚴重影響大腦的基本運作；一般而言當血氧低到百分之五十五，已經足以令人進入昏迷狀態。可是頂尖的自由潛水員，不僅可以在百分之四十的血氧飽和度下保持清醒，還能控制肌肉做出運動。潛水員在這個狀態下曾經量測到極低的心率，每分鐘心搏僅七下。

。。。。。。。

經過下午的反覆練習，我們班正在為今天最後一次閉氣回合做準備。這一回合的時間預設是四分鐘，這是今天的閉氣課程中最長的一個回合。閉氣的過程中，潛伴必須每隔十五秒鐘輕拍一下閉氣者的肩部，對閉氣的同學進行意識確認。當閉氣者感受到對方輕拍時，必須在兩秒鐘內伸出在水下的左手食指，以此表達「我還在這兒，我很好」。如果他沒有反應，潛伴會再給他一次機會，再次輕拍他。如果第二次輕拍，閉氣者依然沒有反應，潛伴會立刻將他拉出水面，啟動昏迷救援程序，大聲地在他耳邊呼救，摘下面鏡，並試著對他的面部和眼睛吹氣，刺激他甦醒。

此時潛伴們開始念誦閉氣前的呼吸準備節奏：「吸氣，吐氣，閉氣，二，三，四，五，六，七，八，九，十，閉氣，二，吸氣，一。」與此同時，在池子另一端最深處的中級班，閉氣前的準備聲也傳到這裡來。自從上一回的三分鐘閉氣嘗試後，我一直保持在興奮的狀態，甚至在深呼吸時還一度感到精神恍惚。眾人齊聲呼吸準備的念誦聲，在這座混凝土牆構成的空間裡產生共鳴，彷彿置身在一座古老的教堂中，聆聽著迴盪的祈禱聲。在這座教堂下，我們參加的初級課程彷彿就是一場洗禮，讓每位參與的學員都從

＊譯註：自由潛水閉氣前的呼吸準備，在節奏上有一個大原則：採取比較短促的吸氣，比較緩長的呼氣，而每一次呼吸或吸氣之間的狀態切換都會有很短暫的閉氣。所以教練在引導學員進行呼吸準備時，會在吸氣階段有比較短的讀秒，並且在吐氣之前有短暫的停留（閉氣），接著再用明顯較長的秒數進行吐氣，如此周而復始，總呼吸準備時間很有可能長達五分鐘甚至更久。

水下重生。

然後深深吸入最後一口氣，我們又在水下了。

一分鐘過去了，接著進入第二分鐘，每隔十五秒，莫罕默德會依照規定輕拍我的肩膀，我也以手指向他確認意識。在閉氣的第二分鐘期間，我注意到泳池區有一些我未曾聽過的聲音：下水道發出的咯咯聲、悶悶的咳嗽聲、深池那邊傳來的水花聲。我隱隱聽見莫罕默德在我頭上某處低聲數著時間，感覺到他的手放在我的後背上，然後，我失去了大部分的感覺。我幻想自己乘坐著火車穿越沙漠，幻境中的場景看起來很真實。分離的精神中有一部分知道自己還處在坦帕的游泳池裡，但另一部分的我卻堅信自己正坐在穿越沙漠的火車上。兩種意識勢均力敵，對立存在。當我的胃部開始抽搐時，我的思維被我推向幻境中的場景，我似乎打開了一扇更寬的門，讓我更加進入沙漠中奔馳的列車裡。

列車長向大家宣布，再三分鐘大家就要下火車了。列車長來到我身邊拍了拍我的左肩，我用左手的食指要將車票遞給他。我的手指滑過座椅的藍色布料，觸感非常柔軟類似絲綢。我突然忘記自己要遞票給列車長，反而專注在感受手指尖端帶來的柔軟觸感。

列車長等得有些不耐，再次拍了拍我的肩膀，我趕緊將手伸入口袋要將車票拿給他，令我不解的是車票不見了。我以手示意請他等我一下，我低頭正要找自己的包包，此時卻連包包也不翼而飛。車窗外的太陽下山了，車廂突然暗了下來。我聽見附近有人朝水槽裡潑水的聲音，列車長再次拍我的肩膀，提醒我要拿出車票，我指著前面的車廂門詢問他：「我可以在這裡下車嗎？」列車長答覆：「可以，你做得到的。」

我從昏迷中醒來了！我還泡在水裡，眼睛正透過面鏡，看向泳池底部的白色混凝土。我的感覺很糟，肺部裡好像充滿著致命的芥子毒氣。莫罕默德喊著：「三分四十五秒，就快成功了！」我可以感覺到正下方有一個很深、很黑的無底洞，我下意識伸出手扶在池邊，避免自己往下沉。

接著，我聽見了皮農的吶喊聲：「呼吸！」我試著抬起頭來看他，皮農持續吶喊：「呼吸！呼吸！」整個空間都在旋轉著，我試著要呼吸，試圖要吐出我肺裡的氣體，但我很難順暢地控制肌肉，我無法完成呼吸動作。為了能呼吸新鮮空氣，我用力吐氣，猛地聽到一股氣體噴發而出的嘯聲，我緊繃的喉頭終於打開了。我將肺部的氣體全吐出去，緊接著完成了一次既深且長的吸氣。隨著一次又一次的換氣，隧道狀的狹窄視野漸漸明亮，原本只剩針孔丁點的視野，隨著呼吸而逐次擴大。這有點像是〇〇七電影的經典畫面，電影開場片段，常出現從槍管內向外窺出的畫面，我的視野也從槍管範圍逐漸正常化。周遭的空間原本昏暗而模糊，一切事物都像是被某種半透明的物質覆蓋住難以辨識。經過幾輪的換氣後，原本昏暗模糊的場景立刻亮了起來而且畫面逐漸清晰。

肋骨上紋著魚鰓圖案的教官游過來，拍了拍我的後背鼓勵我：「老兄，幹得好呀，你是你們班上唯一完成四分鐘閉氣的學員。」

課程的第二天，我們班的集合地點距離坦帕約一百六十公里外。這是內陸地區奧卡拉鎮外側的一處泥地停車場。走過這片停車場，來到一片烏柏樹林，平坦的地面突然出現一個大坑，像是被憤怒巨人的大拳頭轟出來的凹洞，形成了一個水色碧綠、俗稱四十噚石窟（參見QR Code）的深水潭。噚是一種式微的舊英制深度單位，一噚大約是成人張開手臂的長度，四十噚換算成今天慣用的單位即是七十五公尺深。

四十年來，這裡是救難隊進階水肺潛水課程的訓練地點。而更早以前，當地居民把這裡當作公共垃圾場，以致到今天潭裡仍然充滿了各式各樣的垃圾：生鏽的機車、衛星天線、一輛一九六五年的科爾維特跑車、數輛雪佛蘭、一輛奧斯摩比、無數的瓶子和罐子。沿著一處峭壁往下潛到十二公尺深左右，有一個小洞穴，裡頭有一群廢棄的侏儒造形的石膏像，旁邊還擺著石膏小城堡，被戲稱為「水下侏儒城」。這些具有特色的廢棄物甚至被製成潛水地圖，讓潛水人可以按圖索驥在水下「參觀」這些陳年廢棄物。水下侏儒城所在是一處石灰岩地形，覆蓋著五千萬年前的沙錢化石。雖然這個內陸水洞離最近的海岸線有八十公里遠，但在過去曾經是一片海洋。

大約上午十點左右，皮農先下水並拖著兩個浮筒游到大約水潭的中央區域，用一條鮮黃色的導潛繩將浮筒綁起來。班上的同學則在岸邊著裝，各自穿上防寒衣、面鏡、呼吸管和蛙鞋，隨後我們也都一一下水。在上午的陽光下，水色是偏黯淡的藍寶石綠，能見度很差，大約只有六公尺，往水面下的深處看，一片黑色中透著陰森的氣息。我們游到浮筒和皮農會合，大家攀附在繩索上隨著水的波動搖晃，像是掛在晾衣繩上的襪子隨風輕輕擺盪。在接下來的四個小時，我們將在這裡嘗試自由潛水到二十公尺深。

皮農向大家宣布：「今天我們的第一潛是為了給各位熱身，所以相當輕鬆，目標深度是五公尺。」由於這個水潭裡的水是淡水，密度比海水小，所以我們的浮力也比在海上少了大約百分之二．五。這聽起來似乎只是些微差異，但對於全憑自力下潛的自由潛水人而言，這就有顯著的不同了。我們會下沉得更快，但返回水面的上升過程中，我們需要耗費更多體力才能回到水面。

自然形態的人體——在沒穿衣服或穿很少的情況下——具有適合自由潛水的密度，不需要增加額外的配重協助下潛。然而，今天我們都穿上了厚的潛水防寒衣，打破了平衡，因此在這樣的淡水環境中，我們每個人大約都額外增加了五．五公斤的配重，以抵銷防寒衣所帶來的浮力。

成功達成深潛的關鍵之一，是盡可能保持符合流體力學的流線外形，太過寬鬆的衣物、張開的四肢，或是尺寸過大的面鏡，都會產生不必要的阻力，影響下潛的速度，連帶地就會影響深度表現或是「滯底時間」（自由潛水人的術語，指在水底處停留的時間）。大自然的潛水高手海豹，為了保持流線外形以便更輕鬆、更快地潛入大深度的海域，牠們會收縮肺部、伸展脊椎，並經常將體內的空氣呼出以減少阻力。自由潛水人也會這樣做。「把你的手臂自然放在兩側，收下巴，頭朝下，讓自己像是一枚導彈。」皮農說。

下潛相對來說較容易，尤其是在大約三公尺深處，穿過中性浮力點之後，就能在水中自由落體毫不費力。但返回水面前的上升，就沒那麼輕鬆，這也是自由潛水特別危險的部分。這有一點類似登山活動，你必須要有很明確的折返點，一旦碰觸該點就必須毫不猶豫地回頭。折返點的設定條件是當下必須還保留至少百分之六十的能量與氧氣，以確保能夠支持你返回水面。

在上升的過程中，我們必須在離水面約兩公尺的淺處，就把肺裡所有的空氣吐出，這能讓我們一出水面就能馬上吸入第一口新鮮空氣，無須再花時間吐氣，而且也能降低淺水昏迷的發生率。幾秒鐘的差異，很可能就決定這趟潛水是成功或是發生森巴、昏迷的意外。在自由潛水中，成功（保持清楚的意識）不是用公尺或分鐘來計算，而是以公分和秒來衡量。

當皮農在水中為我們講解自由潛水的基本策略時，我注意到池畔有一小群水肺潛水員，他們在水潭另一側的木製浮台上。他們的裝備繁多，有面鏡、各式各樣的管線、氣體鋼瓶、浮力背心、配重腰帶，還有從頭到腳各式各樣的小裝備。受裝備的侷限，使得他們在陸地上行走都很困難，但就算是下了水，水中的動作也很緩慢而不是很優雅。他們的潛水活動很奢侈，可是他們負擔得起，不過從我漂浮的地方觀察他們，看起來很笨拙又浪費。但話又說回來，那些潛水員永遠不需要擔心他們的肺部爆裂或是昏迷。

同學班排第一個嘗試下潛，我們其他人在水面上透過面鏡觀察他，看著他潛入水中，沿著繩索向下拉，潛到最底端的配重板，大約是五公尺深的深度，他敲了敲板子，再沿著繩索將自己拉回水面，浮出水面後，他游到隊伍的最後重新排隊。蘿倫、賈許和莫罕默德依續完成了自己的潛水，他們做得毫不費力，但輪到我時，我只下潛到約三公尺，就感到頭部隱隱作痛，而必須折返回水面。

皮農上前關心並安慰我：「這很自然，每個人都會需要一點時間適應。下次潛水時再試一次。」

我有點困惑便問了班：「為什麼你在水中可以這麼順暢無阻地下潛和上升？」他這時才告訴我，他、賈許和蘿倫已經有一年的魚叉打魚經驗了，他也安慰我這只是時間問題，他保證我一定會搞清楚問題所在。

對像我這樣的初學者來說，最大的問題就是「平壓」。對自由潛水人而言，最佳的下潛速度是每秒一公尺。這樣的下潛速度，必須面對環境水壓快速上升，潛水人大約每秒鐘就要對鼻竇空腔和耳壓進行一次平壓，使空氣充入鼻竇及耳朵以抗衡外界的水壓。下潛過程中，每一次的平壓都必須確實完成，如果錯過平壓還持續下潛就會導致耳膜破裂。皮農警告我們，務必確實完成每一次的平壓，一旦失手沒有完成，就必須立刻停止下潛，返回較淺處再試一次平壓。

皮農將底部的配重板往下放到十公尺的深度，然後再移到十五公尺。班上的其他同學，都能如課程設定進度完成潛水，但唯獨我最多只能下潛到五公尺深。

時間很快就到了下午兩點，是我們這堂課的最後一次下潛嘗試。皮農將配重板的深度延伸到二十公尺，這是自由潛水的初學者被允許的最大潛水深度。水的能見度不佳，當皮農將配重板放到二十公尺深時，我們在水面上看不到它，只看到一條鮮黃色的導潛繩消失在一片墨綠色的水中。

這場景有點可怕，在這種情況潛入水中，你看不到繩子的另一頭是遠是近，你不是很肯定自己的位置，也不曉得自己大約多久要返回水面呼吸新鮮空氣，我所知道的關於在海洋中生存的一切知識都告訴我這是一個壞主意。但無論如何，我還是開始進行潛水前的呼吸準備下潛。

又是班打頭陣，他在水面深吸了一口氣，然後就消失在水面下了。四十五秒過去了，我們還沒見到他的蹤影。倏然地，他從暗綠色的陰霾中穿出，重新出現在大家眼前，拉著繩子上升。他緩緩地浮出水面，深吸一口氣，然後平靜地移動到隊伍的最後面。他看起來是毫不費力地下潛到二十公尺深。接著，蘿倫、賈許依序上場，也都順利地潛到目標深度。輪到莫罕默德了，他是初次接觸自由潛水，經過這兩天的課程後，他也順利潛到十五公尺深，對初學者而言，這是一個相當好的成績。

最後輪到我了，這讓我覺得壓力很大。當我在做最後幾口的大換氣時，我盡量不低頭看著消失在陰霾裡的繩索，大口吸氣，大口吐氣，重複專注換氣。

此時，皮農拉著浮筒靠了過來，他游到我身邊，對我說：「你需要完成這次的潛水，告訴自己『詹姆斯這次會成功』。」我點點頭，在水面上吸最後一口氣後，把頭埋入水中，沿著繩索往下爬。

每次伸出右臂拉繩後，我會縮回右手捏住鼻子，用呼氣的力量將氣體推入鼻竇和耳腔內，用最傳統的方式完成耳壓平衡。這一次我的平壓似乎奏效了，我繼續拉著繩索下潛，一次接著一次，有點像是童話《傑克與魔豆》的畫面，只是反過來，直到我感覺到周遭的水壓進一步緊迫地壓在我身上。為了讓身體有更好的流體動力，我頭朝下，視線保持在水平狀態，就好像在陸地上行走時看著正前方。繩索的另一邊是皮農，他隨著我下潛，透過面鏡仔細觀察我的一舉一動，確保我在水中沒有異常的吐氣、抽搐，或是有任何昏迷的跡象。

我也看著他，當我們一起下潛時，我們相互凝視。周圍的水色越來越昏暗，我的肩膀忽然有種奇怪的感覺，好像有一隻大手正在拉著我，我下意識鬆了握著繩索的手，不再感覺自己是往下沉，此時我才注意到自己身邊每一個方向看出去，都籠罩在一片均勻的淡綠色濃霧中，我好像被困在一塊巨大的綠色大理石中。如果我不握著繩索，我連哪個方向是上是下都搞不清楚。

皮農的目光越過繩索注視著我，他很冷靜，對我聳了聳肩，接著他伸出右手放在我的面鏡前，向下指。我想，**他的意思可能是要我繼續下潛**，我搖頭拒絕，但他一直向下指，好像是在鼓勵我繼續潛往深處。這時我才察覺我們都沒有抓著繩索。

我們就只是懸在那兒，兩個中年男子頭下腳上地倒懸在水中，在佛羅里達中部內陸一個前身是垃圾場的淡水池的陰暗深處，彼此互相凝視，一個搖頭，另一個冷靜地指示著前進方向。

然後，我才突然意識到，也許皮農不是要我下降而是**上升**，說不定他是注意到有什麼不正常，所以要我返回水面。我對空間徹底迷向了，感覺很不對勁，難道這就是自由潛水人所說的粉色雲霧嗎？

幸好我擺脫了粉色雲霧的幻覺，可是現在我真的好想呼吸。喉嚨裡的奇異感覺讓我有點想咳嗽，但現在的咳嗽動作，可能會消耗我身體所剩下的氧氣，這些想法讓恐懼的情緒在體內逐漸上漲，我想回水面的衝動越來越強烈，想回到水面呼吸新鮮空氣。我很快地扭轉身體的方向，身體緊繃像一根扭動的指揮棒，然後我開始拉繩索，皮農跟在我後頭。隨著我每拉一次繩索，水色就變得更加明亮，漸漸地我能看到在上方大約五公尺處，兩個浮筒之間有一排垂懸的蹼，他們看起來像是駐足在電線桿上顛倒的鳥。我持續往水面前進，在大約兩公尺的淺處呼出所有空氣，然後重新回到水面。

後來我才知道，我停留的地方大約是在一半深度，也就是十公尺深。這次的潛水體驗，雖然不是很嚇人，但也說不上很好。這還談不上是已經站上通往深淵的大門，充其量是接近門前的歡迎光臨地毯，還處在地毯上擦鞋子的階段罷了，但我越來越近了。我後來回憶，在我轉身返回水面之前，我感覺到中性浮力狀態大約就在三公尺處。*不論這樣的成績是好是壞，我心裡留存著殘餘的恐懼感。

幾天後，當我在機場等著要回家的班機時，我仍然會在即將咳嗽前下意識地環顧四周，無來由地感到緊張而發抖。

* 譯註：三公尺的深度是達到不浮也不沉的中性浮力。由於人體的肺部在下潛過程中，會因被壓縮而導致浮力越來越小，因此潛水越深，浮力越小，超過某一個特定深度之後，浮力甚至小於重量，人體會自然下沉。浮力由正逐漸減小，達到中性浮力深度後再持續下潛，浮力就會小於重量而下沉。三公尺的深度是達到不浮也不沉的中性浮力。

0
-20
-90
-200
-250
-300
-750
-3,000
-10,927

有朝一日，我的自由潛水能力或許能精進到能與抹香鯨一起游泳，潛水深度能夠輕鬆越過十二公尺，但人類的能力極限永遠也不可能抵達深水層的邊緣。深水層的深度定義是從水下一千到四千公尺的深度範圍，這是一個純粹、永久黑暗的世界，從未有陽光能抵達這樣的深海。這裡的巨大水壓是水面大氣壓的一百至四百倍，如此的水壓環境中人類的探索能力大受限制。海水溫度長年保持在低溫攝氏三．九度，這裡彷彿是沒有生機的地獄，沒有熱量來源也沒有人類出沒。

無論是自由潛水或是水肺潛水都不可能抵達這樣的深度，目前水肺潛水最深的紀錄是三百一十八公尺，但即使是最深的水肺紀錄，也未能及深水層深度的三分之一。人類要探索這個世界，只能透過專為深海打造的機器：水下遙控載具。這類水下載具的體積通常接近一個電話亭的尺寸，上面配備了許多的燈光和各式各樣的攝影機，操作時會透過一條長電纜與水面的基地船做連結。特殊的水下載具可以潛入上萬公尺的深度，但它通常是無人的，不能讓人類搭乘。目前，美國境內有六部水下無人載具能潛入深水層的深度，隸屬於大學或是海洋研究機構。雖然這是前往深海的主要方式，但在船的甲板上觀看水下載具傳送上來的即時影像，還是讓我覺得與大海有所隔閡，這些儀器設備帶給我們的體驗，永遠無法取代我們親臨現場的感受。

極少有潛水艇或是水下設備能載人類進入深水層，最著名的深海潛水器莫過於阿爾文號。阿爾文號隸屬於美國海軍，目前由伍茲霍爾海洋研究所負責營運。之所以稱為「潛水器」而非潛水艇，是因為阿爾文號在運作時必須透過水面艦艇的支援，無法獨立出海執行任務。阿爾文號首次的下水任務是在一九六四年，自此之後的五十年裡，阿爾文號執行了四千六百次的潛水任務，多次載人潛入深水層的領域。根據伍茲霍爾研究所的媒體主任表示，阿爾文號主要用於海洋研究，所以沒辦法讓一般的民眾或記者搭乘。他們的媒體主任清楚表示不歡迎非科學研究人員上船，也不曾讓記者搭過阿爾文號（後來我才發現，這位媒體主任不是在對我裝傻就是被誤導，因為曾有極少數的紀錄，有記者可以搭乘阿爾文號執行深潛任務。但我不想和她爭論這個，因為阿爾文號在接下來的兩年為了升級配備，都處在乾船塢中，無法執行任務）。

私人的潛水器成為我進入深水層的唯一選項。在過去的十年裡，佛羅里達州和加利福尼亞州出現了一種小型的產業，由數家專業的廠商組成的潛水器製造業。這是業餘愛好者首次能夠深潛到水下一千公尺的深海，但這些潛水器的造價非常昂貴，售價範圍從一百八十萬到八千萬美元，而且收到訂單後，製造商得花上好幾年的時間，才能將產品打造出來。門檻之高，買一個顯然是不可能的，我只能試圖去聯繫目前現有的船主，他們都是超級富豪，但沒有人回應我的聯繫。

有朋友告訴我，在紐澤西有一位名叫卡爾．斯坦利的人，他早在十五歲時就在家裡的後院用管道零件打造出一艘潛水艇。他是一位很特別的人，在他十四歲時，曾經入住精神病院六週，他當時被診斷出患有「反抗權威綜合症」。出院後，他開始著手自製潛水艇，在毫無工程學的背景之下，他花了八年的時間，在一九九七年先打造出一艘史上最小排水量（船體用來控制浮力的裝置尺寸）的船體，總共的花費大約是兩萬美元，大約是正規工程師執行此類專案計畫所需經費的百分之一。他將這艘潛艇取名為「浮力可控水下滑翔機」，可供兩人乘坐並下潛到兩百二十公尺深。

在美國，用自製未經認證的潛水艇承接觀光客生意將人帶往七十層樓深的海裡，是沒辦法買保險的，發生意外事故所要面對的理賠風險將是一場災難。因此斯坦利將他的生意轉移到宏都拉斯的潛水勝地羅阿坦島，當地的法令對潛水器的監管法規非常寬鬆，幾乎可以說不存在。斯坦利在當地經營的觀光潛水艇之旅相當受歡迎，幾年後他有了足夠的資金，建造一艘更巨大的船，他命名為「伊達貝爾」，可以乘載三位乘客並下潛到九百一十公尺深。

深水層（或稱為午夜區）的深度，是陽光無法穿透海水而抵達的深度。在羅阿坦附近一帶的加勒比海，深度大約是五百公尺，這樣的深度是伊達貝爾潛水艇能輕鬆勝任的環境。我想讓伊達貝爾帶我潛入它被允許的最大深度，因為除此之外我終生都沒有其他的機會可以到達那樣深的海。雖然，七百五十公尺深離海洋學家所定義的深水層最淺處一千公尺，還有兩百多公尺的差距，但這已經是一般人所能達到的最大深度了。

更棒的是，因為宏都拉斯的法規寬鬆，因此我參加斯坦利的深海之旅不需要簽署任何的免責聲明，雙方都沒有文件要簽，也沒有被要求投保保險。要是真的在旅途中發生了不好的事，所有的乘客包含駕駛斯坦利都會死亡（斯坦利親自負責每一次的駕駛）。這就是故事結局，失去一艘潛水艇，沒有任何人會被起訴。我唯一要做的就是電匯一千六百美元，並和他敲定出發日期。

他向我介紹，往返深海大約需要四個小時，潛水航行期間，我必須用蜷縮的姿勢待在一個像汽車後車箱大小的鋼球裡，不能伸展四肢，也無法上廁所，同時也必須承受待在密閉空間的心理問題。

斯坦利有幾次千鈞一髮的經歷。他曾經把水下滑翔機卡在一個六十公尺深的岩洞中，還被繩索纏住。另外還有一次，在六百公尺的深海中，他載著一對羅阿坦島的當地居民，他們是一對夫妻，妻子已經懷有身孕，航行期間有一扇觀景窗的玻璃產生裂痕，幸運的是裂痕並未擴大到令玻璃碎裂。在其他深海探險中，發生過防水墊圈滑出、電機馬達故障的小狀況，但每次斯坦利都會修復甚至更改設計，讓潛水艇的安全性能進一步提升。至今，斯坦利已經累積操控水下滑翔機或伊達貝爾將近兩千次，沒有人死亡，甚至連受傷的人也沒有。

斯坦利的潛水器都是自己設計、手工打造、自行組裝。他靠自己的力量，成為史上進入三百到六百公尺深海範圍，最頻繁也是累積最長時數的人。

斯坦利經營的公司正式名稱為「羅阿坦深海探險機構」，專門經營水下探險的觀光生意。營業地點座落在羅阿坦島西側旅遊熱門區域，這是一個面向加勒比海、有著潔白沙灘和湛藍平靜海水的新月形海灣，許多背包客或是預算較有限的美國家庭以及遊輪觀光客都會來到這個熱門的度假勝地。這裡有著美麗的沙灘，沙地上一間名為提基的酒吧供應各式各樣的飲料和餐點，挺著啤酒肚、日曬過度的男人和身穿粉紅比基尼的金髮女人坐在裡頭，店外頭有幾條流浪狗正在垃圾堆上搔著癢，當地人在一間名為「食人族咖啡廳」的店門口抽著冒牌的萬寶龍香菸。牙買加傳奇歌手巴布·馬利的歌聲，從老舊的卡式收音機中傳出，歌聲和打赤膊的計程車司機不時響起的諾基亞手機鈴聲混合在一起。

離開喧囂地區，沿著滿地棕櫚落葉的道路行駛約一公里，就來到了斯坦利的房子。這是一個距離海岸僅有十幾公尺的老式殖民地風格的木屋，沿著一條木製人行道就能走到一座小碼頭，碼頭的遮陽棚上漆著斗大的字「潛向深處」。在下方陰影處，鋼索牢牢懸掛著的就是名聲響亮的潛水小艇伊達貝爾，它周身漆著明亮的鮮黃色，在它頂部有一處煙囪狀的構造，四周都設計了圓形的觀景窗，人員必須透過頂部艙門進出。側身是伊達貝爾藍色的無襯線大寫字母「IDABEL」（參見QR Code）。

斯坦利站在伊達貝爾後方，正在從船體上拆下一大塊金屬機械部件。他是高瘦的體形，戴著反光墨鏡，穿著略緊身的灰色T恤和卡其色短褲。旁邊一台發電機運轉著，像咳嗽般排出廢氣，每隔幾秒鐘就有一陣壓縮空氣從伊達貝爾下方排出。我比預約的時間還要早到，剛抵達時不巧遇上斯坦利正在進行最後幾分鐘的維修，我走上前去與他握手時，他看起來不太高興，與我的眼神接觸停留時間有點長，接著又一言不發地走回潛艇。

除了駕駛以外，伊達貝爾可以乘載兩名乘客，為了及早啟程我直接包下兩個座位（每位乘客的票價為八百美元）。我問了幾個月前在留尼旺島認識的海豚科學家斯坦·庫查伊，他正巧在羅阿坦島上一處度假村對圈養的海豚進行研究，預計將在這裡待上一週的時間。庫查伊研究海洋和海洋生物已經超過三十五年的時間，但他從未搭乘過這一類的潛水艇，也從來不曾以水肺潛水探索三十五公尺以下的海洋，收到我的邀約，他欣喜若狂答應要當我的另一名乘客。

但在看過伊達貝爾的本尊後，原本因興奮而喋喋不休的庫查伊，立刻變得安靜並透露出恐懼的情緒。伊達貝爾比大家想像中還要小，總長為四公尺，寬僅一百八十公分。它的頂部有九個玻璃觀景窗，能三百六十度觀看周遭環境。當斯坦利駕駛潛艇時，他就站在這個地方從窗口望出去，這幾個窗口就像是汽車的擋風玻璃，是駕駛唯一能看到外界的方式。乘客則是坐在駕駛的腳前空間，乘客區是一個直徑一百三十七公分的球狀空間，而乘坐的位子寬度約僅有一公尺寬，大約就是美國家庭常見的懶人沙發的寬度。以我們這次為例，我們兩位身高超過一百八十公分的成年男性，要塞在大約只有單人沙發寬度的座位上，座位前方是一個七十五公分寬的半球狀凸面壓克力觀景窗。

在羅阿坦島經營潛水艇觀光有一個很大的地理優勢，這裡距離開曼海溝非常近，開曼海溝是從牙買加為起點，延伸到開曼群島的海底深水峽谷，其谷底處的水深為七千六百公尺深，地形上還包含了世界上最深的海底火山脊。二〇一〇年，一批來自英國南安普敦大學的研究人員派遣了一部水下遙控載具進行大深度的探索，在開曼海溝發現了世界上最深、溫度最高的海底熱泉噴發口（這是海底火山的噴發口，其噴出的有毒氣體距離海床有一公里高）。他們發現這些噴發口附近的溫度高達攝氏四百三十度，足以將鉛融化。二〇一二年研究人員再度探索這一區的海底火山口，進一步發現在火山口附近雖然是地球上最惡劣的環境，但卻是許多從未見過的奇異海洋生物和微生物的家園，在此之前不曾在地球上其他地方觀察到這一類生物。

今天我們的航程規畫不會靠近這些海底火山口，但我們將潛入漆黑的開曼海溝，一探人類從未見過的地方。斯坦利告訴我們：「我每一次潛水，都會發現一些新的事物。」

。　。

。。。

。　。　。

斯坦利通知我們是時候登艇了。庫查伊自告奮勇先進入艙體，我看著他很勉強地將身體擠進伊達貝爾頂部的出入口，那裡大約只有六十公分的寬度，這讓我想起一種打地鼠遊戲機，而他就像一隻剛好洞口大小的地鼠。進入艇內後，他踉踉蹌蹌了一陣才設法讓自己進入乘客座艙，將雙腿曲折彎到胸前，以非常克難的姿勢將自己塞入迷你座位裡。他透過前方的球狀觀景窗向我豎起大拇指，搖頭笑道：「我不認為你能塞進這個空間！」隔著厚重的觀景窗，他苦笑大喊：「我是認真的，你絕對進不來。」

我立刻爬上艙口，接著兩人扭擠一陣之後，我成功坐進去緊鄰他旁邊的座位，證明他是錯的！我成功坐在他旁邊，而不是疊在他的**上面**。由於乘客區是一個球狀空間，因此牆壁都是曲面，使人無法安穩地向後舒服地靠背，我們的脊椎必須像一個「括號」隨著牆面彎曲。頭頂也沒有多餘的空間了，因此我們必須像烏龜一樣拉長脖子，才不會讓頭皮頂在牆面上摩擦。

面對著超乎預期擁擠的空間，就在我們還沒改變心意之前，我們的駕駛斯坦利已經站在我們身後了。我們聽見伊達貝爾的電動馬達開始運轉，吊掛伊達貝爾的鋼纜開始放開，潛艇逐漸沉入水中，然後電纜脫離，斯坦利關上頂部艙口，潛艇未完全下沉，而是半浸沒狀態以利斯坦利透過頂部的觀景窗確認出港的航行路徑，我們開始出發向北行駛。

在乘客區，庫查伊和我面對著前方的觀景窗，此時觀景窗的景象被海面分割成上下涇渭分明的兩個世界，在上方的是金黃色陽光普照的陸地世界，而下方是銀藍色的海水。由於潛艇尚未完全沒入海面以下，太陽光直射，半球狀壓克力觀景窗產生類似放大鏡的效果，使陽光聚焦在乘客區，在我們完全駛出海灣前，伊達貝爾的內部溫度已經高達近攝氏三十七度，庫查伊汗流浹背，他看起來很生氣也很焦慮，同時情緒也很緊張，反覆無意識地點按相機快門，臉部已經出現緊張抽搐的現象。我們脫掉鞋子，讓已被汗水濡濕的一雙腳能涼快一點。

終於，伊達貝爾開始下潛，來自陸地的光和生命開始消退在我們身後。

斯坦利提醒我們坐好：「從現在開始，船身難免會有點搖擺也會有大角度傾斜。」話說完，他猛然地將伊達貝爾側傾四十五度，維持這個角度在海裡盤旋，片刻後我們就看到了開曼海溝的最上方開口。

「就是這裡了，我們出發了！」斯坦利宣布，接著伊達貝爾開始朝開曼海溝下潛。

此時觀景窗上方是來自海面的淡藍色色帶，窗戶下緣則是海底深不可測的幽暗，此時的觀景窗就像是一幅馬克．羅斯科的色域畫作。隨著伊達貝爾的下潛，上方原本明亮的藍色色帶逐漸轉為陰暗幽微，陽光逐漸消退並不是什麼錯覺，海水雖然是透明的，但隨著深度加深，陽光被水分子逐步吞噬，到了大約九百公尺的深度，已經沒有陽光能夠抵達這裡。

在海洋表面幾公分內，光的顏色分布和陸地上沒多大不同，但相較於藍紫色的光，波長較長的光，例如紅、橙色會最先被海水吸收，因此略有深度的水體呈現出偏藍的色調。在大約十五公尺的深度，人眼已經不太能看見陽光中的紅色；到四十五公尺深就連黃光也消失了；六十公尺深則是綠光……依此類推，七彩色光依序在海水中被不同程度的吸收，即使是留到最後才被吸收殆盡的藍、紫色光也無法照入深海。

水和空氣原本都是透明無色的，大海（天空）之所以是藍色的，和水以及空氣分子優先吸收紅橙色光有關。尤其是熱帶海域的海水總是藍到發紫，那是因為熱帶海域的海水清澈，能見度總是輕易達到數十公尺的水深，讓我們可以看到只有藍色和紫色光能夠穿透的海洋深處。

藍色的魚在海裡是相對罕見的，因為藍色的魚身在較深的海裡，也容易反射僅存的藍紫色光而暴露行蹤。可是紅色的魚就相當普遍了，因為紅色在深海中是很好的保護色，像是常見的濱鯛通體紅色，但隨著深度下降，紅色光最先消失，因此潛入三十公尺的水深，獵食者幾乎無法看見紅色的濱鯛，這就是為什麼濱鯛主要棲息的深度範圍落在十五到六十公尺之間的原因。

斯坦利毫不客氣地大角度下潛，我們幾乎是筆直地下探開曼海溝底部。下潛過程非常滑順，座艙非常平穩沒有振動，我們彷彿是在搭乘一具逆轉向下的熱氣球。此時深度已經來到九十公尺深，斯坦利也許是為了節省電力，因此一直沒有打開伊達貝爾的室內照明，我們目光所及的一切都是純粹的藍色。衣服、皮膚、記事本和外面的環境都是純藍色。

幾分鐘後，我們通過了兩百五十公尺，這已經進入了中水層浮游區，超過百分之九十九的陽光已經被吸收而無法達到這個深度。因為沒有行光合作用的可能，所以這個深度以下沒有植物生存，從這裡開始的海洋是礦物與動物的世界。隨著下潛深度持續增加，海水施加在伊達貝爾的壓力已經超過每平方公分二十五公斤，船身受水壓的擠壓而傳來嘶嘶聲和吱吱聲。斯坦利持續調整艙內氣壓，保持艙內氣壓在每平方公分一公斤的標準大氣壓，但我不確定艙內氣壓的控制到底有沒有足夠穩定，因為下潛的過程中，我大約每隔三十秒左右還是必須平壓一次，以避免鼻竇、耳膜受傷。庫查伊看起來非常痛苦，他蜷曲在一旁幾乎是跪著的姿勢。我也有著強烈的暈船感，反胃噁心，情緒上也很緊繃。

我關心地問他：「你還好嗎？」

他回答我：「沉重，呼吸很沉重費力。」

太空人受訓的其中一個項目，就是要在太空艙內狹隘的環境中，專注於自己所執行的任務，時時提醒自己保持理智，盡可能透過與其他太空人合作與溝通，以應對太空生活所帶來的心理和身體創傷。此時，我和庫查伊所做的正好相反，我們承受著狹隘空間與心理上極度的緊張，但此刻的我們很難好好對話協助對方釋放壓力，除了身體的不舒服，機械傳來的噪音也使得我們必須大喊才能進行對話。在這場付費潛艇旅遊的相關法規裡，我們對彼此都沒有責任。我實在很擔心這種情況若持續下去，我們在艙內是不是會發生什麼可怕的事。在我內心裡逐漸累積的幽閉恐懼症，如果再持續半小時，我對自己是否能保持理智已經沒有信心了。我們兩個人都各自陷入自己的麻煩，很難給予對方精神上的支持。庫查伊緊繃著下巴，表情看上去有些茫然。

一九九七年，俄羅斯太空人瓦西里・齊布利耶夫就是一個有名的案例，他在和平號太空站度過四個月後，變得神經質和抑鬱。有一次他在引導一艘無人補給船與太空站靠接程序時，突然變得恍神無法集中注意力，差點就把整艘船和太空站給毀了。兩年後，太空站也發生了兩名太空人血腥鬥毆事件，據稱事情的起因是其中有人試圖對另一名女太空人性侵，當下她逃離並躲入另一間艙室，並將艙室上鎖。

造成太空人精神問題的並非是工作量的因素，真正最大的問題來自於幽閉恐懼症，和另一個人被關閉在如此狹窄的空間內，對心理形成極大的壓力。俄羅斯太空人瓦列理・留民曾經說過：「如果將兩名男子鎖在五・五乘上六公尺見方的空間內，只要兩個月的時間，就能在心裡產生謀殺對方的念頭，心理壓力之大已足以滿足所有動手謀殺對方的條件。」

此刻，對於我身旁的庫查伊，我還沒有特別強烈想謀殺、毆打或甚至性侵他的衝動。目前我們被限制在這個鋼製吊艙中才經過大約三十分鐘。接下來我們還必須經歷漫長的三個半小時，才有機會看到陽光……或上個廁所。船艙裡越來越冷。外部的水溫大約只有攝氏七度，從座艙內部摸船體感覺很冰冷，整個內部無論是窗戶或牆壁，都凝結了一層水氣的光澤。

斯坦利宣布我們剛剛通過了三百三十五公尺。突然，潛艇的一側有一道明亮的閃光，就在我還在疑惑時，又出現了第二道閃光，緊接著又是兩道閃光。斯坦利開啟伊達貝爾裝設在外部的十一具照明燈。在我們面前的海水受強光照射而白得像是牛奶，然後，隨著我們的眼睛逐漸適應，又轉變成灰綠色，有點類似老舊電視機的螢幕顏色。窗外，成千上萬細碎的白色薄片從我們身邊掠過。

斯坦利向我們解說，這些碎片都是來自上方陽光照射水域的碎屑。在海洋中，任何不在水面漂浮的物體，最後都會下墜到海的深處：浮游生物的骨骼、魚的糞便、脫落的皮膚或鱗片——任何的東西，最終都會溶解成小碎片並且朝海底下墜，彷彿有一道永不止息的漩渦在吸引這些碎片。

海底深處不僅僅吸收了來自上方的碎屑廢棄物，更重要的是，海底還吸收了大量的二氧化碳。浮游植物是一種微型藻類，至少占了海洋生物總量的一半，這些微型藻類至少吸收了大氣中三分之一到一半的二氧化碳，並且貢獻了現今大氣中一半的氧氣。隨著海洋暖化，浮游植物會死亡，這將直接導致大氣中二氧化碳濃度上升，氧氣含量下降。

從一九五〇年到二〇一〇年，大海中浮游植物的物種數量下降了百分之四十，這是一個驚人的數字。隨著浮游植物的不斷死去，陸地上的動物將會越來越難以呼吸。

當我們潛入更深的水域時，碎屑更多也飛得更快，就像是海中的流星雨。

「這景象太不可思議了！」庫查伊略為回神並驚嘆地說，他開啟相機拍了幾張相片。就在我們一同讚嘆眼前這片流星雨、凝視著窗外這場意外的燈光秀時，斯坦利居然將外部照明全部關閉。

我立刻要求他將燈打開，我們還沒打算結束這場令人大開眼界的饗宴。

斯坦利果斷地回絕說：「繼續看窗外，繼續找。」

被他拒絕後，我有點一頭霧水，如果沒有任何外部照明，窗外就是漆黑一片。我瞄了一眼深度計，注意到我們剛剛通過了五百二十公尺，這是完全沒有陽光可以抵達的深海區域。

斯坦利很快就驚呼：「你們看到了嗎？那裡，在左手邊！」

就在不遠處，也許距離我們十公尺，一道像煙火般的爆閃光出現在黑暗的海洋中，接著在我們下方又有一道光爆開，然後右邊又出現更多煙火，每一道閃光的顏色都很鮮豔，繽紛難以言喻——白色中帶著粉紅、紫色和綠色的閃光。我們可能正在目擊古代水手所描述的「海洋燃燒」的異象——生物發光，即生物體透過體內的化學反應產生光。從細菌到鯊魚，大約有百分之八十到九十的海洋生物都具有生物發光機制。

隨著潛艇繼續前進，我們仔細透過前方觀景窗觀看，閃爍與爆閃光更加明亮，極短促卻又具有機械式的規律性。突然右側爆發一陣綠光，同時左側幾公尺遠的地方也爆開一陣藍光，兩種光似乎在互相匹配，遠方還有六個忽暗忽明的光點在閃爍。我們看不到任何形體，也沒有見到任何動物在游動，就只有閃光，像螢火蟲般的閃光。我們的潛艇看來正穿入「某些生物」的聚集區。「這看起來像是某種形式的溝通。」庫查伊說道，同時舉起相機，盡可能記錄眼前的畫面。

海洋裡，發光生物使用光來驚嚇敵人，或是分散對方的注意力、引誘獵物或者彼此交流。長相怪異的鮟鱇魚在頭頂上產生一個光點，控制該光點引誘獵物。巨型烏賊可以長到二十公尺長，棲息的深度比深水層還要更深，牠們能產生明亮的閃光和其他同類進行溝通，其原理也許類似摩斯電碼之類的機制。烏賊、鮟鱇魚和其他深海動物的大眼睛，不是為了處理來自陽光的訊號，像牠們這樣的深海生物，很多在其漫長的一生之中都不會見到陽光。牠們演化出的大眼球是為了在這黑暗的環境中，捕捉最微弱的生物發光。

人們對於深海生物如何用光進行溝通所知甚少，因為我們對深海生物的研究很少。只有兩隻巨型烏賊曾經被拍攝到，也僅有一次捕捉到一隻發光中的巨型烏賊，相關的數據非常缺乏，難以展開系統性研究。

儘管如此，一些關於生物發光的基礎研究已經展開並且取得了一些研究成果。生物發光目前已經在應用領域取得一些成績。腫瘤學家現在已經使用海三色堇（一種凝膠狀、類似水母的動物）的生物發光基因來研究癌細胞和病原體對治療的反應。海三色堇的基因也被用於研究胚胎幹細胞如何在生物受病毒感染時做出反應。

二〇〇〇年一月，美國當代藝術家愛德華多．卡克聘請了一家法國遺傳學公司，將一種來自水母的綠色螢光蛋白基因，拼接到白化兔的基因組中，從而以人為的方式，創造了第一個發光哺乳動物的藝術項目，這種對活體進行人為基因改造的實驗，引來高度爭議，但這個新創領域並未因爭議而停止。二〇一三年，一個美國團隊在群眾集資平台Kickstarter提出一個創意項目，他們宣稱有能力對植物進行基因改造，使植物在黑暗中能夠發光。該團隊的願景是希望這些發光的植物，有朝一日能夠取代路燈。這個植物自發光的創意項目，最終在集資平台上成功募集到四十八萬美元。

在卡克首次向眾人推出他的螢光兔子時，幾乎同時，科學家們也嘗試了對普通斑馬魚添加螢光基因，並且取得成功，創造了世界上第一尾基因改造螢光魚。螢光魚除了被註冊專利，現在也已經普及到美國各地的寵物商店都能買到。

斯坦利再次開啟外部照明，原本漆黑一片的空間，立刻因雪花般沉降的碎屑而呈現灰白色的場景，剛剛由生物發光所演出的煙火秀消失了。眼前登場的又是一幅奇異的景象，我們看到一群魚游動，但那不是尋常我們所熟悉的水平向移動，眼前這群魚是垂直向上游。在伊達貝爾的強光照明下，宛如十幾根銀白色的大型驚嘆號整齊地向上移動。

陸地上的生物多半都被侷限在一個單一平面上活動，但在海洋世界裡，從海平面到海底之間這段範圍稱為「中水區」，生物可以向任何方向自由移動。這個特殊的空間裡，每一個方向都是均勻一致的，沒有任何特殊性，在這裡的每一個點和方向都是驚人的一致。這種高度均勻的一致性，令在陸地上生活的我們感到無所適從。在這個空間中，你見不到山、沒有天空、沒有地標、沒有任何上下左右的區分。這裡的黑夜永遠不會交替成白晝，這裡沒有任何季節感，終年都維持著恆定的水溫。也沒有任何動物固定棲息在這個區間中，當你身處這個空間中，將無處可歸、沒有任何目的、唯有永恆的漂流。我在這裡感到一種深沉的悲傷、強烈的孤獨感，這裡是我所見過最黑暗、寂寞的世界。

對於海中的生物，身處在中水區的危機可能來自任何一個方向。當海面上的太陽升起時，海洋動物會從深海遷移到離海面幾十公尺的明亮範圍內活動，夜間時這些生物會再潛入深海的黑暗水域中以偽裝自己。這種通勤是地球上規模最大的動物遷徙，每天都在地球上發生。然而真正棲息在大深度如深水層中的生物，大多數終其一生都不會離開這個黑暗世界。

伊達貝爾剛剛通過六百公尺深，船體金屬結構受深海擠壓的聲音，越來越響亮也越發頻繁。此時外界的壓力已經高達每平方公分六十三公斤。如果此時潛艇牆面上出現一個針孔，在外界巨大水壓的作用下，海水透過這個針孔噴射進來的一道細水柱，會是一把銳利的手術刀，能輕易切開人的肉體；這道細細的水流很快就會將潛艇的金屬牆面撐開，使得噴射而入的水流越來越大，伊達貝爾的艙體會崩塌。在這種深度的死亡不會是一場緩慢的過程，我們都會在瞬間粉身碎骨。

奇怪的是，此刻的我感到很舒適。在開始這趟潛水前，我以為進入這個深度範圍後，會令人感到恐慌和壓力。但此時，在海面下六百公尺的水深中，我感到出奇地平靜，內心非常祥和。我周圍的一切沒什麼是我可以掌控的——無法下船、不能隨意說停就停、無法阻止潛艇艙體崩塌。抱怨或是擔心接下來可能會發生的事情只是一場徒勞。

這樣的處境，讓我想起喬治．歐威爾在他人生中第一部長篇小說《巴黎倫敦落魄記》，曾經有這麼一段。當時原本擔任洗碗工的歐威爾，才剛被巴黎一家餐館開除，完全身無分文。他形容當下有一種跌入谷底的喜悅：「這是一種真正解脫的感覺，簡直是一種喜悅。在人生最窮困潦倒的谷底中理解自己。你經常擔心自己將會越來越糟，如今已經來到最糟糕的處境了，就是現在這個當下。而此時此刻的你，仍然能挺身承受。當你意識到這點時，之前害怕的、焦慮的情緒就一掃而空了。」

懷著一種如釋重負的心情，我將下巴撐在手掌上，聽著伊達貝爾的鋼骨結構持續傳來嘎嘎的擠壓聲響。我想到如果我們出了什麼差錯全部都死在這裡，那將不會有人知道發生了什麼事，就連我們自己都不會曉得。

我將自己能放鬆心情的原因部分歸功於斯坦利。在陸地上時，我看到他是一名安靜而且行事謹慎的人，他不太理會我的問題，而且對於我提早抵達感到有些惱火。對他的反應我並不感到驚訝，因為他稜角分明帶刺的個性，早就讓他在羅阿坦地區惡名昭彰。

但是在這裡，海面下數百公尺的黑暗深海裡，斯坦利變了一個人，他變得多話、大笑、整個人充滿活力，用腳輕輕敲打著收音機放出的迪斯可或爵士樂的拍子。我們所在的這艘伊達貝爾，是他用雙手、全憑一己之力打造而成的潛艇，他在這個領域中所奉獻的時間，比起任何人都還要多。我們現在是他家裡的客人，而他也展現出誠意要讓我們在這裡度過美好的時光。

我們潛得更深。突然一道蒼白的光芒出現在我們前方，我們透過半球觀景窗仔細注視它，感覺我們在這個黑色的無限空間中，彷彿正在緩緩接近某個遙遠的星球。隨著潛艇的移動，前方外星異世界的輪廓細節漸漸展現，斯坦利放慢速度並將潛艇靠得更近，接著轉動了伊達貝爾的方向，使我們的窗戶與海床平行。我們準備著陸了！庫查伊和我深深吸了一口氣，伊達貝爾底部發出短暫尖銳的碰撞聲，我們成功在水深六百七十公尺的海底著陸了。

艙體的鋼牆出現薄薄的細冰，艙內的溫度已經降到攝氏十八度。庫查伊和我伸手去穿我們剛剛熱得受不了而脫掉的鞋子，此時腳底碰觸的艙底非常冰冷。外面的景色就像是月球表面——有巨大的岩石、淺淺的隕石坑、寬闊廣袤的平原。目光所及之處都泛著雪花反射的白光，像被雪覆蓋一樣。但這並不是雪，這一大片無所不在的粉狀毯子是由數十億個生物骨骼碎片中的鈣與矽所構成——海洋生物學家稱之為「軟泥」的精細物質。在這裡沒有陽光可以融化它，沒有風吹拂它，也沒有雨水沖刷它，所以軟泥物質一旦沉降到海洋底部，就只會在原地停留，每兩千年才能累積出約二．五公分的厚度。

我們剛剛降落在地球上最古老的墓園。

放眼望去如此荒涼的地方，應該沒有任何生物可以在此地生存。然而，我們錯了！我們周圍都是生命，其種類比我想像的更奇怪和醜陋。

一條約六十公分、長得像鰻魚的淡紅色怪魚正用牠兩條粗短的腿在這片白茫茫的雪地上蹣跚爬行。牠的長相怪異、醜陋，斯坦利與庫查伊都不認識這條魚，牠像是演化樹上一個奇怪的分支生物。在我們看來，牠似乎正沿著一條飄忽不定如醉漢行走的扭曲路徑前進，當牠經過我們面前時，我們三人都忍不住笑了出來。

再遠一點的地方，一條像小型犬大小的魚蹲在一塊岩石旁，牠的皮膚上覆蓋著像是樹皮的棕色斑點，每隔幾秒鐘，牠就會張開大大的嘴，就像是坐在公園長椅上不時打著哈欠的老人。而在我們的右手邊，一條有著粗糙長背鰭的灰色鯊魚漫不經心地從我們眼前緩緩漂過，牠慵懶地繞了半圈後，轉頭透過窗戶茫然地瞪著我們。

這裡的生物似乎都沒有經過好好的進化，功能發展不全，笨拙、緩慢，在某種程度上可以說是殘廢了，這裡活像是上帝在實驗室中測試失敗的產品拋棄處。但這種說法是完全錯誤的。在沒有光的世界裡，外表是不重要的事，想在這個蕭條的世界中生存，效率與適應能力才是存活的關鍵。在這裡出沒的生物，雖然有著抱歉的外形和笨拙的運動能力，但牠們已經進化到能在這種環境裡長久生存，並且建立了一個小型生態系。這是地球上絕大多數生物都無法存活的惡劣環境，從這個觀點來看，牠們全都是演化上非常成功的生物。

在這個深度下，食物一向都是非常稀缺的。這裡完全沒有陽光，因此就不可能行光合作用，沒有光合作用的可能性，就不可能存在植物、浮游生物或其他種類的植被。這是一個純然的肉食世界，動物在這裡唯一的生存之道就是獵食其他動物。我們尋常所熟悉的動物結構——肌肉與肉體——所需要的能量與營養在這裡太過奢侈，深海動物在這樣的環境中無法找到充足的養分供給肌肉並維持身體機能，因此，這個環境中的動物演化出凝膠狀的皮膚與骨骼，這是深海環境中最有效率的生物設計。

由於移動身體也會消耗能量，因此大部分的深海動物都鮮少移動。牠們多半是以守株待兔的方式狩獵，耐心等待毫無戒心的動物主動靠近；牠們的繁殖方式也是類似的方式，長時間固定在某處等待配偶出現。為了能夠提高繁殖的機率，一些動物成為雌雄同體，這讓牠們無論碰到什麼性別都能夠進行物種繁殖。

有的動物為了生存，特化出某種特定的極端功能，其中最令人印象深刻的可能是電鰩（參見QR Code），電鰩也棲息在這種環境中，而且適應得很好。這種生物理應在食物鏈中很容易受到獵捕，因為牠的視力極差，聽力也不佳，甚至有些種類的電鰩幾乎不會游泳，有的則是缺乏牙齒。如此弱勢的生物能夠在深海環境中存活，是因為牠們特化出一項超能力，使牠們成為令其他深海動物恐懼萬分的頂尖獵食者。

在過去幾億年的演化長河中，這些長相怪異的圓盤狀魚（大約有六十種），進化出最高可以產生超過二百二十伏特的電擊器官，一般家庭用電的電壓還不及牠產生的一半。其實這並不是什麼神祕的力量，所有的生物體都是透過一系列放電在發揮功能，例如神經傳導也是靠電訊號，這就是所謂的「生物電」，而電鰩只不過是把生物電的器官與機制發展到最大限度，產生致命的效果。

人類體內許多機制也必須透過生物電才得以運作。體內每一個細胞都含有電荷，當你看到某物、聽見聲音、品嘗食物或思考的時候，相關的細胞就會產生一陣脈衝式放電，這股電脈衝以每秒一百二十公尺的速度，來回穿梭在大腦與身體的不同區域。

這種電流透過一系列稱為「離子通道」的傳導路徑流動，離子通道由細胞膜中微小的蛋白質所構成，這些通道可以允許或阻斷電離子的流動。

將你的神經想像成河流，大腦就像是一片湖泊，所有的水都匯入湖泊也能從湖泊流出，而離子通道就像是流水路徑上的水壩，能夠控制信號的流動與方向。在我們的體內有大約三十五兆個細胞，每一個細胞都有自己所屬的離子通道，能同步打開或者關上，這是我們能感知世界的生物基礎。當你閱讀這句話的同時，就已經有幾十億個神經細胞正在運作傳遞訊息。*

* 電腦是在人類理解離子通道之前就先被發明出來，它的運作原理和我們現在所知的離子通道的概念非常類似。所有電腦都基於二進位制，也就是0與1兩種狀態，電腦工作時就是在處理一長串的0與1的電信號。生物體內，離子通道的運作是永無止境地控制開與關，其效果也和產生一連串的0與1的狀態類似。我們所感知的每一種顏色、聲音、電影、歌曲甚至思考決策程序，就像是一連串離子通道藉由開與關產生二進位制的訊號，這些訊號即時傳入大腦中進行處理。

神經產生電脈衝時，就會產生電能。根據牛津大學遺傳學家、同時也是名作家的弗朗西絲·艾希克羅所述，在離子通道上的電場強度大約是每公分十萬伏特。

人體能產生的電壓大約是〇·一伏特，如果一個人體內的所有電能都無損轉化為光能，那麼人體的亮度將會比同等質量的太陽還要亮上六萬倍。同樣重量的情況下，你可能比太陽系中最亮的恆星還更加耀眼。*

有些藥物在人類體內運作的機制，就是干涉離子通道的開啟或者關閉，這可以協助某些細胞功能恢復正常。艾希克羅發表了大量關於離子通道的研究成果，她的研究開創了使用硫醯基尿素類藥物治療新生兒糖尿病的先例。硫醯基尿素類藥物可以關閉細胞中有缺陷的離子通道，使得原本被抑制的胰島素能夠正常產生，因此能從根本上治療糖尿病患。

在中醫裡，人體的電能被稱為氣；日本傳統醫學稱之為靈氣；印度人稱之為普拉納。這些來自東方文化的傳統醫學，在很大的程度上有著類似的觀念，他們透過這樣的理解基礎，以調整身體某部位的能量來促進健康或治癒疾病。

其中最顯著的例子之一，是長期修練內火冥想的西藏苯教僧侶，這也是西方科學所能觀察到的最接近人類放電的實例。這些僧侶可以透過冥想，提高肢體溫度最高達攝氏八度之多，在攝氏四度的環境下，將一條晾在他們背部的濕布烘乾。雖然這樣的能量展現，遠不如電鰩那麼強大，但它已經是人類使用生物電的一項實例，證明我們和其他生物一樣具有操作生物電的可能。

斯坦利再次啟動伊達貝爾的馬達，我們從傾斜的海床飄浮起來朝更深的地方前進。假如我們持續下沉，最終將會抵達開曼海溝七千六百公尺深的底部，現在我們的深度計顯示所在深度為海面下七百七十七公尺。

＊至少，根據《探索》雜誌的部落格作者菲爾．普萊特的估算。依照他的思路（你也可以試著算算看），太陽的體積是一千零三十三立方公分的一．四倍。每秒鐘，太陽可以從每立方公分的體積中發出二．八爾格（一種能量單位）的光能。換句話說，太陽的總光度為每秒每立方公分產生二．八爾格。人的體積大約為七．五萬立方公分，將人體能夠產生的光度（約為一．三乘以一千零一十爾格／秒）除以人體體積，可以得出每秒每立方公分產生十七萬爾格。

0
-20
-90
-200
-250
-300
-750
-3,000
-10,927

在遠處，有一群閃閃發光的迪斯可球懸浮在海床上方幾十公分處，斯坦利向我們介紹：「那是一群魷魚。」牠們每一隻都被色彩豔麗、閃耀著華麗光芒的外衣包裹著。在魷魚旁邊還有其他生物——我猜可能是水母——發出粉紅色和紫色的光。我們一路跌跌撞撞，意外闖入紐約華麗的「五四俱樂部」*，在俱樂部裡一窺璀璨的夜生活。

「嘿，看看這邊。」斯坦利突然叫我們，邊說邊將伊達貝爾轉向左邊。庫查伊和我出於好奇，盡可能向觀景窗伸長脖子，由鋼鐵打造的艙體內壁已經結冰，冰冷的水滴落在我們的頭頂和脖子上。

轉向後，斯坦利將潛艇原地靜止。牠距離我們前方觀景窗只有三、四十公分的距離，牠緩緩地向我們靠近，在離球狀玻璃幾公分處的地方停懸。從這個透明球體的頂部延伸出數道流動的光條，最終達到牠身體的底部；光條上閃爍著一個接著一個的光點，每個光點依序發光，在視覺上會看到光的流動軌跡，從上方緩緩向下流動；周身的光點全都有著完美的同步性，先是閃爍著藍色、紅色，接著是紫色，然後又跳回黃色。牠向我們展現人類肉眼所及的完整光譜範圍，在這黑暗冰冷的世界裡，明亮地展現了所有的色彩。近距離凝視著牠，我漸漸出了神，在牠身上我好像看到了人類的城市夜景：當牠展現紅色的光流時，我看到了繁忙高速公路上的車尾燈，一個挨著一個，緩緩流動；當牠閃耀著白光點時，就像是我們從飛機上俯瞰夜空下城市的街道路燈。這在些耀眼的光點之間，看不到其他物質——沒有肉、神經、骨頭或任何身體的組織——就像是一團透明繽紛的光點在空間中集合。

庫查伊瞪大雙眼、下巴也張開了，讚嘆地問：「這奇怪生物到底是什麼？」

斯坦利向我們介紹，這是櫛水母（參見QR Code），是他見過體形最大的一隻。櫛水母屬於櫛板動物門的一種，是深海中常見的生物，牠們利用稱為纖毛的外層細毛推動自己在水中移動，最大可以長到一．五公尺長。像其他所有水母一樣，櫛水母沒有眼睛、沒有耳朵、沒有消化系統、沒有肌肉組織。當我們注視著這個球狀物時，在我們眼前的是一團百分之九十八都是水、由肉眼看不見的細微神經組織和膠原蛋白構成的生物，僅靠兩層透明細胞連接就形成神經傳導路徑，連通全身非常稀疏的神經網絡。牠沒有大腦結構，但照樣能在大自然中捕食獵物與交配繁殖，還能靈活地在水中移動。

＊譯註：五四俱樂部是一九七〇年代創立於美國紐約市的傳奇俱樂部，是紐約夜生活文化的經典代表。

如此神奇的生物，牠現在就在我們眼前，離我們的鼻尖只有六十公分，在這個達到克萊斯勒大樓兩倍高度的深度下，罕見的巨大櫛水母，用非我們所能理解的視覺與我們互相凝視，在沒有大腦的運作支持下與我們交流，牠展現如拉斯維加斯般絢爛的七彩燈光吸引著我們。

。。。。。。。

櫛水母、在海床上行走的魚、閃閃發光的游魚群、如雪花般飄落的精細物質。在我看來，這些我們所謂的稀有物種，實際上是這個深海環境中的常見生物。沒有陽光能抵達的深海，容納了百分之八十五的海洋生命，這才是地球上最寬廣的生物棲息空間。據估計，海洋裡仍有三千萬種生物尚未被發現，但陸地上已知的物種僅有一百四十萬種。地球上規模最大的動物群落和最多的生物就生活在水深九百公尺以下。

當我坐在這個狹窄的金屬球體中，透過觀景窗凝視著一個鮮為人知的生物棲息地時，我感到胸口有股呼吸無法填實的空虛。在此所見，才是真正的地球，這裡住著這個

0
-20
-90
-200
-250
-300
-750
-3,000
-10,927

星球上百分之七十一的沉默多數，牠們有著獨特的外觀——凝膠狀的身體、鬥雞眼的表情、笨拙的動作、閃爍著光芒；牠們隱身在這個永恆的黑暗環境中，承受著每平方公分高達七十公斤的水壓。

我們從外太空看到的藍色星球只是表相，我們的星球並不是如表面所見屬於真正的藍色，也不是只有草、葉、雲朵和陽光。

它是永恆的黑。

-3,000

遠赴羅阿坦島搭乘斯坦利的黃色潛水艇，為我帶來一段奇妙的深海旅行，但必須面對的還是逃不掉，我仍舊得承受訓練自由潛水的磨練。從現在開始算起，斯格諾那即將在斯里蘭卡展開的抹香鯨研究，還剩下八週的時間。我必須把握這八週，將自己的自由潛水能力提升到至少能跟得上研究團隊的水準，如果做不到就不夠格參加。

舊金山的開放水域，水質能見度總是很差，水溫低，潮汐帶來的洋流強勁而致命，再加上大白鯊時常出沒，因此我無法在開放水域進行訓練。我將所有的精神和訓練放在泳池和陸地，每週總會有幾天，將防寒衣與面鏡塞入背包中，騎著自行車前往附近的公共游泳池，試著在游泳池進行平潛訓練。我夾藏在一般泳客之間進行練習，當我平潛時，在我頭上方半公尺處往往是來此運動的老人家。這裡的救生員注意到我的練習，因此他特別關照我的安全。我後來才知道他也是一名自由潛水人，幾週後，他開始下場指導我。這是偶然形成的師徒關係，對我來說他就像是宮城先生*。

「宮城師父」用來折磨我的刑具是橘色的安全錐，訓練過程中，他會將醒目顯眼的安全錐放在泳池邊緣，作為我平潛距離的標記。他對我採取的訓練是漸進式的，每完成一個階段，他就會無情地移動橘色安全錐的位置，迫使我必須再多閉氣幾秒鐘以移動到新的目標距離。他的這種訓練著重在閉氣平潛的距離，而不是閉氣時間。我稱這種訓練方式為「水中的幸災樂禍」，因為要執行這樣的訓練，實在是一件很不容易的事，而且「宮城先生」當然很明瞭這一點。每當我在逼近極限的狀態下浮出水面，我總是脹紅著臉，努力大口換氣，眼神略帶恍惚，為了恢復末梢血液循環而拍打手掌。看著我在池邊的窘狀，他總是輕藐地微笑著。不舒服、疼痛、感到肢體麻木，這些都是標準的「窒息」症狀，每一位曾接受訓練的自由潛水員都曾經歷過。

就在紮實密集的訓練一個月後，我在泳池的平潛距離從二十五公尺增加到五十公尺，足足增加了一倍。

不在泳池訓練的日子，我也沒閒著。我在住家的客廳裡鋪上瑜伽墊，讓自己的肢體

＊譯註：一九八四年好萊塢電影《小子難纏》，劇情中白人青少年遇上願意教他功夫的武術高手「宮城先生」。

輕鬆地在墊上伸展，進行陸地上的靜態閉氣訓練。乾式訓練不見得比在水中輕鬆，在陸地上進行靜態閉氣訓練，有一個明確的訓練目標，就是協助身體提高對二氧化碳的耐受性。

閉氣過程中二氧化碳在體內的濃度不斷上升，身體必須接受訓練以承受體內的高濃度二氧化碳。人類在閉氣過程中，逐漸出現的不適感、越來越強烈的呼吸渴望，並不是來自於體內缺氧而形成的生理刺激，這些閉氣症狀主要都是來自於體內二氧化碳濃度越來越高而引發的生理反射。頂尖的自由潛水人與我這種菜鳥的最主要分野，就在於如何面對高二氧化碳濃度帶來的生理反應。越是訓練有素的自由潛水人，在面對強烈的呼吸反應時，越能夠處之泰然、冷靜面對。靜態閉氣的訓練中，公認最有效的訓練方式是採用「靜態閉氣訓練表」。在訓練表的規畫下，可以有計畫性地達成相當程度的二氧化碳累積。只要能照表操課並按部就班地訓練，就能提高身體對高二氧化碳濃度的耐受能力。

閉氣訓練表本質上是一種間歇訓練，大致上的結構是逐次增加閉氣時間，並同時逐次減少閉氣中的休息時間。例如：先呼吸兩分鐘，四次大換氣後閉氣兩分鐘；閉氣後新一輪的換氣時間必須縮短成一分半，再經過四次大換氣，將下一輪的閉氣時間延長到例如兩分半鐘，以此類推。

就在勤奮的練習幾週後，我達成了設定的目標，只需要呼吸準備一分鐘，就能靜態閉氣三分鐘。

靜態閉氣有一項鮮為人所提起的副作用，它的效果不只是讓身體對二氧化碳的耐受性提高，靜態閉氣還能為訓練者帶來「深刻的愉悅感」。這種快感很難形容，它大約介於激烈運動後腦內啡上升與快速灌酒後醺醉的感受之間。內在充盈著溫暖感，末梢神經持續發出電流脈衝，流竄全身。這種快感的作用讓你覺得飄飄然，思緒朝向快樂的方向飛去。

熟悉之後，我在自己住家的很多角落都能隨時隨地開始練習閉氣，很多自由潛水人都有這種隨時練習閉氣的習慣。斯格諾那知道後提醒我要小心，即使是在陸地上訓練閉氣，昏迷的發生和在水裡一樣突然、毫無預警，所以他建議我最好還是在坐或是躺的時候進行閉氣練習，並且要特別注意身體周遭不會有銳利的物品。很有可能此時你在廚房洗著碗，忙著手頭工作的同時練習著閉氣，你感覺一切都很棒。瞬間，你發現自己躺在廚房地板上，倒臥在自己的血泊之中，從毫無意識的狀態中漸漸甦醒。這正是斯格諾那一位朋友的親身經歷。在陸地上進行閉氣訓練，一旦發生昏迷，可能持續幾秒鐘到一分鐘之久，你的大腦最終會自己醒來，察覺身體並沒有真的困在水中，然後觸發肺部呼吸換氣。所以練習時，最好確保你即使是無預警昏迷，都能讓自己的身體落在一塊柔軟的地方，只要注意到周遭的安全，在陸地上練習閉氣而發生昏迷是無害的。

後來，在我的練習過程中發生了一件驚險的事，就在我頻繁地練習了幾週後，我想把握辦公室裡無聊的時刻，利用這個空檔來練習閉氣，除了能練習還能打發時間。突然間，我察覺到自己坐在辦公椅上，頭低垂著，手臂完全放鬆垂擺在一側，熱茶潑灑在我的鍵盤上，漸漸地我才意識過來自己發生了什麼事。剛剛我完全失去意識，大腦停止運轉，在體感上是一瞬間的事，可能只有昏迷一秒鐘吧，但實際上我根本不知道自己昏迷了多久。在前一刻，我完全察覺不到自己即將進入昏迷的徵兆。從日常生活中的意識運作進入無意識狀態，是一種無縫的過渡，當事人難以事先察覺並抵抗它。我必須透過自己的肢體姿勢與倒下的咖啡杯、被潑濺的鍵盤，才能推論出自己剛剛發生了昏迷。

這種「不知不覺」令我感到毛骨悚然，但我也沒有因為這起小意外，就讓自己的閉氣練習限縮在自己家裡安全的角落，我還是會盡可能把握時間進行練習。

其中一個最好的陸地練習就是閉氣行走。選擇一個適當的場地，例如柔軟的草地（避免無預警昏迷倒下而受傷），在閉氣的狀態下行走，盡可能地拉長行走距離。這個簡單的練習之所以被廣為推崇，是因為身體肌肉在行走時所消耗的氧氣，約略和自由潛水過程中的耗氧相當。首先在原地進行呼吸準備，接著身體不動閉氣三十秒，待自己的心跳平靜下來後，開始用平緩的速度向前走直線，自己掌握閉氣的生理訊號，感覺折返點到了，就轉身往回走，朝剛剛自己出發的點「返航」，理想上你應該要走回起始位置。你在閉氣過程中所能走的距離，約略就和你閉氣潛泳的距離相當。

經過一個月的持續練習，我可以毫不費力地在閉氣狀態下行走六十公尺的距離（單程三十公尺）。

雖然在練習的項目中，我在這幾週已經有了明顯的進步，但自由潛水並不是閉氣或者閉氣走路這麼簡單。對於大部分的初學者而言，遭遇最大的挑戰是平壓，必須學會快速、連續地在下潛過程中平衡鼻竇與中耳的壓力。上次參加自由潛水課程時，第二天在四十噚石窟的開放水域課程中，無論我多麼努力地平衡壓力，我的平壓效果總是跟不上我下潛的速度。想必理由很單純，那就是我做錯了。

一般人要平衡中耳壓力，最簡單的作法就是捏著鼻孔，用力吹氣鼓起臉頰，此時口鼻腔中的壓縮氣體便有可能推開耳咽管，讓外界氣體進入中耳，鼻竇、額竇也會因類似的氣壓效果而達成壓力平衡。這種最一般的作法稱為「伐爾沙瓦氏法」（簡稱伐氏操作），這大概是百分之九十九的人都會的操作，在陸地上的成功率非常高。但是當你下潛深度超過十公尺後，這個方法變得不太管用。隨著你下潛的深度越深，環境壓力上升，空氣在肺部體積會進一步縮小，最後你能用來平壓的氣體非常少，甚至不夠用來平衡耳壓，此時伐氏操作變得毫無用處。

大部分的自由潛水人或噴射機飛行員（由於飛行速度快，經常劇烈變換飛行高度導致艙內壓力波動，因此飛行員也需要學會快速有效的平壓技巧），都使用另一種較進階的方法稱為「法蘭茲平壓法」。這種方法透過巧妙地控制會厭與舌頭的姿勢，只需要鼻腔中的殘氣就能完成耳壓平衡，而且速度非常快。這方法對初學者而言有些複雜，導致許多人做錯了，沒有正確熟練法蘭茲法會直接影響自由潛水的深度表現。

為了學習法蘭茲法，我聘請了美國自由潛水代表隊的隊長泰德·哈蒂，請他透過網路視訊為我進行三十分鐘的培訓課程（當課程開始時，我馬上就認出他就是我在坦帕上泳池課時，肋骨上有刺青的教練。因為我在泳池課閉氣時間達四分鐘，而引起了他的注意）。

他在課程一開始就強調了最核心的重點：「法蘭茲法和傳統的伐氏操作，兩者最大的不同在於進行伐氏操作時，喉嚨是打開的狀態，必須和肺部保持直接連通。但在法蘭茲法，喉嚨是關閉的。」

他指導我完成一些練習，主要是透過類似咳嗽的動作發出聲音，或是閉著嘴哼聲，我們大約這樣練習了十分鐘。兩種奇特的發聲方式都是在控制會厭——即覆蓋住氣管、帶著軟骨的肉瓣。會厭的動作與位置決定氣管的開與關，當我們平日吞食或喝水時，會不自覺地將會厭關閉，避免食物和飲料進入氣管內。想學會法蘭茲法，就必須能夠自主控制會厭的開與關。接下來，哈蒂為我示範，如何不使用肺部的氣體，利用舌頭將口腔與鼻竇內僅存的一點點氣體「打入」中耳完成平壓（傳統的伐氏操作是推出肺部的氣體進行平壓），一旦學會法蘭茲法，就能自如地將空氣調配在口腔或鼻竇之間，幾分之一秒內就能完成平壓，而且每次都能成功達成。

法蘭茲法的操作對一般人而言是很困難的，如果沒有人向你示範，引導你學習，很難透過文字傳遞技巧。這也是為什麼哈蒂提供他私人的即時通訊帳號，讓我透過視訊學習的原因。上課之後，還不算真的學會，哈蒂要求我之後的一個星期以內，每天都至少要重複練習三百次法蘭茲法，提醒我要把握在泳池練平潛時一起練習法蘭茲。就在視訊課程結束，他即將離線前的最後一刻，他給了我一些忠告。

「我有些學生，他們來上過課以後，就從此沒再出現過了，你知道為什麼嗎？」說到這裡，他停頓了一下，然後才慎重地說出：「因為，他們在獨自練習時喪命了。記住，永遠、永遠不要一個人進行自由潛水。」

和他結束通話後，我牽著狗去公園散步，緩步走在公園裡，練習著閉氣走路，同時將法蘭茲法的練習加進來。

尚有一部分的我，還沒接受紮實的自由潛水訓練，那就是我的心智。為了在心智上尋求幫助，我聯繫了之前在希臘認識的自由潛水選手漢莉・普林斯露，過去她是自由潛水競技選手，長期浸淫於自由潛水，和許多其他選手一樣，曾經徘徊在死亡邊緣，心智上有一番深刻的體會，形成了某種智慧。

我們約在一間位於南非卡爾克灣的小餐廳見面，這裡是一處離開普敦約三十公里遠的小漁村。從餐廳窗戶看出去是一片海景，我看到南露脊鯨正彎曲著光滑的背脊，緩緩在灰藍色的海面上潛泳前進。如果換作在世界上其他地方，這樣的一幅景色至少有百萬美元的觀光價值，但在這個地方，海面上時常出現的鯨魚就和沙灘上的狗一樣是稀鬆平常的景象，至少在春季是如此。普林斯露坐在我的正前方，她就住在餐廳對面。她穿著一件薄薄的黑色羽絨衣、牛仔褲和羊毛填充的靴子，身後是一扇大窗戶，她就位在這片觀景窗的中心，背景是有著南露脊鯨的海景。我們愉快地喝著酒，讓她告訴我更多她對於自由潛水的體會。

「我感覺喉嚨裡有異物感，不自主地咳嗽，咳出斑點狀的血跡。當時的我，想知道自己能潛到什麼地方，想測試自己的極限在哪。」

普林斯露正在向我敘述一起發生在二〇一一年八月的潛水挑戰，我就是在那起事件後一個月，在希臘世界自由潛水錦標賽上遇見她。當時，她和朋友薩拉．坎貝爾一起在埃及的達哈布進行潛水訓練，企圖在即將到來的女子恆重下潛項目創下新的世界紀錄，當時的紀錄是六十二公尺深，她計畫將紀錄向前推進到六十五公尺。

幾個月來，她執行嚴格的訓練計畫：做瑜伽、訓練靜態閉氣、以半充滿的肺部狀態潛入三十七公尺深。飲食也在她的訓練規畫之中，她奉行「生機素食」*飲食——外加上不攝取酒精、糖與小麥——藉此希望能夠提升血液攜帶氧氣的能力，並減少身體的黏液分泌，加速在大深度環境中的平壓。

事件發生在當天的第一次下潛時，她照平時訓練在水面吸入最後一口空氣，轉身下潛，閉上雙眼，專注地沿著導潛繩下潛。

普林斯露說：「其實當時我從一開始，就覺得這次潛水不太一樣。我感到疲倦和緊張，感覺身體不太舒服。」她選擇忽視那些來自生理的警告訊號，強迫自己潛入更深的地方。大約潛抵到四十公尺深時，她感受到胃部正在收縮。她的身體很少有這種反應，感覺從來沒有這麼糟糕過。此時在水下連同折返，她還有超過六十公尺的距離要移動。

她沒有放棄那次潛水，勉強地保持著意識返回水面。回到水面後，她先是呼出肺裡充滿二氧化碳的空氣，深深吸一口氣，然後就無法抑制地連續咳嗽。咳嗽時，從她口中噴濺出飛沫狀的血液，她的喉嚨已經在潛水過程中受到壓力而產生撕裂傷。

通常，自由潛水員如果有足夠的放鬆，柔軟的咽喉部位可以承受極端的深水壓力。但如果潛水員不夠放鬆，就有可能在潛水過程中因水壓而導致咽喉部位的軟組織破裂，這種傷害可能造成嚴重的永久性不可逆的後遺症，甚至導致死亡。

事發後，薩拉．坎貝爾提醒她：「妳已經偏離了正軌，妳沒有正視自己的身體所提出的警訊，這對妳已經形成一種自戕。」

* 譯註：生機素食指食用未經烹煮或以攝氏四十到四十八度低溫烹煮的植物性食物，如此才不會破壞食物的天然營養與酵素。

普林斯露告訴我，那起事件是一個轉折點，她從此放棄了對世界紀錄的追求，正式結束了長達十三年的自由潛水競賽生涯。在前往埃及達哈布的潛水訓練前，她曾經拜訪印度達蘭薩拉，在一座佛寺裡住了五個星期，每天靜坐十二個小時，練習瑜伽，閱讀哲學書籍，她敘述那五個星期的歷程：「用整整一個月的時間，專注在呼吸上。」在這段靜坐旅程即將結束時，她重新找到了內心的一片寧靜，十五年前吸引她投入自由潛水的也是這份寧靜，但是這些年來，就在她追逐深度紀錄的旅程中，漸漸遺失了這份初衷。

「在達蘭薩拉靜坐那段時間，我回憶起自由潛水最核心的本質，那就是釋放自己，讓自己不受限制重返自由。達哈布發生的潛水意外再次嚴厲提醒，你永遠不能勉強自己進入大海，如果你對自己施加這種限制……」她停頓一下：「你將會迷失在裡頭。」

。
。
。
。
。
。
。

這次來南非卡爾克灣，我預計要停留六天，我期待能夠在普林斯露的引導下，讓我的心智做好通往大海深處的準備。

有些事情我一直還沒準備好。幾個月前我在美國參加埃里克·皮農的自由潛水課程時，他為我準備了所有自由潛水的裝備，但我空有這些裝備還是不會使用它們。即使只是在水面附近潛水，我的頭和耳朵還是感到疼痛難耐。而且沒有皮農在我身邊，每當我下潛到僅僅只是六公尺的深度時，面對陡升的水壓，我的思緒會被恐懼淹沒，我會立刻回憶起在希臘觀看比賽時，競賽選手們一張張因昏迷而毫無血色的面容。我這樣聳動的形容，聽起來很誇張，但這是真的，那些毫無生氣空洞的眼神、腫脹的脖子，構成一張張驚悚的畫面深植我心。這是我一生中見過最可怕的景象，每次我潛水時，都毫無迴避的空間，那些畫面總是會一再地出現。內心的恐懼感如滾雪球般迅速失控，內心開始告訴自己我也即將要昏迷了，我的臉也將要變成那一張張缺氧的青臉之一。我不再能集中注意力在閉氣與潛水上，有一股無法抑制的呼吸衝動越來越強烈，就像是要逃避可怕青臉的追殺，接下來的我肯定又是朝水面狂奔，當我回到水面後，潛水錶記錄了我的潛水時間只有二十秒，所謂的潛水對我來說就是一趟又一趟的心理焦慮與痛苦。

普林斯露特殊的潛水歷程，讓她成為一名專精於釋放心智的導師。她的工作非常忙碌，就在上個月，她被南非國家七人制橄欖球隊聘僱，協助球員克服對水的恐懼，藉此學會面對自己預設的心理限制。她說：「有些隊員一開始很怕水，完全不會游泳。但是幾週後，他們已經能在游泳池裡一趟接著一趟地連續游下去。」

。。。。。。。

「你能幫我拿一下嗎？」忙碌的普林斯露遞給我一個不鏽鋼水瓶。在和她會面後的隔天一大早，我坐在她的皮卡副座上，這是一台淡藍色的豐田海力士，她還給這台車取綽號叫「弗蕾亞」（北歐神話中代表愛和生育的女神）。此時我們正行駛在綠松石海沿岸的山路，蜿蜒的公路旁就是一百五十公尺深的垂直懸崖和沿著海岸到處亂長的灌木群，眼前的景象有著《魔戒》作者托爾金著作中描繪的風格。她一手開著車，順暢地通過髮夾彎，而另一手正在用南非荷蘭語與人講手機，在喘息之間還能丟出句話回應我：「天哪！我已經太久沒有下水了，這讓我快瘋了。」普林斯露用膝蓋頂著方向盤，騰出一隻手來接過我手中的不鏽鋼水瓶，她接著又說：「已經有六天沒下水了。」

她接著又立刻講起了電話，說了幾句南非荷蘭語後，開心地笑了一陣子，然後又轉頭過來對我補充說道：「六天沒有下水，對我來說已經像是永恆那麼久遠了。」坐在皮卡後座的是尚—馬里·吉斯蘭，他是來自比利時的一位前房地產主管，現年五十七歲，六年前在經歷了一場與鯊魚共游的經驗後，他改變了人生的軌跡，辭去工作，全心投入經營一項名為「鯊魚革命」的非營利性保護計畫，每年有九個月的時間在全球各地四處移動，拍攝海洋動物和自由潛水人，也經常拍攝自由潛水人與野生海洋動物的互動畫面。普林斯露駕駛弗蕾亞奔馳在海岸公路時，利用空檔向我們分享關於自由潛水的警句，這是宛如十誡般必須嚴守的紀律：

> 自由潛水不僅僅只是一種閉氣的運動，它涉及感知轉變，會讓你的價值觀、態度都產生變化。
>
> 不要魯莽地衝向深處，抱著小心翼翼的態度，順暢地滑入深處。
>
> 永遠，永遠不要一個人潛水。
>
> 始終與自己和周圍環境和平共處，無論對象是其他的自由潛水人、海豹、海豚、鯨魚甚至是鯊魚。

關於她提到的最後一點，普林斯露正巧在昨天為大家做了示範。在開普敦的兩洋水族館裡，有一個五十萬加侖尺寸的巨型水族缸，裡面養了一群凶猛砂錐齒鯊，為了攝影需求，普林斯露潛入缸中。鯊魚沒有對她展現攻擊性，大多數鯊魚對於她的出現表現得滿不在乎，少數幾隻對她感興趣，並且跟著她一起並排游泳，好像表現出對她的歡迎之意。普林斯露和鯊魚共游的畫面美得令人驚豔，但看在我的眼裡，也讓我恐懼得起雞皮疙瘩。

普林斯露認為我對鯊魚的恐懼，只是徒增藏在我心底原本就很長的自由潛水負面清單中的一項。也許她對我的觀察是對的，但過去三十年裡我時常在太平洋中游泳，曾有過一些很不好的經歷。在我最喜歡的衝浪海域，我曾親眼見到一頭無頭的海豹屍體，牠身上還留著大白鯊的齒痕。我曾經親自撫摸一塊破損的衝浪板，那塊板子上留著一道六十公分寬的巨口咬痕，當時有一名衝浪者被鯊魚攻擊，他的胃部受到創傷，急救後留下一道長長的科學怪人般的手術縫接傷疤，而他被攻擊的時間點，僅僅是我下水衝浪的幾天之後。我曾經拜訪留尼旺島兩次，是的，我完全明白鯊魚是海洋生物鏈中非常關鍵的一環，我當然希望牠們受到保護而不是死於人們的誤解，但我絕對不想在野外環境中與鯊魚相遇。

普林斯露相信，如果能夠讓我與這種恐懼直球對決，正視恐懼本身，讓我與鯊魚一起潛水，親身地去體驗牠們。她認為感知轉變就會發生在我身上，這種轉變將不只是消除我對鯊魚的恐懼，其效力也將延伸到其他負面清單中的項目，或許能夠消除我對能見度範圍以外未知區域的恐懼，種種深植我心的恐懼都將被移除。這就是她主張的「將自己從限制中釋放」。

三十分鐘後，我們抵達目的地，這裡是南非有名的米勒斯點，是相當受歡迎的自由潛水點，同時也是數十條七鰓鯊棲息地。七鰓鯊天生長了一對比例偏大的雙眼，眼神帶著無辜，因此被認為是溫和的物種，不太攻擊人類（至少不常發生）。

我們在著裝完畢後，走向水邊，入水後就朝遠方的海平線游去，我們游了一陣再回頭看弗蕾亞，已經成為一片岩石景觀中的一粒小藍點。在我們下方，早晨的陽光斜射穿過生機盎然的海藻林隨波浪擺動，在明亮的海水中將單調的陽光舞動成縱橫交錯的舞台照明，光影在水中跳耀著。這個水域的能見度很好，粗估大約有二十五公尺的可視範圍。

普林斯露頭抬出水面對我喊著：「你看到了嗎？」此時在我們下方，大約深度六公尺附近，一條有成年人體長的七鰓鯊剛剛游過。普林斯露立刻深吸一口氣，潛下去和牠一起共游，她緩緩地接近。一旦她與鯊魚的視線齊平，她就跟著鯊魚擺動的尾鰭一起踢腿，保持同樣的節奏共游。當鯊魚做了一個較急的右轉，她也跟著照做，但與鯊魚的距離靠得更近了。鯊魚用比較快的速度，又做了一次右轉，繞了一個大圈。鯊魚迅速擺動著背鰭，她也跟了上去，她和鯊魚正在玩耍。

那隻鯊魚後來游走了，不過沒過幾分鐘又有另一隻鯊魚靠近，然後同樣的場景再次上演，我就這樣在水面上看著普林斯露和鯊魚玩得不亦樂乎，持續了一個小時。

最後，我的好奇心戰勝了恐懼，我深吸了一口氣試著下潛到三、四公尺深的地方加入他們。也許是因為我的動作相對笨拙，鯊魚對我保持距離，在水中我仍然沒辦法好好放鬆，經常快速地逃向水面換氣，這些舉動都造成鯊魚對我感到緊張。還好牠們沒有被我嚇跑，漸漸地鯊魚也願意讓我靠得比較近。

雖然情況有點好轉，但我還是必須承認，和這些動物相處一陣子，不會掃除我內心的恐懼，我對牠們還沒有到激起情感的程度，但我確實感受到以前未曾有過的一絲絲友

普林斯露潛入一群黑邊鰭真鯊之中。當研究人員以自由潛水的方式接近鯊魚時，因為這樣的行為模式和鯊魚相近，距離海面有一定的深度，且沒有水肺潛水設備持續發出的吵雜氣泡聲，鯊魚不會顯露攻擊傾向，而是會變得充滿好奇心且態度溫順。

誼。此時此刻，我和牠們共享同一片水域，牠們有能力可以吞噬我，但牠們選擇不這麼做。我可以像以前那樣與牠們保持距離，站在船上欣賞水中的牠們，但如今我和牠們在水面下共處。我仍然不時興起一種念頭，牠們現在的狀態是不是在對我們發起攻擊前的一種探詢，但這種念頭或許又是源自於我心底那「不合理恐懼」的產物。

過了好一陣子，我不再思考這些事，終於開始能和鯊魚一起共游。

◦ ◦ ◦ ◦ ◦ ◦ ◦

接下來的幾週，普林斯露和我一起討論，為我量身打造一套「心理療程」，而我也投入心力閱讀《自由潛水手冊》，一本三百多頁、初學自由潛水的人必讀的聖經級讀物，很仔細地從頭讀到尾。除此之外，我還瀏覽了網路所能查找的資料，觀看無數YouTube教學影片，閱讀自由潛水部落客的文章。這個時期裡，我不斷地練習再練習。我通知斯格諾那，我準備好了。

一個月後的晚上九點，我坐在一台白色的麵包車中，奔馳在斯里蘭卡東北岸某處，路面滿是坑坑窪窪、塵土飛揚。天上的星星已經冒出來了，我詢問司機：「這條路是對的嗎？」他叫鮑比，是當地人；鮑比只是他的綽號並不是本名，他喜歡我們叫他綽號。他搖搖頭回答我的問題，臉上還露出一種試著想讓人安心的微笑。十分鐘前，當他開錯路闖進某人家的前院時，他也是用這個笑容交代過去。二十分鐘前，他將這台麵包車停在雙車道高速公路的中間，獨自跨過對向車道，跑向路邊一名赤著腳騎自行車的男子問路，回到車上後也是對我露出同一種笑容。

我重複再問一次：「鮑比，現在走的這條路是**對的**嗎？」

他還是機械式地以微笑回應我。

就在這時候，他突然急煞停在車道上，透過車頭燈，我們看到外頭的環境似乎是一座垃圾場。在留尼旺島認識的七十四歲老潛者蓋·加佐此時坐在我身後，用法語咕噥了幾句。坐在加佐旁邊的是來自法國北部的聲學專家狄德羅・莫烏瑞。法布里斯・斯格諾那和來自美國的攝影師坐在另一台白色麵包車，緊跟在我們的車後頭。

到現在，我們一夥人已經坐了長達十二個小時的車，穿過了陡峭的山路、茂密有野生象出沒的叢林，塵土滿天飛的城鎮，路上盡是穿著寬鬆休閒褲的男子在賣著煮花生和青香蕉。現在我們一夥人在不確定的路線上，而且已經遲到兩個小時了，我們都被激怒了。

「鮑比？」

他沒有回答我，直接將車左轉駛離車道。眼前這條路更加狹窄顛簸，路兩旁的灌木枝條刮擦著車門與鈑金，叢林中未知動物的目光在椰子樹後方閃爍，遠方一條狗聽見我們的動靜而叫吠，老鼠大小的蝙蝠偶爾出現在擋風玻璃前十來公分處鼓翼拍打。

幾分鐘後，我們在一片荒蕪的沙地上停了下來，右邊望去有一棟三層樓的粉紅色混凝土建築，看上去有點令人毛骨悚然。房子前方露台上，僅有一顆光禿禿的燈泡，以昏暗的黃光照著露台上的白色塑膠桌。這種寂寞的氛圍像極了美國畫家愛德華・霍普的畫風。鮑比如釋重負地喘了一口大氣，將汽車熄火拔出鑰匙，然後又對著我們露出招牌微笑。我們終於抵達預定的目的地，他向我們介紹這棟建築物是：鴿子島景觀民宿。

我被分配到六號房，房間在三樓後側的位置。在房間的角落，灰綠色的牆面下有一張很短的床，比我的身長還要短，以至於當我平躺上去後小腿會懸空。天花板上有一台搖搖晃晃的吊扇，連接著吊扇的僅只是兩根電線，吊扇的葉片笨拙地旋轉著，簡直就像是一架即將要墜毀的直升機。床上鋪著一頂粉紅色的細目蚊帳，雖然可以隔絕蒼蠅和蚊子，但是對於更微小更惱人的跳蚤完全沒有防護力，牠們就像微小的爆米花在床單、枕頭上熱情地跳躍著。這就是接下來十天我要睡覺的地方。

我加入了「鯨魚和海豚區域數據庫」在斯里蘭卡的團隊。這裡是斯里蘭卡東北海岸的亭可馬里，這個團隊在這裡研究抹香鯨，與世界上能潛最深的動物一起游泳。

抹香鯨能夠下潛超過三千公尺深，目前沒有技術能夠在那樣的深度裡觀察牠們，能夠潛入三千公尺深度的潛水艇或是無人載具非常稀有，就算真的做到了，在那樣無光的環境中也難以進行觀察，若使用人造照明則會嚇跑鯨魚。

與鯊魚或是海豚一樣，目前研究或拍攝鯨魚最好的方式——也是**唯一**的方法——就是等待牠們返回水面。

透過追捕或強迫牠們接受我們的出現是行不通的，牠們可能會受到驚嚇而下潛，或是游走，甚至是轉身過來攻擊。你必須讓鯨魚主動願意來找你，相較於船隻、水肺潛水人或是水下機器人，牠們更能接受與自由潛水人相處。

地理環境上，這裡之所以會吸引鯨魚來訪，是因為海底的亭可馬里海溝地形，這是一道將近兩千五百公尺深的海溝，橫跨印度洋，從斯里蘭卡北端延伸到亭可馬里港。每年三月至八月的遷徙過程中，抹香鯨會來到這裡獵食深水魷魚，並在這裡社交與交配。鯨魚群聚此地的紀錄已經非常久遠，甚至可能從數百萬年前就開始了。

這裡的地理條件是研究鯨魚絕佳的地點，與地球上其他深水海溝不同，亭可馬里海溝非常靠近海岸，因此可以白天出海抵達觀察鯨魚的下水點，傍晚再返航回到陸地，當天來回。這樣的作法，團隊就不必租一艘能供生活起居的研究船，每天可以省下數千美元的租金費用。但這裡最大的另一項優勢是，在這裡近距離觀察鯨魚，不需要特別申請許可證，當地政府對此沒有禁止，在這裡不會有人阻止我們與鯨魚一起自由潛水，因為這個荒涼的地方根本就沒有人。

斯里蘭卡的內戰從一九八三年持續到二〇〇九年，在內戰期間，坦米爾猛虎解放軍與斯里蘭卡的軍隊為了爭奪東北部海岸的控制權，使得亭可馬里成為交戰區。鮮少有遊客會拜訪這個戰亂之地，而且原有的基礎設施也被戰爭摧毀，再加上二〇〇四年發生了印度洋海嘯，直接衝擊了這一帶的海岸。陸地上的動盪與紛爭，反而為海洋動物帶來好處，幾十年來這一區的海域很少有人類出沒，海洋動物在此不會受到打擾，郵輪也迴避這個地方，因此這裡也沒有發展出賞鯨產業。如果只看水面下的部分，亭可馬里這一帶的海域可說是數千年來沒有大變化。如今，這裡是觀察和研究抹香鯨最佳的地點之一。

團隊之所以會來到這裡，是出於我的想法。幾個月前在開普敦拜訪普林斯露之後，在我的牽線下，她和斯格諾那開始了聯繫，兩人提議我們一起前往亭可馬里，以自由潛水方式對抹香鯨進行研究觀察。幾個月後，我們買了機票、安排了行程。就這樣，早上九點三十分，一夥來自世界各地五個不同地方的人馬都聚在鴿子島景觀民宿的露台上。我們都圍著露台的戶外桌坐著，在這一邊的是鯨魚和海豚區域數據庫的成員：斯格諾那、加佐和莫烏瑞坐在一起；而桌子的另一側是普林斯露的人馬，她還帶了新交往的男朋友，一位身高一百八十五公分、來自洛杉磯的游泳選手彼得．馬歇爾。馬歇爾在二○○八年的奧運會選拔賽中，打破了兩項游泳世界紀錄。而在他一旁的是吉斯蘭，他告訴我，我們在南非開普敦見過面後，他去了非洲波札那，在那裡和鱷魚一起游泳，但不幸的是同行的成員被鱷魚吃掉一隻手臂，所以整個旅行只好在第一天就緊急喊停。

在這個團隊裡，還有三位來自美國的專業電影攝影師，他們計畫拍攝一部紀錄片，描述斯格諾那對鯨豚的溝通研究工作。

三十年前，有一個來自美國的紀錄片拍攝小組來到亭可馬里，在抹香鯨棲息地拍攝了一部紀錄片《鯨不哭泣》（參見QR Code），這部紀錄片請來了名演員傑森．羅巴茲做旁白。這部紀錄片推出後，取得空前的成功，引發了全球拯救鯨魚的浪潮。

我們這次組成的團隊，希望能夠在三十年後的今天，以立體攝影記錄抹香鯨和自由潛水人的互動，完成一部能在全球激起鯨魚保育意識的紀錄片。鯨魚和海豚區域數據庫的研究人員，也將從攝影設備上的各種水聽器材收錄抹香鯨的咔嗒聲，後續將試圖解碼這些聲音，希望能了解牠們的語言。

但要完成以上的目標，首先，我們必須先找到鯨魚。

在羅阿坦島搭乘斯坦利的潛水艇，潛入水下七百六十公尺深的過程中，我感受到自己逐漸遠離原本熟悉的世界，也從未離得這麼遠。我們在開曼海溝底部所遇見的凝膠狀、笨拙、沒有眼睛和無腦的生物，牠們的形態比我們人類所能想像的樣子都更加怪異。

我認為這種對陌生國度的遙遠感，會隨著我往越深的領域研究而越來越強烈。抹香鯨能潛入更深的海域，我們對抹香鯨的研究能讓我們一窺那神祕遙遠的世界。

抹香鯨看起來和我們有巨大的差異，牠們的體重達五十到六十公噸，沒有陸棲哺乳類動物的四肢結構，體表也沒有毛髮；牠們的內部也同外觀一樣和我們有很大的不同，牠們有四個胃，頭頂上有一個呼吸孔，頭部還有一個容量達一千一百公升的儲油罐，這個儲油組織造就牠形狀獨特的巨大鼻子。牠們一次閉氣時間長達九十分鐘，可以潛入三千公尺的水深。然而，在兩項相關且至為重要的事情上——語言與文化——在在顯示牠們演化之高等，在地球上可能比其他物種都更接近人類的文化和智力水準。

研究抹香鯨長達三十年的加拿大生物學家霍爾．懷德海，這麼描述抹香鯨：「這說來有點奇特。真的，若要在世界上找出類似抹香鯨這樣獨特的生物，那麼只有我們人類自己。」懷德海指的是具備高度精巧發展的抹香鯨群體，他稱之為「多元文化社會」。在這些社會中，抹香鯨以方言交流並分享與附近其他鯨魚迥然不同的行為。

每個抹香鯨社會都由緊密的育兒家庭單位所組成，其中大約包含十到三十頭成年雌性抹香鯨及其後代的幼體。幼年的抹香鯨不僅由牠的母親撫養，還包括牠的阿姨、外婆在內的整個母系親屬群體共同承擔養育的責任。雌性抹香鯨一生都會留在自己所屬的群體中，而雄性抹香鯨則在很小的時候就被教育要更加獨立。當雄性個體成長到十幾歲的年紀時，牠就會離開原屬群體，進入其他年輕雄性抹香鯨所組成的群體或者幫派之中，一起在海洋中獵食，有時也會惹上一些麻煩。雄性抹香鯨最終會離開群體，獨自在北極和南極海域渡過自己的單身生活，然後每年春天前往赤道——照懷德海的說法是去「過暑假」——在那裡和其他抹香鯨進行社交與交配，為期約六個月，然後再回到牠們孤獨的寒冷家園。

抹香鯨發出的聲音脈衝——咔嗒聲，可以用來做回聲定位和溝通交流。曾經在水下記錄到最大分貝為兩百三十六分貝，巨大的聲響可以傳播達好幾百公里遠，甚至全球範圍內都聽得到。抹香鯨是地球上能發出最大音量的動物。

在空氣中，兩百三十六分貝的音量比離你六十公尺遠的九百公斤黃色炸藥爆炸所產生的音量還要響亮，也比起七十五公尺外起飛的太空梭還要大聲。事實上，兩百三十六分貝的聲音是如此之大，以至於空氣中不可能存在這種音量。在空氣中，超過一百九十四分貝的聲波已經變成一種壓力波。

儘管我們在水下與空氣中，都是以分貝為單位量測聲音的強度，但這兩種介質中的聲音的絕對強度並不相同。換句話說，分貝其實是一個相對的測量單位（例如：八十分貝的聲音在水中聽起來會比在空氣中更安靜）。但這種差異，並不會讓我們低估抹香鯨在水中產生的咔嗒聲音量或致命的可能性。即使是在水下的環境中，抹香鯨的咔嗒聲也是非常響亮的，其音量之大，不僅可以在百公尺外將人類的耳膜震破，甚至有一些科學家估計其聲音強度，足以透過強大的聲波振動導致人體死亡。

抹香鯨發出的強大咔嗒聲，讓牠們能從很遠的地方就能感知到非常詳細的環境形貌，其驚人的空間解析度能在三百多公尺外探測到一條二十五公分長的魷魚或是在一．六公里遠的人類的存在。抹香鯨的回聲定位能力，是目前地球上已知生物中最強大的。

抹香鯨的大腦，就像牠們的咔嗒聲一樣，似乎和人類的大腦有著不同的運作方式，但兩個物種之間似乎又具有驚人的相似之處。

抹香鯨的大腦體積是人類的六倍大，而且在很多方面顯得比人類大腦更加複雜。抹香鯨的大腦也是現今地球上所有已知生物中最大的。抹香鯨大腦也有下丘，體積是人類的十二倍大，它是用來感知疼痛或是外界的溫度變化，同時也充當大腦中處理聽覺訊號的傳導通路；主要負責處理聲音訊號的外側丘系是人類的兩百五十倍大；而負責控制思維、規畫未來、語言等高階功能的大腦新皮質部位，據估計其體積比人類大六倍。

針對抹香鯨大腦的進一步研究，發現牠們也許擁有與我們不同的情感生活。二〇〇六年，紐約市西奈山醫學院的研究人員發現，抹香鯨的大腦中具有梭形細胞，這是一種特殊且高度發達的腦組織，神經學家認為梭形細胞與語言、同情心、愛、痛苦、直覺有很強的關連性，而這些正是造就人類之所以具有**人性**的基本感情元素。

研究人員不只是在抹香鯨的大腦中發現梭形細胞，而且密度比人類大腦高出許多。科學家們認為，這些梭形細胞在抹香鯨的演化中出現的時間比人類還要早一千五百萬年。在生物大腦的演化過程中，一千五百萬年是一段很長的時間，能造就巨大的差異。

其中一位發現抹香鯨梭形細胞的研究人員帕特里克．霍夫說：「我非常肯定，牠們是非常聰明的動物。」

也正是這具大腦——具有特別大的新皮質區域和高密度的梭形細胞——引領斯格諾那以及鯨魚和海豚區域數據庫團隊來到斯里蘭卡。

一般人認為人性基底中的愛、悲苦與同情心，都被記錄在詩歌之中傳誦，或透過語言、文字傳達給另一個體。一個具有情感的物種，如果沒有文字或語言，是不可能交流情感的。

前兩次的團隊出動都堪稱災難。這兩天，我們分別坐在兩艘沒有遮陽頂棚的小漁船上，一次就是好幾個小時。兩艘小船在海洋中搖晃，卻沒有看到任何鯨魚的蹤跡。紀錄片攝製組的攝影師第一天就暈船，並拒絕再回到海上。沒有攝影師當然也就沒有可用的片段畫面，紀錄片導演氣得想終止紀錄片的拍攝。

第二天的晚上，我在民宿二樓的露台上遇見斯格諾那，他一個人獨自坐著，被一群蚊子包圍著。頭燈的藍色螢光光束照射在桌面上，桌上擺滿了半組裝中的水下相機潛水殼。在他身後是一片夜幕中的海景，一輪明月低低地掛在墨黑的海面上。

當我在桌旁坐下來時，他抬起頭來對我說：「你知道的，這是一項很艱苦的工作。」他頭上戴著美國國旗的頭巾，腳上穿著一雙仿冒的臉書拖鞋，那是他在來這裡的路上經過一家舊貨店買的，而現在的他看起來，正如那句對海洋研究者的忠告，由於非常投入而顯得有些愚蠢。「海洋研究需要耐心，大量的耐心和堅持，而且非常耗費體力。」

斯格諾那在西非國家加彭長大，他的父親是一名前法國陸軍中尉，曾為當時的獨裁者奧馬爾・邦戈工作。一家人住在人煙稀少的海灘，屋子就在一片芒果樹林下，斯格諾那在此度過了他大部分的青春時光。之前他曾經告訴過我，他曾見到附近河流中的鱷魚爬上房屋的前廊，偷吃狗碗裡的食物。有時，一家人在用晚餐時，劇毒的大型曼巴蛇會從屋頂的木板掉下來落在餐桌上。斯格諾那的父親在附近放了一把獵槍，幾年後，屋頂布滿了彈孔。

每到週末，斯格諾那會沿著加彭荒涼的海岸線航行，並在許多原始的無人島嶼上紮營過夜。這期間，他學會了駕馭海洋各式各樣的面貌，在危機中保持冷靜，以及即興發揮脫困的方法。

斯格諾那曉得普林斯露的人馬一直對他頗有微詞，而且紀錄片的拍攝人員有意要離去。但他對這一切都不以為然：「在這個研究領域哩，沒有速成這回事。這也是為什麼很少有人願意投身這項研究。」

他馬上又糾正了自己，實際上是「沒有人」這麼做抹香鯨的研究。

全球投身抹香鯨研究的二十名科學家中，沒有一個人會潛入水中並與他們的研究對象進行實質的互動。斯格諾那認為這是非常不可思議的一件事。他說：「你怎麼可能在沒有親眼見過抹香鯨的行為，而進行抹香鯨行為的研究？」他深信要了解抹香鯨，首先，必須先了解牠們彼此溝通交流的方式，而為了理解牠們的溝通，就必須要了解牠們的語言，他認為抹香鯨就是透過咔嗒聲進行交流，研究牠們的聲音是了解牠們的第一步。

他啜飲了一口啤酒，接著說：「那些聲音模式有明顯的結構，絕對不是隨機的。」

。。。。。。。

抹香鯨能產生四種截然不同的發聲模式：第一種是常聽到的咔嗒聲，主要是用來追蹤超過一．六公里遠的獵物；嘎吱聲，雖然命名聽起來有點弱，但實際上是宛如機關槍開火的聲音，用於追蹤近距離的獵物；尾聲，這是社交模式中經常出現的聲音；最後一種是緩慢的咔嗒聲，這是目前了解最少的聲音型態，有一種推測認為這種緩慢版的咔嗒聲，是雄性抹香鯨用來吸引雌性同時驅趕其他雄性的聲音訊號。抹香鯨慣用的咔嗒聲與海豚的咔嗒聲很相似，但抹香鯨所發出的聲音型態更加複雜。

斯格諾那目前聚焦在尾聲的研究，這種聲音只出現在社交場合，這種聲音與常聽到的用來感知環境和導航的咔嗒聲有很大的不同，它們在人耳聽來是平淡無奇的，類似彈珠一顆一顆分開來墜落在木桌板上撞擊出來的聲音：嗒、嗒、嗒……但是，如果錄下這種聲音並放慢速度播放，再配合聲譜圖呈現聲音訊號，就會發現每個嗒聲中都會包含更短、更複雜且細緻的咔嗒聲集合。

甚至在這些更短的咔嗒聲裡面還有更微小的咔嗒聲，重疊結構似乎沒有止境，有點類似俄羅斯娃娃，一個包含一個。斯格諾那越是專注在咔嗒聲的研究，就會有更多的細節在他的電腦螢幕上展開。

經過精細的量測，平均每一個主要的咔嗒聲的持續時間大約從二十四毫秒（千分之一秒）到七十二毫秒。這些主要的咔嗒聲是由一系列更微小但相似的咔嗒聲所組成，這些微小的咔嗒聲持續時間是以微秒為間隔，依此類推。只會在社交場合出現的「尾聲」，是由複雜的微小咔嗒聲組成，有特定的組成結構但透過不同頻率傳輸。如果進一

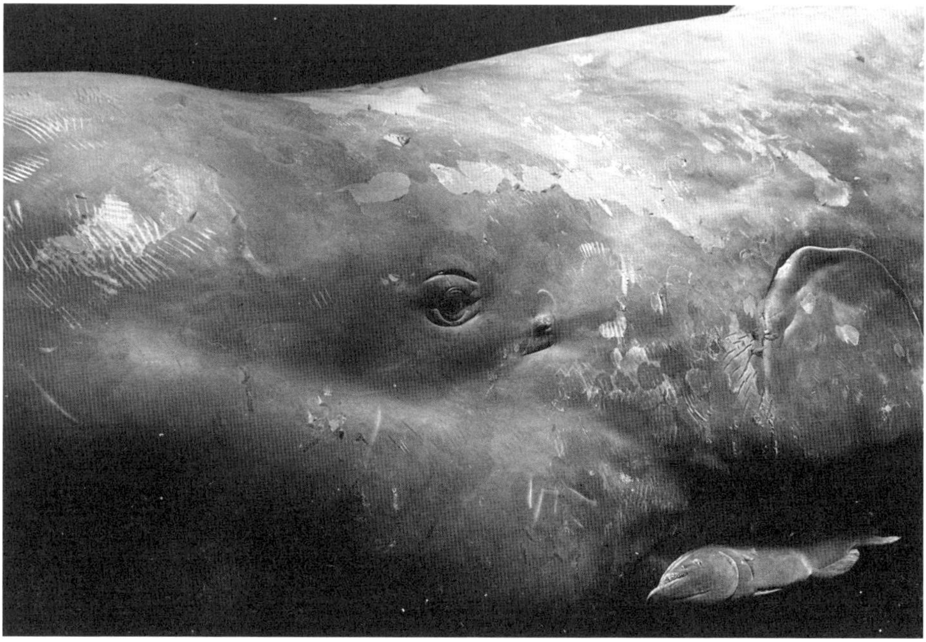

鯨魚之眼：抹香鯨的大腦容積是人類的六倍大，而且在許多方面都比人類更複雜。這是目前為止，我們所已知生物中最大的大腦，大多數研究人員認為，抹香鯨應該具有高等的溝通方式。斯格諾那和他領導的團隊，正在積極研究抹香鯨的聲音，希望能成為首支破譯抹香鯨語言的團隊。

步細究，會發現這些微小的聲音結構中，可能還藏著更短且具有規則性的脈衝音。斯格諾那的錄音設備，已經是用每秒鐘九萬六千赫茲的高速取樣率進行錄音，這已經是目前現代錄音設備中最快的速度了，但這樣的時間解析度仍然不足以完整分析抹香鯨的聲音。

斯格諾那告訴我，抹香鯨能夠一遍又一遍地複製這些奇特的聲音，而且每一次複製的精確度達到毫秒等級。牠們也可以隨心所欲地以毫秒的精確度微調聲音的結構，或對複雜的咔嗒聲進行結構上的重組，就像人類的作曲家修改鋼琴協奏曲中的特定音符或音階一樣。但抹香鯨可以對牠們的咔嗒聲模式做精細的修改，然後在千分之幾秒的時間內即發出一段重新編修的咔嗒聲作為回應。

斯格諾那說：「仔細想想，人類的語言在傳遞訊息時效率很低，也很容易出錯。」人類使用音素——聲音的基本單位，如ㄅ、ㄆ、ㄇ、ㄈ——來組合出各種單詞，並進一步建構句子，最終創造意義以傳達訊息（英語有二十六個字母、大約有四十二種基本音標，這四十二種發音就組合出了數萬個單詞）。人類在日常生活中，能用這些音素傳達訊息讓其他人理解，但要我們每一次都保持音素細節的頻率、音量和清晰度，精確地複述所聽到的句子，那是難以達成的。即使是讓同一個人連續說兩次同一個詞，聽起來也會有所差異，並且在聲譜圖上也會顯示出明顯的差異。人類的語言理解就是基於一定的「相近性」才能達成：如果你的發音夠靠近，那麼使用同樣語言的聆聽者就能理解你的意思，即使你的發音並未達到完美；只有當你的發音錯得太離譜時（想想看法語或是亞洲地區的語言發音），搞砸了太多的母音和子音，導致對方難以理解才會形成無效的溝通。

斯格諾那目前的研究成果顯示抹香鯨彼此之間的語言沒有這個問題。他認為，如果抹香鯨使用咔嗒聲作為溝通的形式，就會發現其精確與超高密度不像人類語言，而更像是傳真機的數位傳輸。原理是透過電話線向接收端發送微秒長度的音調，接收端可以依據接收的聲音結構還原成文字或圖片資訊。相較之下，人類的語言似乎是一種類比傳播，速度慢且有一定的出錯機率。因此一群在社交狀態中彼此交談的抹香鯨聽起來很像傳真機傳輸，這可能並非巧合。

人類語言是類比的；抹香鯨使用的語言可能是數位化的。

0
-20
-90
-200
-250
-300
-750
-3,000
-10,927

「牠們為什麼會具有那麼大的大腦？如果不是為了達成某種訊息交流，為什麼牠們所發出的聲音具有一致的模式，來往的溝通上會有如此完美的組織性？」斯格諾那不禁反問。他提到抹香鯨的大腦體積很大，不只是總質量，就連控制語言區塊的腦細胞數目也比人類多。「我知道，我當然知道你們要說這都只是一種猜測，但是，當你想到它時，你知道這一切都是有意義的。」

為了讓他的觀點更具說服力，斯格諾那主動提到了去年他和一群抹香鯨相遇的經驗。這是一群有成年也有幼年的鯨群，當時牠們在水中放鬆並呈現社交狀態。斯格諾那趴在衝浪板上，持著照相機靠近牠們，其中一頭年幼的抹香鯨察覺到他的靠近，馬上就湊了過來，接著毫不客氣地將斯格諾那手中的相機含在嘴巴裡。此時成年抹香鯨發現了幼年抹香鯨的舉動，立刻游過來圍住了牠，並且對牠傳遞一波波尾聲型態的聲浪。幾秒鐘後，幼年抹香鯨放開了相機，然後游到成年鯨群後方連看都沒看牠們一眼。對斯格諾那來說，當時幼鯨看起來似乎很慚愧。「牠得到的訊息是要牠別招惹我們。」他大笑地說：「那時我就知道，牠們正在交談，一群大人試著說服小孩，否則別無他法。」

斯格諾那曾經多次目擊抹香鯨疑似溝通的行為，有一次他見到兩頭抹香鯨依序來回傳送不同的咔嗒聲，一來一回就像人類在對話般。他也曾見過抹香鯨群在聽到一連串的咔嗒聲後，彷彿接到通知似的，全體一致性地轉頭游向另一個方向。他曾見到一頭鯨魚以誇張的角度轉頭面對另一頭鯨魚，並且在聽到咔嗒聲後，再轉頭朝向另一頭鯨魚發出一串型態不同的聲音。對斯格諾那來說，這些行為模式都像極了溝通。

但是，包含斯格諾那在內的研究學者們短時間內都無法翻譯抹香鯨的語言。牠們溝通的聲音模式太複雜了，而投入在這個研究領域的資源與人數規模都太小，無法仔細研究牠們的語言。這次，他帶領團隊來到這裡，目的是希望能收集更多的數據，期待能用足夠的證據簡單地證明抹香鯨具有某種形式的溝通行為。他們必須在此地盡可能觀察並記錄社交狀態中的抹香鯨，並從中試著分析出特定尾聲與行為的關聯。

基於抹香鯨在水下的行為，斯格諾那向我介紹他所使用的記錄設備「終極海洋4D記錄器」，它有一個外觀很炫的潛水殼，殼裡包含十二個鏡頭以及四個水聽器，分別朝著不同的角度收集影音數據。斯格諾那用這樣的裝備，可以同時錄製不同方向的高解析影音。

斯格諾那解釋，鯨豚在巨大鼻子的前端，大約上顎的位置中，有一個聲囊器官專門用來接受聲音，即使是體形較小的海豚，也有數千個聲音接收器能夠同步收聽。而鯨魚擁有數量更多的聲音接受器（簡單的說就是更多隻耳朵），這讓鯨魚能透過聲納原理，對環境有更寬廣也更高解析度的觀察。抹香鯨利用大量的同步接受器，能夠一次就清楚地看到各個方向。

斯格諾那指出「終極海洋4D記錄器」之所以具有多鏡頭和多個水聽器，就是為了模擬鯨魚三百六十度的聽覺視野。每次出動記錄時，還會額外再帶一具比較迷你的水攝器材，一個僅具有兩個鏡頭與兩個水聽器的立體攝影機，這個設備是用來模擬人類的感官。這兩部機器所收集到的數據，都會利用團隊工程師所開發的軟體，將珍貴的紀錄數據上傳到「鯨魚和海豚區域數據庫」，團隊的研究人員透過程式查明哪頭鯨魚在什麼時間點，對另一頭鯨魚發送聲音訊號。如果鯨魚每次聽到相同的咔嗒聲，都會做出相同的反應，這就是咔嗒聲帶有特定意義的證據。若能收集足夠多這種對應關聯性，研究人員或許就能拼湊出這些聲音所對應的詞彙。

斯格諾那承認目前的狀態都還只是一個開端，遠遠不及羅塞塔石碑*。以前從未有人以如此高解析的記錄設備觀察抹香鯨的互動和行為，因為過去不存在這樣的設備。斯格諾那利用捐贈品以及回收物，親自打造出這些設備。

直到現在，他已經用這些自製的設備，以自由潛水的方式記錄了長達二十個小時的抹香鯨近距離互動影音資料，這是目前世界上最大、最詳細的抹香鯨研究影音數據了。

。。。。。。

第三天早晨七點，船長來帶我們坐上租來的「研究船」——其實只是兩艘破舊的漁船，座位是用木板釘成的。

僅存的兩名拍攝組的成員和斯格諾那的團隊坐同一艘，而普林斯露的人馬則乘坐另一艘，我則在兩個團隊之間輪流坐。我們計畫兩艘船一起出發，前往亭可馬里海溝的海域，那裡的海底深度陡降到一千八百公尺深。抵達那裡後，我們兩艘船將分頭搜索抹香鯨的蹤跡，若其中一艘船先發現抹香鯨，就用手機通知另一艘船。接下來兩艘船將會追蹤鯨魚，直到牠們速度放緩或者停下來，我們才能下水找牠們。如果運氣夠好，牠們有可能會主動接近我們和我們互動。

收拾好行李，我們都擠進漁船中，航向南方的海平面，搖搖晃晃的漁船在海上低速航行。幾個小時後，我們已經來到離海岸三十公里遠的地方，放眼望去一片死寂的海面，沒有鯨魚出沒的跡象。又一次的失望，我開始跟攝製組站在同一邊：這次的探險感覺一點希望都沒有。

普林斯露蜷縮在一張大浴巾底下，浴巾已經被汗水與海水浸濕，她斜著身靠在馬歇爾身上，兩人為了防曬都包得緊緊的，頭上還圍著T恤，唯一露出的眼睛上還戴著墨鏡。她帶著歉意說：「去年這裡出現很多鯨魚，我不知道，我真的不知道到底發生了什麼事。」

＊ 譯註：羅塞塔石碑是一塊製作於西元前一九六年的花崗岩石碑，原本只是一塊刻有古埃及法老托勒密五世詔書的石碑，但這塊石碑有同一段內容的三種不同語言版本，讓近代的考古學家得以有機會對照各語言版本的內容後，解讀出已經失傳千餘年的埃及象形文的意義與結構，而成為今日研究古埃及歷史的重要里程碑。

吉斯蘭用身上淺藍色的T恤擦拭滲出的手汗，他誇張地發出一聲很不耐煩的嘆息，喝了口水，繼續轉身望向開闊的大海。枯燥的時間一小時一小時流逝，我看了看潛水錶上的溫度計：攝氏四十一度。天氣非常炎熱，露在外頭的手指頭都被曬傷了。

此時，我想起幾個月前斯格諾那曾告訴過我，他真正能看到鯨豚的時間大約是在海上搜索時間的百分之一，當發現鯨豚以後，真正能下水順利拍攝鯨豚的時間又只有這百分之一的百分之一。現在，我擔心真實的機率，可能比斯格諾那告訴我的還要低。

過去十四個月來，我發現所謂的深海研究工作，實際上與觀察海洋奧祕的關係不大，而較多的時間是用在飛機上看湯姆．克魯斯的電影、在加油站的廁所刷牙、睡在跳蚤肆虐的小旅館床上、腹瀉、從被曬傷的肩膀上撕下死皮、團隊內部的爭吵、午餐和晚餐吃不新鮮的羊角麵包、向親人一再解釋你不會很快回家……這才是深海研究工作的真實寫照。此時，我坐在擁擠的小漁船上，在我正下方的是極深的海溝，我拿出潮濕的小記事本寫下以上的句子。

我們又渡過了一個小時，海面上仍然沒有鯨魚的蹤跡。我們一群人坐下來互相對視，所有人都流著汗等待……

0
-20
-90
-200
-250
-300
-750
-3,000
-10,927

如果對於人類在過去幾個世紀以來，對待鯨魚的方式有所認識。那麼，對於我們現在特意安排和鯨魚以和平的方式相遇，其實是會感到很諷刺的。

有一則傳說故事，發生在西元一七一二年時。克里斯托弗・赫西船長駕駛著一艘隸屬於美國的漁船，正當他們在南塔克特島南部海域捕殺露脊鯨時，突然被一陣奇怪的大風將船隻吹向更南方十幾公里遠的海域，那裡已經見不到陸地，是一片大西洋深遠處貧瘠的深海區域。就在船員們努力嘗試重新控制這艘船，想將船重新駛回岸邊時，船身四周突然出現霧氣水柱以奇怪的角度向上噴射。緊接著，他們聽到一陣陣沉重如悶雷的呼氣聲，他們已經處在一群鯨魚的環繞之中。船長赫西命令水手們，以長矛和魚叉刺向最靠近船的鯨魚。眾人成功殺死了鯨魚，並將鯨魚綁在船側，重新架起了桅杆上的風帆，御風航行回到南塔克特島，他們將鯨魚的遺體放置在面向南方的海灘上。

這明顯不是露脊鯨。赫西知道露脊鯨的嘴裡有著茂密的鯨鬚，露脊鯨透過鯨鬚細密的毛髮結構過濾磷蝦和小魚，這是露脊鯨主要的覓食方式。但他們剛剛捕獲的鯨魚，口內有著幾十公分長的巨大牙齒，頭頂有一個鼻孔，鯨翅內的骨頭看起來像人類手掌骨的結構。赫西和船員切開這頭鯨魚的頭部，數百加侖濃稠、像稻草色的油立刻湧洩而出，他們誤以為這些油是鯨魚的精液，認為這頭奇異的鯨魚一定是將生命的種子儲存在體積巨大的腦袋裡。因此，赫西將這種首次發現的鯨魚命名為抹香鯨（spermaceti，希臘語*sperma*意即「種子」；拉丁語*cetus*即是指「鯨魚」），這就是現在抹香鯨英語「sperm whale」的由來。

這起事件是地球上抹香鯨族群厄運的開端。

到十八世紀中期，已經有數量龐大的捕鯨船湧向南塔克特島海域，捕殺抹香鯨成為當時蓬勃發展的產業。因為，抹香鯨頭部裡儲存的稻草色油脂是一種高效且清潔的燃料，從城市裡的路燈到燈塔等照明設備，都會用抹香鯨油當作燃料。凝固形式的抹香鯨油脂被用來製作頂級蠟燭、化妝品、機械潤滑劑和防水劑。抹香鯨油甚至可說是驅動美國獨立戰爭的重要因子。

捕鯨產業持續到一八三〇年代時，已經有超過三百五十艘捕鯨船以及一萬名水手在執行捕鯨業務，再過二十年後，這個產業的規模又向上翻了一倍。南塔克特島每年會處理超過五千具抹香鯨的屍體，採收超過四千五百萬公升的抹香鯨油（一頭抹香鯨最少也能採到一千九百公升的油脂，如果加熱鯨魚的脂肪，甚至可以生產兩倍的鯨油）。

儘管這是一場抹香鯨族群空前的浩劫，但捕鯨人面對這樣的巨獸時，也並非全然安全。

十八與十九世紀的捕鯨者經常遭到鯨魚襲擊，最著名的事件發生在一八二〇年。有一艘南塔克特島的捕鯨船「埃塞克斯」在南美洲海岸附近執行捕鯨時，船隻遭受一頭雄性抹香鯨兩次劇烈的衝撞，整艘船嚴重損毀，使得船員們不得不棄船，二十名船員搭乘小船逃走，在開闊的大西洋中漂流。

九個星期後，倖存的船員們仍在海上漫無目的地漂流，眾人瀕臨嚴重的飢餓。按照當時海上不成文的慣例，小船上的人們開始以抽籤決定誰先被吃掉。年僅十七歲的歐文·科芬先被抽中，他是船長的表弟。科芬將頭靠在船邊，由另一個人扣下板機。船長在日誌上記錄此事：「他很快就被殺，被吃得乾乾淨淨，沒有什麼被遺留下來。」

直到第九十五天的漂流，這艘小船終於獲救了，船上只剩下兩名倖存者：船長和負責扣動扳機的人。這個悲慘的故事成為赫爾曼·梅爾維爾著名小說《白鯨記》的故事原型。近代作家拿塔尼爾·菲畢里克所撰寫的暢銷作品《白鯨傳奇：怒海之心》也是以此事件為故事基底。

。
。
。
。
。
。
。

隨著南塔克特島附近海域的抹香鯨數量急遽減少，捕鯨者不得不前往更遠的海域獵捕鯨魚，這導致了鯨油的成本升高。大約在這個時期，一位加拿大地質學家亞伯拉罕·波諾·格斯納發明了一種從原油中蒸餾出煤油的製程，這種石油提煉技術可以產生質量與鯨油相當的油脂，而且價格更加低廉。一八六〇年代，正當鯨油產業面臨成本節節高升的困境時，石油提煉技術的發明，似乎將導致捕鯨產業加速滅亡，可是最終，這種從地底下產出的廉價化石燃料竟然加速了抹香鯨的滅絕。

在一九二〇年代，新式的柴油動力捕鯨船可以更快速輕鬆地處理鯨魚屍體，廉價的燃料也讓船隻更快速地前往遙遠的海域獵殺鯨魚，這使得捕鯨產業因為成本下降而再次迎來一片榮景。抹香鯨油是製作煞車油、膠水、潤滑劑的主要成分，也被用來製造肥皂、奶油、口紅和其他化妝品。鯨魚的肌肉和內臟被絞碎製成寵物食品和網球拍線（如果你擁有一支在一九五〇至一九七〇年代之間製造的頂級木製網球拍，那麼它所使用的球拍線就極可能是用抹香鯨的肌腱所製成）。

此時的捕鯨業已經走向全球，從一九三〇到一九八〇年代，僅僅日本一個國家就殺死了二十六萬頭的抹香鯨，這是當時地球上總抹香鯨數量的五分之一。

一九七〇年代初，估計至少有百分之六十的抹香鯨遭到獵殺，使得抹香鯨成為瀕臨滅絕的物種。當時人類世界對於獵殺鯨魚的技術已經發展到非常先進，可是時至今日，我們對鯨魚仍一無所知，鯨魚的種種對我們而言仍然是一團謎。沒有人知道牠們是如何交流、社交，甚至我們對牠們吃什麼也不是很確定，在此之前幾乎沒有人記錄觀察牠們在水下的行為。

一九八〇年代，全球有數百萬人觀看紀錄片《鯨不哭泣》，這是大眾首次見到抹香鯨在自然棲息地的姿態。這部經典的紀錄片讓人們認識到抹香鯨似乎和歷史與文學作品中流傳的形象相去甚遠，牠們並非是殘暴的巨獸，不像是印象中會攻擊船隻和吃下水手的凶殘動物，而是溫柔甚至對人類友好的一種動物。全球反捕鯨運動在一九八〇年代形成一股浪潮，最終在一九八六年結束了幾世紀以來的商業捕鯨活動。*

雖然人們對抹香鯨高度發展的智力與捕鯨業殘暴的行為逐漸有所了解，但這並沒有徹底終止捕鯨，少數國家仍然嘗試捕殺鯨魚。截至二〇一〇年，日本、冰島和挪威持續向國際捕鯨委員會施壓，要求結束三十年的捕鯨禁令。包含斯格諾那在內的研究人員對此感到悲觀，他們預測全球捕鯨禁令最早可能會在二〇一六年取消，商業捕鯨活動可能會再次合法化。

抹香鯨的繁殖率在所有哺乳類動物中是最低的，一頭成年雌性抹香鯨大約要四到六年才會孕育一頭抹香鯨。目前全球抹香鯨的數量估計大約為三十六萬頭，這個數字遠低於兩百年前的一百二十萬頭。在人類開始捕鯨之前，牠們已經在地球的海洋巡游了數萬年。詳細情形沒有人敢肯定，但許多研究人員擔心如果抹香鯨的數目再次下降，例如開放商業捕鯨活動，抹香鯨將會在未來幾個世代持續減少，最終在地球上徹底滅絕。

就算我們持續禁捕，獵人們不再追殺抹香鯨，但日益嚴重的海洋汙染也可能威脅抹香鯨的生存。自一九二〇年代以來，用來製造電子產品的致癌化學物質多氯聯苯已經慢慢滲入海洋中，並且在某些區域其累積的濃度已經超過有毒門檻。對於作為食品加工的動物，牠體內的多氯聯苯濃度必須低於百萬分之二（2 ppm）。法律規定，任何多氯聯苯含量50 ppm的動物都必須視為有毒廢棄物，在適當的設施中進行處置。

海洋保護提倡者、同時也是生物和環境科學家羅傑・佩恩博士，分析了各種海洋生物體內的多氯聯苯含量，他的研究發現逆戟鯨的多氯聯苯含量約為400 ppm，這超出了標準值的八倍之多；在白鯨體內發現的多氯聯苯濃度高達3,200 ppm，瓶鼻海豚甚至達到6,800 ppm。根據佩恩的說法，這些海洋哺乳類動物的身體都是多氯聯苯的移動儲存站，

＊ 雖然全球已經停止商業捕鯨，但日本、韓國等少數國家仍然以「科學研究」為名義，鑽此漏洞進行捕鯨活動。

沒有人知道鯨魚和其他海洋動物在開始集體死亡之前還能吸收多少汙染（汞、多氯聯苯和其他化學物質）。

佩恩和其他研究人員指出，中國特有的淡水鯨豚「白鱀豚」的遭遇，可能已經預示著抹香鯨族群未來的命運。白鱀豚被認為是智商最高的鯨豚種類之一，如今由於嚴重的汙染問題以及人為干擾，白鱀豚已達功能性滅絕*的定義（最後的統計，長江流域的白鱀豚數量只剩下三隻）。

由於人為和大環境的不利因素，對鯨豚研究人員來說，研究的同時也必須和時間賽跑。

。。。。。。。

回到研究船上，時間依舊一個小時一個小時地流逝，我再看看自己手上的潛水錶，氣溫已經來到攝氏四十三度。船尾處突然傳來急促的電子響鈴，劃破了船上沉悶的氛圍。斯格諾那從另一艘船打電話來，通知我們已經在亭可馬里港附近目擊一群抹香鯨。

斯格諾那認為鯨魚一直都在那附近，只是我們之前航行得不夠遠而沒發現牠們，電話中他告知我們目前正在緩慢尾隨這群鯨魚，等待適當時機下水進行觀察。

我們這邊接獲通知後，船長重新發動引擎，我們朝南急馳而去。很快地，我們就被一群抹香鯨環繞著。

普林斯露指向東方海平面：「你看到那些噴發了嗎？」朝著她指的方向看過去，遠方海面有一團霧氣以四十五度角從海面噴出，其形狀類似一朵蘑菇雲。抹香鯨只有單一個鼻孔，位於頭部的左側，所以在水面呼氣時都會呈現一定的角度。這些獨特的呼氣噴發有時可以高達四公尺，在無風晴朗的好天氣下，可以在一．六公里或甚至更遠的地方就能看見這種特殊形態的雲霧。

在我們右邊三百公尺附近，又出現另一個呼氣噴發，普林斯露打趣地形容：「它們看起來很像海面上長出來的巨型蒲公英，是吧？」

＊譯註：功能性滅絕是生物學術語，指某個或某類生物在自然條件下，種群數量減少到無法維持繁衍的狀態；換言之，功能性滅絕指某物種在宏觀上已經滅絕，但尚未確認最後的個體已經死亡的狀態。

普林斯露通知我：「戴上你的面鏡，我們下去！」

我們這個團隊已經協議過，每次只讓兩個人下水，避免突如其來的人群將鯨魚嚇跑。普林斯露約我排第一組下水。此時船長控制船頭方向，將我們的船與鯨群平行向前航行，我們計畫要先超前一、二百公尺，在那邊下水等待鯨群靠近。

普林斯露解釋：「你永遠無法追捕鯨魚，你必須讓牠們來找你。」她一邊向我解釋，一邊拋開覆蓋的浴巾進行著裝，抓起長蛙鞋準備套到腳上。鯨群已經用很緩慢的速度移動，我們預測鯨魚的路徑，並提早抵達前方一、二百公尺處下水，牠們可以輕鬆地以回聲定位知道船隻以及水下我們的存在，這讓鯨群有從容的時間適應我們的出現。如果牠們不願意接近我們，牠們會在水面上深深吸一口氣潛往深處，消失在水面，我們就再也見不到牠們了。

隨著船隻的靠近，鯨群沒有明顯潛入深處，這是一個好兆頭。普林斯露繼續向我說明，眼前這不是一個完整的鯨群，而是一對母子。這是另一個優勢條件，因為通常幼年抹香鯨會對人類特別好奇。根據普林斯露的經驗，抹香鯨媽媽會鼓勵小孩對人類進行探索。

可能察覺前方有船隻，兩頭抹香鯨在我們後方一百二十公尺處減緩速度，幾乎停了下來。船長此時關閉引擎，普林斯露向我點頭示意，我戴上面罩，調整好呼吸管，穿上長蛙鞋，靜悄悄地滑入水中。

「握住我的手，跟上牠們。」普林斯露說。我們含著呼吸管呼吸，臉埋在水面下，朝鯨魚的方向游去。今天海水能見度一般，大約三十公尺。我們看不到百米外的鯨魚，但我們可以聽見牠們的聲音。隨著呼氣噴發聲越來越響亮，接著我們就聽到抹香鯨慣常的咔嗒聲；它聽起來有點像是一張卡在自行車輪輻上的撲克牌，隨著自行車輪的轉動，週期性地發出拍擊聲。然後，水開始振動。

我感到有點吃力，但普林斯露拉著我的手臂希望我能再快點。她把頭抬出水面向前看，此時她停了下來，我也跟著抬頭朝她的視線方向望去。就在我們正前方約三十公尺處，有一個隆起的黑色圓形丘陵，彷彿是海面下有一個黑色的太陽即將升起。此時咔嗒聲越來越響亮，黑色土丘又再次浮出水面，然後又消失了。鯨魚離開我們了！雖然我們沒有看見牠們離開，但在水面下，我們依舊可以聽到牠們的呼氣噴發聲隨著牠們遠離而越來越柔和，咔嗒聲的節奏也緩慢了下來，就像發條鬆了的時鐘。隨著牠們消失的身影漸漸離我們而去，海面恢復了平靜。

。。。。。。。

普林斯露抬起頭來面對著我說：「鯨魚！」我不明所以，微笑地對她點點頭，拔掉嘴中的呼吸管，告訴她剛剛的近距離接觸，讓我感到非常的不可思議。然而她用力地搖搖頭，指著我身後說：「是鯨魚！」

那一對母子回來了！牠們悄悄地繞到我們身後約五十公尺處停在那邊不動，水中巨大的咔嗒聲又開始響起，音量比之前更響亮。看到眼前這個情景，我下意識地要踢動蛙鞋朝牠們游過去，但普林斯露立刻抓住我的手。

「別動，不要游！牠們正在看著我們。」普林斯露低聲說道。

此時的咔嗒聲震耳欲聾，在水中聽到的音量感受，大約像人行道施工時使用的電動鎚撞擊混凝土的聲響。這是鯨魚典型的回聲定位音，鯨魚正在用聲波從裡到外地仔細掃描我們。牠們一直保持在我們能看見牠們的範圍之外，因此只有當牠們浮上水面呼氣

「牠們是溫柔的巨人」：鯨鯊既不是鯨魚也不是鯊魚，牠們是世界上體形最大的魚類。成年後可以長到十二公尺長，體重達二十一公噸，主要以浮游生物為食。普林斯露正和一頭鯨鯊面對面游泳。

時，我們才能看到牠們的位置。接著牠們抬高巨大的黑色尾鰭向下一擺，快速地朝我們接近。

普林斯露神情急切，她用力抓住我的肩膀，雙眼在潛水面鏡下直視著我說：「聽著，你現在內心裡要保持住正確的念頭，鯨魚能感受到你的意圖。」我明白人類與抹香鯨互動有多麼危險，我必須很努力才能將恐懼放在一旁，讓自己稍微平靜下來，保持著善良的想法。

此時，在普林斯露身後，兩頭抹香鯨正快速靠近，牠們呼氣時在水面上噴出高聳的霧氣柱伴隨著尖銳的嘶嘶聲，彷彿兩具火車頭正朝著我們全速奔馳。

普林斯露握著我的手：「在這個當下，保持住信念。」鯨魚在她身後，三十公尺、十五公尺……她握緊我的手，重複說了最後一次：「保持信念！」接著一個翻身，將我拉入水下數公尺處。

在水中，我見到一團巨大朦朧的黑色物質出現在遠處，因為快速靠近而迅速膨脹，越來越大，眼前的海水頓時暗了下來，牠們身上的細節也越來越清楚：一面巨大的鰭、巨大的嘴巴、一片白色的底部、一隻大眼睛低垂在頭部下方朝著我們凝視。大的抹香鯨體形大約像一台公車，她的孩子看上去像是一台中巴的大小。牠們如此巨大，彷彿是被淹沒的島嶼。我和普林斯露緊緊握著彼此的手。

鯨魚持續朝我們游來，最後，就在離我們約十公尺、看似快要撞上的時候，牠們非常溫柔地轉向左邊，與我們近距離擦身而過。此時，牠們原本持續發出的咔嗒聲，節奏開始轉變，水中充滿著在我聽來像是在社交狀態常會聽到的尾聲，我相信此時的牠們正在向我們做自我介紹，表明自己的身分。幼年抹香鯨漂在媽媽面前，輕微地搖著頭，眼睛一眨也不眨地注視著我們，牠的嘴角最後微微向上翹起，似乎是在微笑，跟在牠後頭的媽媽的表情也是一樣。似乎所有的抹香鯨都會有類似的行為。

當牠們從我們眼前幾公尺的距離緩慢游過時，仍一直在注視著我們，發出的咔嗒聲如陣雨般落下環繞著我們，最後牠們龐大的身影慢慢地消失在陰影裡。尾聲轉變成一般回聲定位的咔嗒聲，漸漸地，就連咔嗒聲也消失了，海洋再次陷入寂靜。

我想起布伊爾曾經和我分享一則他朋友的親身經歷，他的朋友曾在北大西洋上亞速爾群島的海域進行自由潛水，一群雌性抹香鯨主動靠近他。這群鯨魚很友善地和他互動，並且密集地發出咔嗒聲打量他，他們就這樣玩了幾小時。最後這樣的舉動引來了一頭雄性抹香鯨，據布伊爾推測可能出於「忌妒」，這頭雄性抹香鯨靠近他的朋友，在很近的距離用幾乎能使人類昏迷的高分貝咔嗒聲轟擊他。當下他雖然沒有昏過去，但非常不舒服，他設法踢到水面並爬回船上甲板。他的腹部和胸部彷彿遭受重擊，痛苦地躺在船上，三個小時後症狀才消失，所幸並未留下後遺症。

斯格諾那也曾告訴我類似的親身經歷。二〇一一年時，他和一群抹香鯨一起潛水，一頭好奇心旺盛的幼年抹香鯨主動靠近並且用鼻子頂撞他，斯格諾那伸手要將牠往後推，突然間感受到一股熱浪湧向手臂。這頭幼年抹香鯨的鼻子發出的咔嗒聲足以讓斯格諾那的手癱瘓幾個小時，還好他休息過後也恢復正常。

普林斯露和吉斯蘭去年在亭可馬里與抹香鯨互動，也有千鈞一髮的經驗。當時他們和一群抹香鯨在水中待了幾小時，一頭雄性抹香鯨快速地接近吉斯蘭，舉動不太尋常。普林斯露立刻警告吉斯蘭讓開，這個時候，這頭公抹香鯨突然轉身過來，將四公尺寬的尾鰭舉出海面，旋轉後用力向下拍打。要不是吉斯蘭閃得快，他的頭顱早就被壓碎了。

普林斯露和吉斯蘭認為那一次的尾鰭拍擊事件，很有可能只是牠一時認為好玩有趣而做的動作，並非蓄意要傷害人類。但是當你和一頭體重是你的五百倍、體積是十倍以上的動物在水中遊玩時，這一類牠認為只是玩耍的動作很有可能會要了你的命。

自由潛水可以預防一部分這類的事件，同時也是與鯨魚互動時的基本技能。鯨魚尤其是年幼的小鯨魚，在與人類相遇時會顯得格外興奮，有時會衝撞潛水員導致潛水員窒息。能夠潛入十多公尺的深度，並在那裡停留一分鐘等待鯨魚經過，是和鯨魚互動時必要的生存技能。是否具備這樣的能力可能會產生「生命改變」或「生命結束」兩種截然不同的結果。事實上，因為人鯨互動的例子非常稀少，不論是普林斯露、斯格諾那或是布伊爾，沒有人知道這樣的互動會有多大的風險。斯格諾那告訴我，直到十年前都沒有任何紀錄顯示人類曾與鯨魚一起潛水。

「每個人聽到與鯨魚一起潛水，都認為這太危險了。」斯格諾那說。直到今天，只有非常少數的潛水員會主動嘗試，大多數遇上這種情況的人通常都是在海中潛水時偶遇鯨魚。

大學或是海洋研究機構永遠都不會允許他們的研究人員或是學生去和鯨魚一起潛水，很少人願意這麼做。

蘇格蘭聖安德魯斯大學抹香鯨研究員盧克．倫德爾，曾經在和我往來的電子郵件中批評斯格諾那的研究方法充斥著「一堆噱頭」，簡直就是用一些脆弱的科學理由當掩護，好讓自己去和鯨魚一起游泳。最後他信中的結論是：「我完全有能力在不與動物一起自由潛水的情況下，收集足夠的數據，謝謝。」我必須持平地說，倫德爾的態度是歡迎更多研究人員加入研究抹香鯨的領域，他是開放的，只是他毫不客氣地表達「鯨魚和海豚區域數據庫」的網站看起來像偽科學。

斯格諾那將這些批評視為「傳統科學家的正常反應」，並且堅信大多數正統的研究人員並不理解他的工作，也因為這層不理解所以就認為這種作法並不科學。但沒有人可以否認，斯格諾那以自由潛水的方式收集數據已經取得了成果。

接近野生鯨豚的關鍵在於非常平靜且動作穩定，接近過程中絕對不能有出其不意的大動作。若再加上一點好運氣，即使連平日特別害羞的座頭鯨也會變得好玩（照片中的鯨魚即是座頭鯨），牠們有時也願意靠近人類。

斯格諾那六年的自由職業狀態下，他收集到大量的抹香鯨影像與聲音數據，他和抹香鯨的距離比起大多數機構中的研究人員花費幾十年的心血都還要更加接近。機構研究人員採取的傳統作法，是在船上甲板以水聽器記錄抹香鯨發出的聲音，用水聽器所收集的數據研究抹香鯨的交流溝通。但這種作法，永遠不會知道特定的發音與動作的關聯性，不會知道鯨魚在何種狀態下發出咔嗒聲，更不會知道為什麼牠們會發出這個音。針對抹香鯨的研究，運作最久的研究計畫是由霍爾．懷德海所領導的多明尼克抹香鯨專案計畫。懷德海領導的團隊所採取的研究方式是追蹤數群抹香鯨並且在周圍等待，當鯨魚浮出水面換氣時，趁機拍攝鯨魚的尾鰭相片，利用尾鰭特徵辨識抹香鯨。

去年斯格諾那與五頭抹香鯨面對面交流，持續了三個小時的連續影音紀錄，這一趟潛水過程都被完整記錄成動態的立體影像與高解析錄音。這是世界上迄今為止，最長也最詳細的抹香鯨連續紀錄。

斯格諾那無意與現有的科學體制為敵，他表示他並非想顛覆現行的科學研究規則，相反的，他想要進入正式的科學研究系統中。他想提出的創舉在於記錄數據的方式與加快數據的收集速度，因為傳統的研究機構在鯨豚數據收集方面實在太緩慢了。為了實現這樣的理念，斯格諾那和法國科學界的認知科學家法比安・德爾福與聲學學者狄德羅・莫烏瑞一起合作，將會以「鯨魚和海豚區域數據庫」的數字資料發表一篇科學論文。他們希望在明年與斯坦・庫查伊一起將論文發表到具有同儕審查的科學期刊上。「這一切都是正式的，符合現今科學研究的規範。」斯格諾那強調。斯格諾那提出一種新的鯨豚觀測方法，使得影音數據的收集速度明顯快於傳統研究，但即使如此，對斯格諾那或者對於鯨豚而言，這樣的記錄速度可能都還是太慢了。

就在我人生中第一次和野生抹香鯨近距離接觸的那晚，我坐在露台的桌子旁休息，我還沉浸在牠們帶給我的感動中。在這一刻，我終於開始意識到斯格諾那面對來自傳統科學批判所產生的沮喪。

在我與普林斯露在海中與抹香鯨母子短暫的相遇中，牠們並沒有調頭走開，而是回來和我們打招呼說哈囉。我與這些動物的近距離視覺接觸，是我人生中最珍稀的感動體驗。經過這短短的相遇，我突然有種新的認識，一種瞬間產生而難以形容的感受，我知道自己正在和某種異常強大且聰明的對象交流。當然，這不是什麼嚴謹的科學觀察，而是出自於我主觀的情感感受，但是儘管如此，這些感受跟任何我們發現與這些動物有關的客觀事實都一樣真實並具有說服力。你無法在研究船甲板上，僅透過水下載具或機器人的間接觀察得到這些體會。你必須不怕弄濕身體潛入水中。

。。。。。。。。

第四天，紀錄片攝影組的人員打算放棄離開。第一天就嚴重暈船的攝影師堅拒再花十個小時在搖搖晃晃的簡陋船上漫無目標地等待。紀錄片的導演伊曼紐爾．沃恩－李也感到精疲力盡，他自始至終都和斯格諾那處得不愉快。

他們要離開的早晨，導演沃恩－李向我抱怨：「你之前沒有跟我說過這有多難。」他坐在露台桌旁，抓搔著被嚴重曬傷脫皮的膝蓋。其實我之前就警告過他很多次了，只是我的那些嘮叨他沒有聽進去而已。他告訴我他決定要停損，到此為止，今天他就要搭乘下一班飛機返回舊金山。

他太早離開了。

我們的團隊剩下七個人，加上租來的「研究船」所附加的船工，一干人等擠進一艘專為一半人數設計的小船。隨著船引擎吃力地轉動，不時發出咳嗽聲，這艘超載的小船一路向南航行。幾個小後後，我們距離海岸約二十四公里，再次來到亭可馬里海溝上方等待。斯格諾那確認了手上的全球衛星定位器，確定這一帶就是昨天遇見抹香鯨的海域。

斯格諾那要求船長關閉引擎：「我正在尋找牠們的聲音。」他走到船頭，拿起了一根鋸斷的掃把柄，這支手柄末端綁著一個金屬製的廚房過濾瓢，上頭有許多的金屬圓孔，是廚房常見的瀝水器具。他將一個水聽器安裝在這個金屬碗的中心位置，持著長柄將整個裝置放入水中，他戴上一具破舊的耳機聆聽水聽器放大後的音訊。

這個奇特的裝置因為具有指向性，金屬濾瓢可以將來自特定方向的聲音聚焦在水聽器的位置，可說是一種追蹤抹香鯨的天線。轉動長柄，朝不同方向收音，只要能收聽到咔嗒聲，就能大約掌握鯨魚的方向，再透過聲音大小與頻譜的衰減特徵，甚至能判斷出鯨魚所在的深度。

斯格諾那笑著說：「他們將這樣的裝置用一千五百歐元的價格賣給研究鯨豚的機構，但效果和我用一堆垃圾拼裝出來的一樣。」斯格諾那現在正創立一家新的公司叫

「咔嗒聲研究公司」，這間公司專門設計並製造海洋學研究相關的器材，他們的水下指向性收聽器售價僅三百五十美元。

斯格諾那將耳機戴到我頭上，並將掃把柄交給我，然後問我：「告訴我，你聽到什麼？」我回答他，我只聽到一團背景雜訊。他將耳機緊緊地壓在我的耳朵上：「現在仔細聽，**你聽到什麼了**？」

他將掃把柄拿了回去，在水面下慢慢地旋轉水聽器的收音方向。在一團背景雜訊中，我漸漸聽到一些不規則節奏的訊號，就像是來自遙遠部落所發出的擊鼓聲。我立刻告訴斯格諾那停止移動水聽器，在這個關鍵時刻船上所有人都靜止了，深怕一點點的移動會打擾到我們收音。水聽器傳來的聲音，節奏越來越快，高音的比例逐漸增加，聲音的模式一致。我聽到的當然不是鼓聲，而是抹香鯨正在我們船下數公里深的海溝中所傳來的聲音，牠們正在底下狩獵，頻繁地發出咔嗒聲。

斯格諾那將耳機輪流遞給船上的每個人，所有聽過的人都著迷了。一位船工聽過後，將耳機歸還給斯格諾那，他小心翼翼地走到船頭，拿起一根舊木槳，將木槳的一頭浸入水中，側頭將耳朵抵在木槳的手柄上。

船工用生硬的英語向我們解釋，這就是數百年前斯里蘭卡漁民聽鯨魚的方式。抹香鯨的回聲定位，即使遠在海面下數公里以外的地方，其聲音強度也足以振動一‧五公尺長的木槳，並發出耳朵可以聽見的咔嗒聲。我也走過去試試這個古老的方法，我能聽見微弱的滴答滴答聲。聲音聽來非常渺遠，像是來自另一個世界的信號。這種聆聽的方式沒有經過任何訊號處理，所以是非常直接的方式，能聽見遙遠的抹香鯨讓我感動到起雞皮疙瘩。

斯格諾那戴回耳機，靈巧地轉動水聽器。他告訴我們，當鯨魚準備要從深處上升時，牠們會將回聲定位用的咔嗒聲切換成尾聲。仔細聆聽咔嗒聲模式的細微變化，再配合音量與聲音的清晰度，就能預測鯨魚出現在水面的位置和時間。我問他：「這種方法有多準確？」他立刻表演給我看。

他指著西邊的海面：「牠們在那裡，大約兩公里遠，正在朝我們這邊靠近，大約兩分鐘內會到我們這裡。」船上大家都安靜坐下來，朝斯格諾那所指的海面望去，他繼續說：「三十秒……牠們持續朝我們游來……到了！」

他話才說完，由五頭抹香鯨所組的鯨群就在離我們約四百五十公尺的海面上浮出水面。每頭鯨魚都噴發出雄壯的水氣柱。斯格諾那對自己精準的預測感到滿意而咧嘴一笑，他開心地用力和我擊掌。船長對於他的神技，驚訝到目瞪口呆。

正當大家還處在驚訝狀態時，斯格諾那向大家喊話：「好啦，現在誰想下水？」

° ° ° ° ° ° °

晚餐後，斯格諾那、加佐和吉斯蘭圍坐在露台的桌子旁，一起看著白天的錄影片段。有些鏡頭完美地令人著迷。這次我們船上的每個人都與六頭不同的抹香鯨有短暫的相遇體驗。斯格諾那和加佐利用立體攝影機拍攝，他說：「這是第一次在如此近的距離內記錄下牠們的行為。今天拍得最令人印象深刻的鏡頭，是一開始我和加佐潛水時拍到的。」

由大約五頭鯨魚所組成的鯨群轉身並靠近我們的船。斯格諾那要我戴上面鏡，跟上拿著立體攝影機的加佐一起下水。一開始，鯨群離我們越來越遠，但當我和加佐試著游向牠們時，牠們似乎察覺到了，改變方向朝著我們游過來。在水底下看向牠們的方向，大約六十公尺處的能見度邊緣，我們先看到一個巨大模糊的黑影持續擴大，然後漸漸分成兩團陰影，再更接近時才看清是兩頭巨大的鯨魚，身長大約有十一公尺。其中有一頭公鯨直接逼近我們，就在靠得很近時，牠突然翻身將腹部朝向我們，緩慢地在我們的腳下滑翔，我們看不到牠的眼睛或頭部。當牠靠近時，牠潛到我們蛙鞋下方並無預兆地發出一陣尾聲，突如其來的強大音浪，使我清楚地**感受**到胸骨和頭骨與鯨鳴產生共振。牠在我們面前一直保持著倒立的狀態，冷不防地從肛門裡排出一縷黑色的糞便，如同煙霧一般，接著牠就消失不見了。我們和牠相遇的時間持續不到三十秒。

斯格諾那在他的筆電中重播這段錄影給我看，他刻意將喇叭的音量調大。

「你聽到了嗎？」接著，他將錄影內容反覆播放，我仔細聽他要強調給我聽的片段，聽起來像是典型的咔嗒聲，但特別刺耳與猛烈，類似機關槍開火似的。「這並不是尾聲，」斯格諾那笑著說，又把影片倒回去再播放一次咔嗒聲。「看來他並不是正在和你對話的狀態。」

加佐和我聽到的感覺是一種吱吱聲——這種特殊的發音通常是抹香鯨在尋找獵物時使用的，是高度密集的回聲定位咔嗒聲。而牠之所以將身體翻轉過來是為了可以更輕鬆地用牠的上顎接收回聲定位所傳回來的聲音，就像人類想把聲音聽得更清楚時，會下意識地將頭抬起來並面對聲源的方向。斯格諾那對這段錄影感到很有意思，它收錄了特殊的鯨魚叫聲，又同時拍到鯨魚發出這個聲音時的姿勢。他滿意地笑著，一遍又一遍地重播這則影片。

「牠看著你，也許是想說能不能把你當食物吃下肚。」斯格諾那說：「你很幸運，我猜你看起來並不可口。」

這個問題其實在我們第一次上船時，我就開始思考了，牠們為什麼不會將我們吃下去？我們是非常容易到手的獵物。

斯格諾那認為，當鯨魚利用聲波對我們進行掃描時，牠們會感知到我們有頭髮、有大的肺、大腦結構——這些主要器官構造都不是其他海洋生物所有的。鯨魚很有可能認知到我們和牠們一樣都是哺乳類動物，牠用自己的經驗推測我們也可能具有高等的智力發展。如果這個理論是正確的，那麼抹香鯨在某一關鍵點上比人類更聰明：牠們比我們更容易看到我們兩個物種之間存在著相似之處。

斯格諾那隨即打開電腦裡的另一個檔案，這是今天錄到的一段十秒長的聲音訊號，他持續循環播放這個十秒的錄音檔。

他問我：「你覺得如何？」我告訴他，我唯一聽見的就是平常鯨魚用來定位的咔嗒聲，這是一段自遠方傳來的咔嗒聲，型態上有一點類似電子鼓隨機發出的聲音。他知道我沒有聽出細節，因此要求我戴上耳機，更專注地再聽一次。同時，為了聽見更多細節，他還將音量調高，此時的聲音聽起來就像是數公里遠的砲彈爆炸聲。

「我認為這是一件大事，大發現！」他說。我質疑地問道：「這會不會是錄音的過程中，不小心讓水聽器與船體碰撞所產生的聲音？」他反駁道：「不，不可能。這是一件很重大的發現，我向你保證，非常重要！」

為了減少普林斯露和斯格諾那兩個團隊成員的摩擦，我們決定在接下來的幾天，另外再租一艘動力艇，兩個團隊的人馬分別坐不同的船，而我則在兩個團隊之間穿梭。今天出航，我先跟普林斯露這團同船。

在海上漫長的等待時間中，我們利用沒有鯨豚出現的時間，進行自由潛水的練習，請船長關閉船引擎，跳下海，直接練自由潛水。普林斯露事先準備了浮標和繩索，並建議利用現在得天獨厚的環境做深度練習。

她盤腿坐在船頭，問我：「你想去多深？」才剛剛問完，不等我回答，她就給了我目標深度：「就先十五公尺吧。」她俐落地抓起面鏡與長蛙鞋，就跳下船了，將水面浮標往外拉出去三、四公尺遠，我穿上裝備跟隨在後。今天的海水非常清澈，能見度達六十公尺。在透明度如此高的環境中潛水，即使下潛到更深處，也不至於像上次在內陸的四十噚石窟那樣一片漆黑暗沉，而是被一團明亮的紫藍色包圍著。我透過面鏡看到普林斯露將一條配重帶綁在繩索的另一端，並將其放入水中，從我漂浮的地方看配重帶牽引著繩索，就好像在看植物根部生長的縮時影片。

馬歇爾已經著裝完畢在普林斯露旁邊游泳，兩人一起在水面換氣，同步順著繩索下潛。我還在水面上進行閉氣前的呼吸準備：「吸氣一，閉氣二，呼氣十，閉氣二……」我試著閉上雙眼，讓思緒平靜下來，放鬆我的身體。過去幾個月，我專注於靜態閉氣的練習，我試著告訴自己，閉氣三分鐘其實是一件已經很熟練的事情了，同時也告訴自己，閉氣一分鐘下潛到十五公尺的深度再返回水面，對我來說是件輕而易舉的事。

繁複的自言自語看似囉嗦，但我所有接觸過的教練都告訴我這種內心啦啦隊是必要的：我必須先說服自己，這次的潛水會是輕鬆**而且**愉快的。正如威廉·特魯布里奇所說的，自由潛水是一種心智遊戲。

幾分鐘後，當我重新睜開眼睛，因深沉的呼吸而感到頭暈目眩，腦中充斥著揮之不去的強烈暈眩感。普林斯露和馬歇爾的小身影就在底下繩索的另一端，他們繞著圈游動著，從我的角度看過去，他們就像是漂浮在萬里無雲的晴空下，不論從哪一個角度來看，水面下的場景就像是整個地表世界的鏡像，此時水面下空無一物，沒有任何的方向參考點——水下動物、海底、船底——能說服我那完全不是這麼一回事。幸運的是，經過幾個月的訓練，我已經能適應迷失方向感。我持續保持放鬆，讓暈眩感逐漸消退。

吸氣一，閉氣二，呼氣十，閉氣二……

我進入潛水前最後的十次換氣。在這個當下，我的思緒回到在開普敦與普林斯露的一場訓練，我們和其他四名學生在淡水池裡練習深潛。練習時，我又再一次遇到困難，僅僅潛入六公尺的深度就讓我感到痛苦。在一次九公尺深度的嘗試中，我帶著痛苦回到水面，普林斯露靠了過來，她建議我在下個潛水時閉上雙眼，在閉眼的狀態下進行今天最大深度的挑戰，我認為這是一個很可怕的提議。她進一步解釋：「這是一種信任練習，你必須相信我，也必須相信自己。」沒有任何辯解，我什麼也沒說就照著做。吸入最後一口氣，瞇著雙眼向下潛入。一分鐘後我返回水面，完成了當天最深、最久也最舒服的潛水嘗試。我完成了十二公尺的潛水，而且沒有一絲絲的不舒服。

此刻，凝視著下方一片深邃蔚藍的海水，普林斯露和馬歐爾在我下方大約六層樓深的地方悠游，我在水面試著找回那次閉眼潛水的狀態，接著，我深深吸入最後一口氣，開始下潛。

當我用左手拉繩索時，就順勢以右手捏鼻子，將胃裡的一口空氣往頭上推擠，緊閉著嘴唇試著以類似咳嗽的方式，發出一個T的發音，使會厭將喉嚨關上，並用力將喉嚨中的殘氣推入鼻竇部位。這是我第一次在下潛過程中使用法蘭茲平壓法，雖然略顯笨拙但終究是成功了。經過六次成功的平壓操作，我的潛水深度已經超過六公尺，而且還有餘力再繼續下潛。

當我潛得越深，平壓反而變得更容易。漸漸失去的浮力，使我的拉繩動作越來越省力，我幾乎可以鬆開手而不會立刻往上漂，只要用兩隻手的拇指和食指輕輕夾住繩索就足以帶動身體往下潛。沒多久，我兩手完全放開，不用踢也不用拉，身體自然往深處墜落。我已經達到中性浮力點——零重力深度。此時，大海的門完全對我敞開，我以高空跳傘的姿勢將手臂自然垂在身體兩側，準備潛往更深的地方。我先是感受到潛水背心收緊，胸膛感覺好像被壓縮似的，肺部被往上推向喉嚨，胃部微微塌陷。這是深海壓在我體外的力量，同時這股力量彷彿也在體內形成了一個黑洞，將我的身體持續往內吸進去。

剛剛下潛之前，我在海面用力吸進的一大口氣，現在消失了。下潛過程中我沒有呼氣，一直將那口珍貴的氣保持在肺部中。但它現在已經被外部的水壓壓縮到僅剩原本一

人的身體與生俱來就有適合大深度潛水的浮力特性（不包含額外的配重或防寒衣）。我們能夠漂浮在水面上，但也可以毫不費力地在重力的協助下，潛入很深的地方。照片中左起分別是游泳運動員彼得・馬歇爾、漢利・普林斯露和本書作者。

半的體積，但也足以拉扯肺部和喉嚨的軟組織。這聽起來好像不太舒服，但事實並非如此。這種感覺格外地令人感到溫暖，就像有人扔了一條毯子給我。這是血液自四肢末梢往身體核心部位流動的跡象，外圍的血管收縮，富含氧氣的血液自手臂、腿、手掌、腳掌湧向我的身體核心。

我剛剛啟動了自己體內的生命總開關，哺乳類動物的潛水反射正在體內發作。

幾個月前，我在希臘採訪一名自由潛水運動員，當她的身體承受每平方公分數十公斤的深水壓力時，處在那樣的深處究竟是什麼樣的感覺。她的回答令我印象極為深刻：「當下的感受是被大海緊緊地擁抱住。」如今，我可以體會她給我的回答，現在的我正是這種感受，這是來自地球上最大質量的一種環抱，雍容大度地接納我的存在。

我潛得越來越深，直到耳朵裡的壓力越來越大，比我以前所經歷的痛楚都還要強烈，在這樣的狀態下我試著捏鼻想完成耳壓平衡，但已經無法像剛剛那樣順利成功了。就像全身所受的水壓，現在我鼻竇空間中的殘存空氣體積已經減少了一半，壓縮的肺部也完全無法吐出氣體，在這種狀態下要完成耳壓平衡的難度很高，但我從泰德·哈蒂的線上教學課程中學到，現在還只是一種錯覺，我仍然有足夠的空氣可以進行耳壓平衡。

雖然我已經鬆開繩索，但我一直未偏離它。為了處理耳壓問題，我再次抓住繩索讓自己的身體不再往下沉，並稍微向上移動約一公尺的距離，讓體內的空氣可以稍稍膨脹，只要能讓鼻竇部位稍微獲得一點空氣，就能緩解額竇與耳壓的疼痛。我再次捏住鼻，從肺裡提取一口空氣到頭部，將空氣在鼻子與耳朵之間來回移動。我能聽見耳咽管被沖開的聲音，先是發出一陣吱吱聲，然後是砰的一聲，我成功排除了耳壓問題。我讓左手鬆開繩索，重新踢動蛙鞋，往更深處下潛。

繩子最末端的配重帶從我身體滑過——先是頭，然後胸部、大腿、腳、蛙鞋。我的下潛深度已經超過繩索的最末端，此時下墜的速度與羽毛在空氣中下降的速度相當。在我眼前已經沒有繩索了，放眼望去每一個方向都是亮晃晃的藍，宛如被藍色的霓虹燈包圍著，身處在無窮無盡的透亮藍光中。

我內心有股念頭想要繼續下潛，繼續探索這個陌生的外星空間。我感覺不到任何抽搐，沒有任何想呼吸的迫切感，不覺得寒冷，甚至不覺得自己正處在水中。我明白，這是一種競爭性的思維在催促著我向下**探入更深**，它要我挑戰，但這並不是我要的自由潛水。

我低頭抓住自己的膝蓋，身體蜷曲成球狀，輕輕彈動右腳的蛙鞋，以慢動作完成前空翻。世界再次翻轉，我在水面經歷的一陣暈眩此時又發作了。

現在恢復成頭上腳下的直立狀態，我向上踢了一、兩公尺，抓住繩索末端的配重帶，在這個當下稍作停留，然後才開始返回水面。

頭幾次將身體向上拉比較費力，畢竟上頭有九萬公斤重的海水壓向我，想把我往更深處拖。我用力拉了幾下，配合幾次強力的踢腿，很快地，我就回到了零重力深度，在這裡要將自己向上拉就省力得多。原本在深處從我肺部與頭部內消失的空氣又奇蹟般地回來了，感覺就像是為我的胸腔重新充氣一樣。在上升的過程中，我無須擔憂耳壓平衡的問題，耳朵內膨脹的空氣會自動沖開耳咽管，使耳壓與外界又達成平衡，因此我可以不受限制地上升。我的身體——就像所有人類和大部分哺乳類動物的身體——具有在潛入深處時，調節氧氣消耗與控制氮氣攝取的安全機制，這同時也是推動身體裡生命總開關的觸發機制。

我現在用雙手拉繩，更用力地踢動蛙鞋，原本引領我往深處去的那隻無形的手，現在逐漸轉而拉我回水面，我已經進入正浮力區，現在的上升速度是剛剛下潛時的兩倍快。

當我即將抵達水面時，我從水下仰望天空，海水與空氣的介面閃耀著銀色的反光，點綴著湛藍的天空。距離浮筒和船底只剩下五、六公尺的距離，我肺裡空氣的體積又膨脹了三分之一。現在感覺就像是胸膛裡有一個活生生的東西拚了命想逃出來。我張開嘴，放鬆喉嚨打開會厭，讓肺裡的空氣自然從我嘴巴散逸而出，霎時，陽光下亮得刺眼的白霧微氣泡，簇擁著金屬光澤的大顆氣泡球布滿著我的上半身。幾秒鐘後，我的頭突破水面重返大氣層，隨著剩餘的呼氣動作，嘴唇邊緣噴出幾滴水，我開始呼吸新鮮空氣，脫下面鏡，在如聚光燈般明亮的晨光中眨著眼睛。

我沒有因缺氧而引起的臉部潮紅，胃部也沒發生任何痙攣，返回水面後還能從容呼吸而無須大口喘氣，也沒發生耳痛、頭痛或頭暈目眩的現象。這是一趟沒有痛苦的完美潛水。

馬歇爾和普林斯露現在也浮在水面上，就在離我兩公尺的近處。普林斯露一直仔細觀察著我這次的潛水，她什麼也沒說，沒有祝賀我完成人生中第一次成功且完整的自由潛水，也沒有問我這次潛水的深度，甚至不承認她一直在監視著我的一舉一動。這裡不

0
-20
-90
-200
-250
-300
-750
-3,000
-10,927

需要吹噓、褒揚或者給他人評論，這並不是一場競爭。

我們三人很有默契地在水面上進行呼吸準備，所有人皆一言不發地保持安靜，待時間點到了，大家不約而同地躬身下潛，全部一起再次潛入海的深處。

-10,927

要變成存在於海底的淤泥，需要經歷很長的時間。首先，你必須先死去，然後被某種生物吃掉，經過消化後排泄而出，然後讓另一種有機體再去分解排泄物，接著會有另一種動物去吃掉剛剛試著分解排泄物的有機體，以此類推。經歷了這個幾近無限的循環後，原本的你已經被拆解成天文數字般的分子，像黑夜中的繁星散布在世界的海洋中。從生到死再到變成海底淤泥前，需要耗費幾千年的時間。

在這個極度繁瑣的分解過程中，在某些時刻，屬於你的一小部分有可能漸漸脫離食物循環，受重力影響以一種很緩慢的速度沉入深水中。在下沉的過程中，會有許多浮游生物不放棄這一小塊資源，牠們會將你分解成更小的碎片。這些浮游生物的壽命很短暫，可能在幾天後就死亡，你最後剩下的一點點——一些分子簇——會和它們的微骨骼結構並存。這些細微的粒子將會加入數以億萬計的其他微小骨骼中，一起進入一場永無止境的碎屑暴風雪中，飄落到更深的海域裡。

大部分這些沉降微粒在抵達約三千公尺的深度會被食物鏈回收，但有大約百分之一的微粒將會繼續沉降，最後抵達六千公尺深的海底。這個深度的環境是如此黑暗與令人感到不安，以至於科學家們將其命名為「超深淵區」*，即是指地獄。

經過漫長的沉降旅程，現在要進入另一項困難的階段。要成為海底軟泥，你的這些最後一點點微小部分，必須安靜地坐在深海的底部，不受干擾地進行漫長的凝固過程，這需要數百、數千甚至數百萬年。

整個海底有一半以上的面積，覆蓋了這種由細微骨骼所組成的軟泥。數十億年前，當海洋全面覆蓋地球時，這些軟泥就已包覆現在的陸地。環顧四周，它們無所不在。石灰石是吉薩金字塔的主要建造材料，而石灰石就是一種由海洋軟泥組成的沉積岩。倫敦的議會大廈以及紐約的帝國大廈也是用石灰石作為主建材所打造的，甚至你家門前的人行道也用了混合了石灰石的混凝土。你起床刷牙時，甚至也可能用了這些古老的海洋軟泥（牙膏中的白色物質，主要成分是碳酸鈣，而碳酸鈣就是一種由古代微型藻類的骨骼

* 譯註：超深淵區（Hadal zone）的英文名源自於希臘神話中的冥界之王黑帝斯（Hades）。

所組成的白堊化合物）。你現在或許正透過電子書閱讀器讀這段文字，而為電子產品提供動力的計算機芯片中的矽，往往也是來自於數百萬年前沉積在海底的細微貝殼碎片。人類的世界大半是建立在這些微生物的骨骼上。

道格拉斯．巴特利特是一名瘦高的男子，戴著圓框眼鏡，眼神和藹可親，他是研究海洋微生物遺傳學的學者，可以說是海底軟泥的專家，對軟泥的特性瞭若指掌。剛剛他正在向我介紹，他保存在加壓不鏽鋼管中的海水樣本。巴特利特是加州拉霍亞的海洋學院斯克里普斯研究所的研究員，研究海底軟泥已經長達二十五年，蒐集海底軟泥的樣品也已經有十年的時間。

我們正站在他辦公室走廊另一頭的冷藏室中，這是一個大型的儲物間，裡頭存放幾十根管子，管子中裝著來自世界上最深海域的海水樣品，這些管子裡有著該地的浮游植物與微生物，經過漫長的時間，它們會逐漸形成海底軟泥物質。每根管子都保存著採樣當下的環境壓力，因此在一些比較極端的樣品管中，保持著高達每平方公分一千公斤的巨大水壓。這樣的實驗設計，使巴特利特和他的研究團隊能夠在自然環境中研究微生物的原始形式，甚至能在特定條件下大量培養深海微生物，產生一種類似深海優格的物質。

「我們就像天文學家，抬頭仰望夜空中數百萬顆星星。只不過我們使用的是顯微鏡而不是天文望遠鏡，我們觀察的對象是數十億種以微生物形式存在的生命。」巴特利特介紹自己的工作。他告訴我，他們發現微生物的多樣性比任何其他生命形式都要豐富，在所有的地球環境中，深海孕育著多樣性規模最大的微生物系統。透過研究這些微生物，巴特利特團隊希望能以此解答數十億年前地球是如何形成的，地球上生命最初的起源又是如何開始的，以及生命最終將朝哪個方向演化。

每一道問題都是難題，而解答所在的位置又讓這些問題的研究變得更難。深度範圍從六千一百至一萬九百多公尺，這已經是超深淵區範圍的深度。在這世界上最深的海洋區域裡，巴特利特團隊採集到了許多重要的樣品。為了能進入這個環境，巴特利特團隊為此打造無人水下載具，稱為「著陸器」。他們將這些水下載具送入最深的海底，在那裡將海水吸入能保持壓力的槽體中封存，以此採集深海海水作為研究樣品，或許還能捕捉到一些從未見過的深海生物。將著陸器沉放到深海的過程還算容易，研究人員只要在海面上投放，接著交給重力主導下沉，但事後要把它找回來就又是另一回事了。與一般人所認知的有線遙控載具、潛水球或其他深海研究潛艇不同，著陸器與研究母船之間不存在繫繩，本身也不具有動力。為了讓設計簡潔，他們使用極為古樸的重量與空氣包系統。

巴特利特團隊裡的工程師在他的辦公室外為即將展開的深海採驗工作準備著陸器。有一個二十公斤重的配重平台安裝在著陸器的底部，這塊配重會將著陸器拉向海底。當著陸器在海底完成硬著陸，研究母船上的工程師會從甲板下發出聲音信號（基本上就是一套聲納裝置），命令深海中的著陸器啟動採樣程序。海面上的研究人員不會知道著陸器這一次精確的著陸位置，也不會事先知道這次採樣是否捕捉到什麼，必須等到著陸器回船上開獎才會曉得。這套採樣系統是在全盲操作下完成。

啟動採樣程序約一個小時後，工程師再向著陸器發出訊號，要求著陸器拋棄配重平台，讓浮力將著陸器本體與樣品帶回水面。待返回水面，著陸器側邊的無線電發射器會向研究母船發送所在位置的座標，研究母船前往座標位置後，再由研究人員目視搜索海面。如果著陸器是在夜間返回水面，閃爍的信號燈也能幫助研究人員在黑夜的海面上發現它。

這是目前研究超深淵區的主要方式。以著陸器進行採樣的研究方法是一門相對新的科學領域，目前只有六名研究人員在超深淵區進行此類採樣工作。系統的運作仍經常會出包，在巴特利特收集樣品的十年中，他遇過著陸器破裂、故障或失聯，有時這些問題甚至是同時發生。

由於世界上大多數的超深淵海域都距離陸地數百英里遠，而且往往隸屬於遙遠國家的海岸線外，這使得超深淵海域的研究在實務上變得更加困難。要安排將重達數噸的器材跨洋運送到類似關島或墨西哥的某個偏遠昏暗的港口（巴特利特做過很多次這樣的事），本身就是一場後勤規畫的噩夢，而且非常昂貴。然後，還必須花費數萬美元的燃料費與船舶租賃費，才能到達海岸線外的超深淵區海域。

把所有這些實務上的困難點放在一起，你就不難理解為什麼世界上這麼少科學家在進行這類工作，而且費用門檻導致這個領域絕對沒有業餘者參與研究。沒有公民科學家能夠禁得起超深淵海域研究費用的開銷，甚至可以說大部分的大學或一般研究機構都無法負荷。巴特利特是當今世界上最知名也最受推崇的深海微生物學家之一，他在最著名的海洋學研究機構任職，儘管有如此強大的後盾，也只能在幸運的情況下，讓他和他的團隊大約每年進行一次這類的採樣工作。

。

。

。。

。

。

。

超深淵海域研究到底有多麼困難，我有第一手資料。在一次電話訪談中，巴特利特提到他有興趣回到「瑟琳娜深淵」，這是一個位於馬里亞納海溝中的一個低窪地，這個低窪地的最深處達一萬零八百公尺深。他在電話中邀請我一起參與，同時他也分配一些旅行規畫的工作給我，因此我在夏天時取消了一些原本的預定事項，專心為此事四處打電話，協助研究團隊規畫行程。

巴特利特向我說明選擇瑟琳娜深淵這個地點的好處，主要優勢在於它地處北太平洋關島以南僅一百四十五公里的距離，而從我們居住地加州飛往關島「僅」需要十五個小時的時間。不過我也很快地理解到，由於關島屬於美國領土，這也意味著關島的所有船隻都必須遵守美國的海事法規。在重重法規限制下，要在關島租到一艘合法研究船的難度很高。為了聯繫此事，一週之內頻繁的長途通話，就讓我收到一大筆的電話費帳單。

為了在合法範圍內找到適合的船隻，我聯絡了關島上的每位港務長和每家遊艇俱樂部，尋找可以合法進行這次研究的船隻。

大多數漁船雖然夠大足以容納著陸器，但通常無法再提供五位研究人員的住宿，不然就是漁船的燃料容量不足，而美國法律更是禁止一般漁船載運公民離開海岸超過三十二公里。至於商船或者拖船，雖然有能力滿足我們的需求而且完全合法，但開出的價格高得驚人。一位船長向我報價八萬美元，而這僅僅只是兩天的租金，這樣的天價費用是巴特利特預算的十倍。

直到二〇一四年十月，也就是這本書的精裝版出版四個月後，巴特利特再次和我聯繫，帶來一個很棒的好消息。他和他的團隊敲定了為期一週針對馬里亞納海溝的探險行程，而且他們的船上還有一個額外的空床位可以提供給我。

馬里亞納海溝是地球上海洋最深處，他們的計畫是在這片海域使用著陸器，而且這次的著陸器除了採樣海水、微生物和其他尚未被發現的新生命之外，還將嘗試進行海底的高解析度錄音，以了解在這種黑暗超高壓的環境中，動物如何使用聲音進行狩獵、交配甚至交流。這次的大深度探索比起陸地上的珠穆朗瑪峰還要高出一．六公里，堪稱海洋學研究的最前衛探索。

更棒的是，這次的任務將在「佛克號」上進行，這是一艘長八十三公尺的德製研究船，隸屬於施密特海洋研究所，這是由谷歌執行長艾瑞克．施密特與他的妻子溫蒂所創立的海洋研究所。佛克號不僅是世界上技術最先進的深海研究船之一，而且也是內裝最豪華的。過去在搖搖晃晃的破舊漁船上，啃著不新鮮的羊角麵包配著沒有冰的雜牌汽水、睡在滿是跳蚤的小床再加上無止境的烈日曝曬，這種苦日子已經被我拋諸腦後了。與之相比，我將乘坐的佛克號簡直就是瑪麗皇后二號*——這是一艘專為海洋學家服務的水上式「地中海俱樂部」。

就在接到巴特利特的通知後，一天之內我就買好了機票，當時我已經住在阿根廷首都布宜諾斯艾利斯一個月之久。我將飛到關島哈迦納機場，從關島登上佛克號，這將是我最後一次與深海的接觸，這一次將探索地球海洋的最深處。

試著想像一下你正在觀看地球的立體地形圖，你當然會注意到平坦大陸上的一些巨大的山峰：喜馬拉雅山脈的珠穆朗瑪峰和K2峰、非洲東海岸的吉力馬札羅山、法國阿爾卑斯山脈的白朗峰、阿拉斯加山脈的麥肯尼峰等等。現在發揮一下想像力，將這片立體地形圖顛倒過來，並從下方往上看這片倒置的地形，你會看到原本世界上著名的最高峰與山脈，現在變成了世界上最深的海溝。這其實就是海底的樣子，而那些分布在海底異常深的低谷或深溝就是科學家所說的超深淵區。

超深淵區裡的海溝，就像我們所認知的世界高峰，散布在世界各地，相隔數百甚至上千英里。換句話說，超深淵區在海底並不是一個連續的片狀分布，相反地，它在海底分布成數個離散區域，這些離散區域的深度範圍約從六千一百至一萬九百多公尺。

＊譯註：瑪麗皇后二號是一艘橫渡大西洋的英國皇家郵輪。

在這個深度範圍裡的環境壓力，是海面大氣壓力的六百到一千倍。如果你身處在那個環境，你會覺得你頭頂著一座艾菲爾鐵塔似的重量。它的水溫也會非常接近冰點。當然這個環境裡絲毫沒有亮光，是純然的黑暗，連海水中所溶解的氧氣含量也非常稀缺。

儘管在這個極端環境中缺乏組成生命的所有基本要素：陽光、氧氣、熱量，但這裡依然存在著生命，牠們以其他方式在這個環境中生存。

二〇一一年時，巴特利特和一組研究人員將一個裝有燈光與攝影機的著陸器投入到大約一萬公尺深的瑟琳娜深淵。研究人員原本預期會看到已知的深水蝦，或是一些岩石和海底軟泥，但攝影機卻意外拍到一群巨大的變形蟲，大約有一個成年人的拳頭大小，牠們扎根在海床上，每隻身上都覆蓋著一層摺邊附屬物，類似一九七〇年代曾經流行的燕尾服襯衫的摺邊。

這些被稱為「有孔蟲」的生物超過十公分寬，每一個都是單細胞生物。有孔蟲沒有大腦或神經系統，但牠們有能力在累積了百萬年的海底軟泥上交配和覓食，似乎不受每平方公分一千公斤的水壓影響。更令人感到訝異的畫面是，攝影機錄到一半，冷不防竟有隻水母懶洋洋地游過畫面，這是有史以來拍到最深的水母。

0
-20
-90
-200
-250
-300
-750
-3,000
-10,927

巴特利特在地球最深的海裡，發現了世界上最大的單細胞生物。

一年後，也就是二〇一二年時，蘇格蘭的亞伯丁大學一組超深淵海域研究人員，將一個金屬製的陷阱投入六千七百公尺深的克馬得海溝，這是世界上第二深的海溝，位於紐西蘭海岸附近。幾個小時後他們回收陷阱，在裡頭發現一隻家貓大小的白化蝦。

四年前，同一組人員曾經在七千六百公尺的深度中發現一群體長約三十公分的怪魚，稱為「蝸牛魚」（參見QR Code）。蝸牛魚的鰭類似鳥的翅膀，牠們沒有眼睛構造，透過頭上的振動感應器探詢周圍的環境。

直到最近，科學家還相信超深淵區是一片沙漠，生活在這個極端環境中的動物非常稀少，而且牠們應該是骨瘦如柴、身體黏稠、體形小又不活躍，就像淺水區的動物一樣。但蝸牛魚很胖而且看似很快樂，牠們在極深的海底輕快地游來游去，彼此密集互動，就像是同一個家庭的成員般緊密。

在此之前，沒有人預期深海環境具有如此豐富的生命跡象，因為沒有人看過。巴特利特和亞伯丁團隊使用全新的技術，專門為這個特殊領域的研究打造著陸器，以此獲得了長足進展。

在撰寫本書的當下，海洋學家已經在超深淵區發現了七百種全新的物種。據統計，在已發現的物種中有百分之五十六是屬於某一超深淵區的特有種，這意味著在海洋的其他地方不會找到這些生物。此外，只有百分之三的物種會同時出現在不同的超深淵區。

這樣的發現顯示海洋中的每一個超深淵區都發展出自己獨特的生命形式。不同的超深淵區各自孤立，有自己專屬的物種演化路徑，這種獨立的演化進程可能已經持續了數百萬年。

這有點類似加拉巴哥群島，長久以來遠離南美洲大陸，與世界其他地方的物種斷絕了交流，在數百萬年的演化推移下產生了獨特的生命形式，因此在演化史上是獨立於地球上其他地方。海洋中的超深淵區就像是隱沒在八公里深的加拉巴哥群島，在與世隔離的狀態下，以奇妙的方式演化出新的生命，牠們已經存在了數百萬年，只是等待著我們去發現。

這種「多重世界理論」尚待更多的超深淵研究來證明或推翻。可悲的是，參與的人不多。目前除了巴特利特和亞伯丁這兩支團隊以外，在全球有資源而且有興趣研究超深淵的人非常少，巴特利特一隻手就能數得完。

今天，在地球上所有已知的生物棲息地中，超深淵區仍然是被研究得最少的區域之一。

就在買票後的一個月，我人已經到了關島的港口，拖著一只行李箱沿著佛克號的舷梯登船。時間是晚上八點左右，船上非常熱鬧——穿著寬鬆牛仔褲和白色安全帽的人在後甲板上忙碌著；一個頭戴船長帽、帶有德國口音的高個子男在對講機裡發號施令；進出船艙的小金屬門開開關關，人們絡繹進出，就像是布穀鳥鬧鐘上的面板，朝氣十足地打開又關上。

一位身材嬌小留著棕色長髮、戴著牙套並笑容可掬的女人在後門迎接我，她叫阿德里安娜，負責帶我參觀這艘船。她先是領我穿過一扇圓角的窄門，然後登上一道宛如迷宮的艙梯，進入一個牆體由鋼鐵打造的白色走廊，其中一面牆上掛著一幅世界地圖，上頭插了幾十個紅色圖釘，標示出佛克號自二〇一二年開始執行科學任務以來所拜訪過的港口、海溝和海洋：包括了加勒比海最深的海域、巴布亞新幾內亞海岸附近的海底熱泉、格陵蘭島有兩百年歷史的沉船、羅阿坦島未被觀察過的深水礁石、觀察墨西哥灣的漏油事件，以及俄勒岡州海岸附近的海底火山。

根據施密特海洋研究所聯合創辦人溫蒂·施密特的說法，佛克號的使命是「向人們傳達海洋科學的新發現，以喚起人類對海洋的關心」。基於這個目的，施密特夫妻自掏腰包投入數千萬美元，將一艘原本作為漁業保護船的佛克號，改造成世界上最先進的獨立深海科學研究船。

佛克號的董事會每年選出六個團隊在船上進行海洋學研究。那些有幸勝出的團隊可以註冊使用時間，一次最多可以使用四十天，而且船上編制二十名船員會確保船隻的運作，使研究人員專注在自己的研究工作上，船隻的使用則是完全免費。由於佛克號是私人營運，與任何機構或政府組織無關，因此在這裡做研究可以快速、靈活地運作，省去了一般政府機關或學術單位的繁文縟節。本質上，這是一種類似斯格諾那所創立的鯨豚數據庫和卡爾·斯坦利自製深海潛水艇的合體，只不過佛克號的經營規模大得多。

阿德里安娜帶我沿著走廊往下走，來到船上三個實驗室之一。第一間稱為「乾實驗室」，這裡通常是遙控水下載具的控制中心，這個房間看起來就像是《星艦迷航》的電影布景。在實驗室後方，有二十七個大小不等的螢幕盯著我看，螢幕上方有一個巨大的LED時鐘和LED橫幅看板，每隔幾秒就會閃爍並捲動以顯示時間與溫度。桌面上放了幾十個鍵盤、操縱桿、對講機、電腦和各式各樣我無法辨識的電子裝置；在所有這些玩意的中央擺了四張寬大舒適的指揮椅。實驗室裡空無一人，因為大家都在樓下的餐廳用晚餐。

佛克號上有兩位專業的美食大廚，每天會為船上所有人準備三餐。今晚的菜單包括羊腿肉、藜麥沙拉、蔬菜沙拉、義大利麵、番茄湯、烤紅薯、馬鈴薯泥、蘆筍，甜點則是白巧克力麵包布丁，這些餐點都盛裝在事先加熱好的盤子裡，也提供紅白酒可以自由選擇。我拿了一杯黑皮諾紅酒，跟著阿德里安娜走向我的房間。

我的房間大約和一般紐約市裡的旅館一樣大小，但有兩倍的乾淨程度，還有兩個舷窗可以看到海面。阿德里安娜親切地說：「好好享受你這次的旅程。」便關上門離開了。

我將酒杯放在桌上，一頭就栽在記憶海綿的床墊上，用高針數的床單裹住自己，然後咯咯地笑了起來。我原本一直以為在我的海洋探索之旅中，探索得越深，我的交通工具與周遭環境就會越來越糟糕，必須承受令人難忍的生活品質。佛克號證明我錯了。當然，接下來一週的時間，我將待在這艘巨大的鋼鐵船裡，不需要游泳，甚至不必接觸海水投入深海的研究。這說來好像有違以自由潛水探索大海的初衷，但不知何故，舒服地躺在有全空調的房間裡，還有黑皮諾紅酒漸漸發作帶來的微醺感，我實在沒什麼好抱怨的。

。
。
。
。
。
。
。
。

一九七〇年代與道格拉斯·巴特利特同是深海科學研究的創始人之一的傑克·柯里斯，是俄勒岡州立大學的海洋地質學家。一九七七年，柯里斯在厄瓜多沿岸租了一艘研究船，目的地是三百公里外的加拉帕戈斯海溝，他利用海底拖網尋找海底熱泉噴發口（參見QR Code）——這是一種位處海底深處的水下間歇噴泉，從地球熔融的地底核心噴出熔岩和高溫的過熱海水，除了對局部地區提供熱量，也會產出富含化學物質的海水。柯里斯認為海底存在著熱泉噴發口，但這在當時只是他的推想，他和所有人都沒見過海底熱泉噴發的現象。柯里斯想成為第一個證明它存在的研究者，他有預感，加拉帕戈斯海溝會是一個很好的搜尋點。

事實上在廣大的深海區域裡，要找到海底熱泉並不容易，它們散布在由板塊移動形成的深海山脈中，這些範圍加起來超過七萬四千公里。這些海底熱泉隨機分布，有的很靠近，有的卻相隔數百英里。

來到加拉帕戈斯海溝上方海面的第一天早晨，柯里斯的船員正在甲板上準備將名為安格斯的水下遙控載具放入水中並準備進行第一次潛水。安格斯是傳統的線控水下載具，隨著安格斯下潛的深度增加，捲曲著的電纜線持續從甲板輸出。柯里斯走到了甲板，他注視著顯示器，看著安格斯的深度從三百、六百、九百公尺持續向下俯衝，當深度來到兩千五百公尺附近時，溫度計記錄到一個陡升的峰值訊號，這是一個好兆頭，因為陡升的海水溫度暗示這附近可能存在著海底熱泉。

負責遙控安格斯的工程師，啟動安格斯上裝載的一具攝像鏡頭並拍攝了一系列照片。待安格斯返回甲板後，從水下相機中取出底片膠捲進行沖洗。由於深海環境亮度很低，照度不足，所以黑白相片有很強的顆粒感，但已經足以讓研究人員辨識出活躍的海底熱泉噴發現象。更令研究人員振奮的是在這個熱泉噴發口周圍，有螃蟹、貝類甚至龍蝦聚集。證明在這個極端環境下，非但不是一片生命沙漠，反而生機盎然、物種豐饒，有大量的生命圍繞著熱得足以融化鉛（攝氏三百二十七度）的海水繁衍生息。由於深海的巨大壓力，使得海水在數百度的溫度中仍保持為液態，無法在高壓下沸騰汽化。柯里斯和他的團隊在壓力鍋的環境中發現了生命。不久之後，伍茲霍爾海洋研究所旗下一艘名為阿爾文的科研潛水艇親抵現場。兩名研究人員操縱阿爾文，依照柯里斯發現的座標紀錄潛入深處，也在兩千五百公尺處發現海水溫度陡升的現象。他們在潛水艇中朝左側舷窗看見疑似熱泉噴發口的地形，小心翼翼地將潛水艇駛向一片冒著熱氣和煙霧的白色礁岩。

「深海不是應該像沙漠一樣嗎？」其中一名駕駛驚訝地對著與水面研究母船連接的

水聽器問道。

「是的。」母船上的一位成員如此回答。

「但是我眼前看到非常多的動物聚集在這裡。」駕駛員回報。

在阿爾文潛艇前方展開的畫面令世人震驚。那是一片豐富的生命聚集地：蝦類生物、白化蟹、貽貝、龍蝦、魚、海葵和蛤蜊，還有一種不知名的蠕蟲，身軀有著類似拐杖糖的條紋，宛如風中的麥浪，在海底隨著水流搖擺。柯里斯稱這個地方是「伊甸園」。

回到岸上後，即使有了龐大的影像資料，但科學家們仍然以高度質疑的態度聽取這些海底熱泉的報告。這也不能怪他們，畢竟在一九七七年以前，人們已經根深柢固地認為所有地球上的生命都需要陽光。樹木和植物透過太陽能的驅動，將二氧化碳和水轉化為能量，而動物吃下樹木和植物，藉此獲得能量，這應該是地球生命的基本公式。即使是生活在地底深處或者水下數千公尺的生物，也應該是循著某種間接的途徑，依賴海面上太陽能所產生的養分才得以存活。但眼前這片海底熱泉的生命，以突破人類舊思維的方式生存著，柯里斯和他的團隊所發現的不僅是一個新物種，而是發現了一種以熱泉噴發口化學物質作為能量來源的全新生態系統。科學家稱牠們是「化學合成生命」。「伊甸園」的發現，被公認是人類近代科學史中最重要的科學發現之一。

關於化學合成生命的揭露，導致了另一個令人難以置信的發現。原來，這些海底熱泉噴發口並不是永久穩定存在的，一段時間後，噴發口有可能進入休眠狀態，而新的噴發口忽然在別處爆發。原本仰賴噴發口的生物，需要噴發口持續產生的化學物質與熱量才能存活，雖然部分生物例如蝦類，有可能切換回原本地球上所熟知的太陽能系統的食物鏈而得以繼續生存，但其他仰賴熱泉噴發口的生命，例如貝類則無法這麼切換（貝類幾乎無法移動，牠們當然無法遷徙到數百甚至數千英里遠的下個深水海溝，尋找另一個熱泉噴發口。牠們會在途中死去）。

然而，奇妙的是，不知道背後是什麼機制，這些貝類、螃蟹、管蟲以及其他數不清種類的化學合成生命，總是能在每個新的熱泉噴發口周圍重生，並重新發展成新的聚落。研究人員估計，世界海洋的海底深處，存在著數百個海底熱泉噴發口，其中大部分都尚未被發現。迄今為止，人類能進行的深海探索也很有限，但科學家已經從現有已知的熱泉噴發口周圍，發現了六百種新的化學合成生命。

我們之前提到，海洋裡的每一個超深淵區都可視為生物演化進程的孤島，每一個超深淵區都有自己專屬的獨特生命形式，而規模更小的熱泉噴發口也具有孤島性，熱泉噴發口與熱泉噴發口之間的距離相隔甚遠，且中間的環境條件差異太大，這使得每一個熱泉噴發口都是與世隔絕的小型生物圈。

研究人員隱隱發現，地球上越是惡劣的環境，生態發展似乎就越繁榮。例如，緊鄰海底熱泉噴發口周圍的生命數量，是非熱泉區域的十萬倍。經過很長的時間，越來越多的超深淵區的科學證據出現後，我們認識到水下四千到一萬公尺的水域才是地球上最大的動物群落區域，個體數目最多，種類最廣泛。這裡才是地球上最生機蓬勃的地方。

到底所有這些生物，在新的熱泉噴發口剛剛產生時，都是從哪裡來的？

關於這個問題，還沒有確切答案。但越來越多的證據開始指向生命可能來自噴發口內部。地球上的生命起源，可能不是發生在陽光普照的地表，而是從高溫、有著沸騰毒水的海洋深處孕育出來的。

我們離開關島後，在海上的第三天，佛克號來到挑戰者深淵的上方，這裡是馬里亞納海溝（參見QR Code）南端的一個大洞，科學家認為此處是地球上最深的地方，目前為止只有三個人冒險下到這片地獄般的水域中。

一九六〇年代，來自瑞士的工程師雅克·皮卡爾和美國海軍中尉唐·沃爾希，乘坐一艘名為「的里雅斯特」的潛水艇進入挑戰者深淵進行探險。兩名男子蹲在一個如電話亭體積大小的鋼球空間內，這顆鋼球被安裝在二十公尺長裝滿汽油和配重鐵丸的艙室底部（當在海底時，將艙室裡的配重鐵丸釋放出去，使得艙室內只剩下汽油，汽油的密度比水小所以會產生正浮力，而會將整艘潛水艇拉回水面）。在下降的過程中，有一扇窗戶的玻璃破裂，而皮卡爾和沃爾希只在海底待了二十分鐘，卻花了八小時才返回水面。兩人成功完成了這趟人類有史以來最大深度的潛水，的里雅斯特所裝載的深度計標示了最大深度達一萬一千五百二十一公尺深（後來被修正為一萬零九百一十一公尺），超過十公里的潛水深度。半個世紀後，二〇一二年的三月，著名電影導演詹姆斯・卡麥隆，親自駕駛一艘名為「深海挑戰者號」的潛水小艇來到一萬零八百九十八公尺深，成為有史以來第三人、也是唯一一名以公民身分潛抵挑戰者深淵的底部。從那以後至今，也沒有人再嘗試過，而且在可預見短期的未來裡，也不太可能會有人嘗試。

科學家們對在這個極端深度存活的生命所知甚少，因為很少有研究人員探索過這片黑暗的海域。回顧過去二十年裡，探訪挑戰者深淵的研究計畫不到十二次，其中真正成功產出有價值的研究成果的又更少了。這片海域的天氣與海況通常很惡劣，海面上洶湧的風浪和暴風是常態；海面下須面對地球上最深的深度又是另一項技術門檻，挑戰者深淵底部的壓力超過每平方公分一千一百公斤，能承受這種極端壓力的水下遙控載具並不多，也是出於這個原因，著陸器仍是目前研究人員的首選研究工具，但即使如此，也經常會失敗。

「這當然就像是一場撲克牌賭局。」加拿大戴爾豪斯大學副教授大衛・巴克萊說。他三十二歲，蓄著濃密的鬍鬚，帶著類似演員傑克・布萊克的慵懶姿態，倚在佛克號導航甲板上方的屋頂護欄。時間大約是下午四點，巴克萊站在這裡已經兩個小時，他持續凝視著大海，希望能在海平面的某個地方看到他的著陸器閃爍燈號。昨天晚上，巴克萊發射了新型的著陸器「深聲三號」，這是一具先進的著陸器，配備電腦和一系列水聽器材，目的是希望能夠捕捉世界上最深海域的聲音樣本。深聲三號預計應該在今天上午八點回到水面，那已經是八個小時前應該發生的事情了。依照設計，著陸器頂部的信標應該每隔幾分鐘就會向母船發送當下的GPS座標，但巴克萊一直沒有收到訊號。「情況看起來不太妙，」此時巴克萊喝了一口手中的香吉士飲料，「我們希望等到天色暗下來，也許能在水面上發現著陸器閃爍的燈號。」

巴特利特和他的團隊運氣也好不到哪去。昨天上午，他們部署了一具名為ARI的著陸器，以此命名紀念已經退休的深海研究員阿特．雅楊思。這具著陸器配備了特殊的採樣器，希望能從挑戰者深淵的底部採集海水樣品。採樣器會保持當下環境的壓力與溫度，以維持水中的細菌與微生物存活，這對於巴特利特研究深海生命的運作與生存會有直接的幫助。ARI著陸器應當在午夜左右重新出現在海面上，但巴特利特一直沒有收到GPS訊號，海面目視也沒看到著陸器的閃爍燈號。現在，隨著夜幕再度低垂，我們的團隊似乎在第一次部署時就丟失了兩件重要的設備，帳面損失高達二十萬美元。

我抓住巴克萊對面右舷的欄杆，我們一起分別朝不同方向的海面掃視，希望能找到著陸器。今天海面的夕陽是紫色，像是已過了一天的瘀青顏色。這裡的海水不僅看起來與我在其他任何地方所見過的海洋不同，感覺也不太一樣，也許是因為在海面上的我，認知到自己正在地球最深處的上方盤旋。每次一想到這點，我都會興起一陣奇怪的暈眩感，這與你在摩天大樓前的廣場抬頭仰望的感覺類似，但是反過來的。其實，這不應該形容為頭暈目眩，而是一種心理上持續被往下拉入深淵的感覺，就好像你的身體被一層層沉重的裹屍布所覆蓋。如果，我們下方的海水瞬間被抽乾，我們就會墜落到相當於二十五座帝國大廈高度的海底。如果海平面突然轉移到我們上方，那麼它將位於平流層的高度了，是長途客機飛行的高度。

像這一類挑戰者深淵的空間差異類比，一直在我腦海中盤旋——海洋的平流層、內太空的珠穆朗瑪峰——直到一分鐘變成一小時，白天已經轉入黑夜，巴克萊和我都嘆了口氣，因為我們仍然在凝視著海面，等待著陸器的出現。

一九八〇年代，當根特・瓦赫特紹澤首次在學術期刊上提出地球生命起源於深海的想法時，沒有人注意到。畢竟瓦赫特紹澤的本業是國際專利法的律師，雖然他擁有化學學位，但不是現役的專業科學家也不是研究學者，而且有一點在當時的科學背景下無法迴避的事實是，他的論點聽起來很瘋狂。瓦赫特紹澤認為地球上的所有生命，都是從鐵和硫這兩種礦物之間的化學反應開始的。這一反應引發了一個產生單分子的代謝過程。一旦這個過程開始了，它就會推動更複雜的分子化合物的產生，而這些化合物將演變成生命的形式，並最終演化成我們。

我、你、鳥兒和蜜蜂、灌木與樹木，所有的地球生命都來自於岩石，而這些岩石則來自深海裡的海底熱泉噴發口，噴發口排出的黑色沸水是孕育最初生命的泉源。瓦赫特紹澤稱他的想法為「鐵硫世界學說」。

想理解當時瓦赫特紹澤所提出的理論有多爭議，就必須先認清在那個年代裡普遍被接受的生命起源觀點。在一九八〇年代，大多數科學家對生命起源都傾向某種形式的「湯理論」。所謂湯理論，這裡用最簡單的說法來解釋——大約四十億年前，原始海洋中包含了許多的化學物質，我們稱之為「湯」，透過當時大氣中頻繁發生的閃電輸入能量，反應形成了第一批有機化合物，這些化合物最終經過更多的反應，形成了更複雜的結構，進而逐漸構成早期的生命形式。

瓦赫特紹澤是一名有機化學博士，他在學術生涯裡和大家一樣堅信湯理論，之後他厭倦了學術界，轉行從事了專利法律相關的工作，同時將化學作為一項業餘的愛好。在那段時間裡，他重新審視湯理論，仔細解構湯理論的細節，發現了許多漏洞。

例如，湯理論假設化學物質在水和空氣中自由混合，這樣的混合體在雷擊提供的能量裡產生更複雜的分子。問題在於，正如瓦赫特紹澤所認為的那樣，當化學物質自由地漂浮在三維空間中，不可能長時間聚在一起，如果沒有聚得夠近，根本無法產生下一階段的反應，更遑論產生結構更複雜的分子。然而，瓦赫特紹澤認為如果反應的環境從三維空間換成是在岩石的表面，那麼化學物質就被高度侷限地限制在一起，這樣才有可能產生下一步的化學反應，進而產生複雜結構的分子。

在大多數以湯理論為基底的模型中（這類模型很多），細胞膜被認為是形成生命中的第一個要素。但如果真的是這樣的話，外界的食物是如何穿過細胞膜進入細胞裡的？如果沒有燃料推動生命體運作，細胞就無法存活。這是湯理論的第二個致命漏洞。

但這兩個理論上的漏洞，都不影響鐵硫模型。在海底熱泉噴發口的高溫高壓海水中，化學物質分子彼此之間的距離很近，因此可以快速輕鬆地在礦物的二維表面上結合或重新再結合。

瓦赫特紹澤多年來一直在捍衛著自己提出的想法，但仍處於沒沒無聞的階段，在這個領域裡未曾受到全面性的關注。直到一九九七年，他和慕尼黑工業大學的一名研究人員，決定將深海熱泉噴發口中發現的氣體與硫化鐵、硫化鎳反應，試著以此反應的結果來驗證鐵硫學說。實驗的結果讓所有人都大吃一驚，從這種簡單的混合物中，產生了一種有活性的醋酸。醋酸是一種由兩個碳原子組成的有機化合物。這種簡單的有機化合物，可以和其他化學物質發生反應，產生更多更複雜的有機分子。這個實驗結果直接支持了鐵硫世界學說。該實驗的結果發表在一九九七年四月的《科學》期刊上。

二〇〇〇年四月，卡內基研究所裡的華盛頓地球物理實驗室，將鐵硫學說的研究又

0
-20
-90
-200
-250
-300
-750
-3,000
-10,927

往前推進了一大步。他們複製瓦赫特紹澤在一九九七年時的實驗，將熱泉液體和鐵礦物混合在一起，但這次他們將所有材料都放進一個鋼製的壓力腔體中，用來模擬深海中的巨大水壓。

主導該研究的研究員喬治．柯迪告訴《紐約時報》：「我們達成一個意想不到的結果！」加了壓力的混合物產生丙酮酸鹽，這是一種由三個相連的碳原子所組成的有機分子。丙酮酸鹽是活細胞的關鍵成分，也是多種有機化合物的組成基底。

瓦赫特紹澤對此新的結果感到振奮，宣稱這是鐵硫學說的一大勝利，他針對這些實驗結果寫下：「極大地增強了人們對於重建地球生命起源的希望。」

幾年後，針對鐵硫學說的驗證有更多實驗得到正面結果，為科學界帶來了重大啟示。二〇〇三年的一月，研究人員邁克爾．拉塞爾和威廉．馬丁在《自然科學會報》上發表的一篇文章中提到「海底熱泉噴發口是合成有機分子的完美孵化器」。早在一九九七年，拉塞爾在實驗室中將海底熱泉的液體與富含鐵的溶液混合，就已經證明了這個觀點。這樣的混合溶液在不到一分鐘的時間，就因結晶現象而產生二．五公分高的蜂窩狀隔間結構。更令研究人員驚奇的是，新形成的岩石薄膜將兩種不同離子濃度的溶液分開，在膜上產生了大約六百毫伏的電壓。這種持續數小時的電壓，與細胞膜上的電位差相當，這個環境足以提供有機化合物的合成。

「這是一小塊石頭，它提醒著我們是來自哪裡。」拉塞爾說。

如果這是真的，鐵硫世界學說表明了地球生命的起源不只是可以從海底熱泉噴發口產生，而是必須從那裡誕生，因為地球上只有熱泉噴發口提供了這樣特殊的有機化合物合成環境。沒有其他環境能產生早期生命起源之初所需要的有機化合物。熱泉噴發口所提供的高壓與化學成分是必要不可或缺的要素。由於海底熱泉噴發口在海底有數百甚至數千個，因此早期的生命很有可能在接近同一個時間裡，從海底各個不同噴發口的周圍誕生，來自地球核心的熱能推動數以兆計的不同細胞在海底熱泉噴發口不斷生成。

世界海洋的深處，孕育出了一支海洋民族。

今天是星期四，我們損失著陸器的兩天後，我站在佛克號的後甲板，有十幾名船員戴著黃色安全帽、穿著工作褲及長筒雨靴，他們分別拉著六條繩索，這些繩索從甲板上延伸向洶湧的海水。繩索的另一頭纏綁著一只大約小型冰箱尺寸的白色方形箱，它正在佛克號後方三十公尺處漂浮。這個白色箱子的名稱是「樂高」，它是我們團隊最後倖存下來的著陸器，剛剛完成了一趟十六小時的潛水才重新出現在海面上。巴特利特的同事大衛・普萊斯，將這個著陸器和裝著死雞的網袋一起送進挑戰者深淵，希望能藉此吸引一些棲息在超深淵區底部的生物，並透過著陸箱捕獲牠們。這個作法似乎奏效了，我們可以在網中看到一些搖晃的粉白色奇異生物，這可能是一種尚未被發現的深海新物種。船員們的動作必須加快，樂高著陸器被收進來的過程拖得越久，就越有可能在這個惡劣的海象中失去著陸器。

一名操著英國口音的男子大聲喊道：「小心，現在小心一點！」其中一根繩索上竟攀附著一隻僧帽水母，這是一種帶有劇毒的水母，一旦不小心碰觸，除了產生立即性的劇痛，甚至有可能因此中毒致命。其他看到的人也大喊：「小心，不要碰到牠，把牠從繩索上弄下來！」

儘管場面很匆忙，但這個過程的進度其實很緩慢。所有船員都要小心，避免樂高著陸器與佛克號的船體發生碰撞，當它被吊起離甲板很近的距離時，洶湧的海浪可能會使它撞向船體，這將會導致著陸器破裂，研究人員將損失所有採集的海水與深海生物，連同攝影設備都可能被擊碎。

其中一名船員將起重機降低到船尾上方並拉起鬆弛的繩索。現在，樂高被懸吊在海面上幾十公分的高度，但場面依然很危險，每當有大浪來襲，就會將著陸器（重達數百磅）高高舉起並重重拋下，此時的著陸器簡直是拆除建築物用的破壞球，懸吊在起重機吊臂下，從這一側猛烈地擺盪到另一側。隨著每一次的擺盪，一些粉白色的奇特生物就跳出網袋，逃入海中，踏上返回超深淵區家園的路。

最後，工作人員終於成功將樂高拉回甲板，並且以鋼纜固定住。大功告成，現場發出一陣自發性的掌聲，一位操英國口音的男子說：「好啦，科學家們，可以上前來取走你們的東西了。」研究團隊立刻擠到網袋前，打開網袋，然後小心翼翼地將裡面的東西倒進試管、塑膠盤和樣品收集袋中。這些奇特的深海生命，不論牠們究竟是什麼，外觀看起來都有點像蝦子：每一隻長度都大約五公分，體色呈現粉紅，即使隔著五、六公尺遠，我都還是能聞到牠們傳來難聞的硫磺味。研究團隊的工作人員將採集到的樣本送進一間濕式實驗室，先進行第一時間的初步觀察與記錄，並立即展開耗時一小時的標本製作程序，確保牠們在運送回聖地牙哥實驗室的過程中不會腐壞，並鑑定他們到底發現了什麼：也許是一種新物種，一種新的生命形式，但也或許是一種將毀滅全人類的疾病？「我們幾週內會對牠們有更多的了解。你知道，如果我們能在這裡發現一些新的東西，而那是之前大家所未知的，那將會是令人興奮的結果。」巴特利特在實驗室忙碌時咧著嘴笑說。

就在海上研究接近尾聲，在我們返回關島港口之前，還有一件事留著等我去做。

當我在二〇一二年開始這個計畫時，我設定的目標是盡可能參與深海研究。畢竟，在這本書中我希望書寫的重點是人類與海洋的聯繫。如果我沒有親眼見到，或是親身感受到這種聯繫，我就無法正確且真誠地將這種聯繫表達出來。但要能在大深度的海洋研究中，親身進入深海並親眼所見，幾乎是不可能的事。例如，我無法潛入海面下三千公尺的深度，但是當棲息在那個深度的動物接近水面時，我至少可以在水面附近匆匆一瞥這些神祕的動物，而我也確實親眼見到了牠們，並且很幸運地能和牠們一起潛水，親身感受到牠們以嘎嘎作響的回聲定位看到了我。

超深淵區是個例外地區。幾乎沒有棲息在超深淵區的動物可以游到水面，甚至大部分的物種連游到離水面六千公尺的深度都不可能。然而，我仍然決心以某種更間接的方式親自體驗這個深度，至少讓我留下一個紀念品。

趁巴特利特和他的隊員正在忙碌處理著陸器所捕獲的物種時，我走回自己的寢室，從行李包中拿出一個事先準備好的拉鍊袋，接著爬上舷梯到導航甲板上方的瞭望台。拉鍊袋裡面有一個網球大小的白色塑膠容器，裡面原本裝的是美白關節肌膚的美妝用品Daggett & Ramsdell，這是一種超強效配方的去角質劑。我在這個塑膠容器裡裝著一個紀念品，準備要將它投入挑戰者深淵。

其實我從來沒有使用過關節肌膚美白劑，是一直到去年，我打造了自己的第一個深海紀念品時才知道有這種東西的存在，當時我把它扔進大西洋最深的水域「波多黎各海溝」。事實證明，像這種容量僅一．五盎司的迷你小圓罐，非常適合用來作為抗壓雙層容器——能夠承受超深淵區強大壓力——的外層，而內層是一個小玻璃容器，原本裝的是產自泰國的金杯藥膏（一種緩解肌肉疼痛的軟膏），它的玻璃圓型容器是效果絕佳的壓力室。

我將這兩種產品的內容物挖空，只取容器，先將紀念瓶放入泰國金杯藥膏的玻璃容器內，接著再放入美妝品的塑膠容器中，將兩者剩餘的空間填滿矽油再密封起來。雖然這兩個容器搭配得非常完美，不過在包裝過程必須要很小心，因為即使是微小的氣泡，都可能使得整個容器在下沉的過程中因壓力差而爆裂，而矽油不僅可以將容器內的所有空氣趕出去，還能保護容器不受深海壓力破壞。其實填入任何液體都行，但我選擇矽油是因為它是高絕緣體，不會損壞我放在裡面的精密電子設備。

現在，我站在甲板上將白色塑料容器從拉鍊袋中取出，舉起右臂用力將它拋向佛克號的側邊。我看著它以拋物線軌跡飛行，最後墜落在湧浪上，濺起環狀的浪花。它在海面上不到一秒就徹底沒入水中，以慢動作向下沉，一吋接一吋、一呎接一呎地往下，沉入一個彷彿死寂的空間裡，徒留海面上稍縱即逝的白色浪花與深藍色的湧浪。可是現在——跟一年半前不同——我曉得此時此刻包圍著我的空間充滿盎然生機，並非死寂空無一物。

與現今已知的宇宙範圍內，大海裡頭有著最豐富的生命，數量與種類都最多。當我意識到自己拋入的紀念品，將從海面向下潛入與飛機飛行高度相當的深淵裡，這種類比的想法再一次令我感到震驚。當我們越是深入探究大海深處的奧祕，就越接近了解我們生命的起源——遺留在我們體內的哺乳類動物潛水反射機制，被我們遺忘但仍壟罩在神祕面紗裡的特殊感官，以及最初我們從何而來。這些問題的解答，都藏在大海深處。

在我剛剛拋下的白色塑膠容器裡，裝著你現在正在閱讀的這本書的電子檔。你正在閱讀的這些文字已經墜入地球的最深處，從陽光普照的海面下沉超過十公里才能抵達目的地。它並非迷失在遙遠的外太空中，而是返回數十億年前所有生命開始的地方，也是所有生物最終回歸的地方。

幾個小時後，經過長途的航行返回關島港口時，我想像著紀念品靜靜地沉降在地球最深處的海床上，那裡是陽光到不了的山谷和山丘，接下來幾千年的時間裡，它將一直待在那兒，被永無止境的碎屑暴風雪輕輕地覆蓋上一層軟泥——終將有一天，它也會覆蓋在未來的地球上。

本書也來到下潛的終點了。我們終於回家了。

上升

-10,927

樂高著陸器就在剛剛通過了一萬零九百多公尺，這很有可能是人類對超深淵區進行採集活動所達到最大深度的一次，被網子捕獲的深海蝦也可能是至今最深的生物捕獲紀錄。巴特利特和團隊成員現在正在解剖樣本，並把握時間從這些生物的內臟中提取微生物。在接下來的幾個星期內，他們會將微生物放入控制環境中，以模擬超深淵區的壓力，嘗試將牠們重新培育成實驗室培養物。「我們想知道這些生物是如何在如此令人難以置信的巨大壓力下生存下來的。」巴特利特在電話中跟我說：「一如地球上任何地方的生物，我們還不知道牠們求生存的能耐。」

大衛・巴克萊的深海錄音同樣對這個研究領域深具啟發性。巴克萊用他剩下的另一具著陸器「深聲二號」錄到海面下八千八百公尺深的聲音。他研究發現海面上產生的聲音難以穿透四千九百公尺的深度，因為由上方往下傳遞的聲波大約到這個深度後會被反彈回水面。這導致了海面上再大的波動驚擾，都無法打擾超深淵區的海域，在那片深處的海洋裡，異常寂靜。

儘管之前已經有研究學者推測聲波在海中會有這樣的行為，但沒有人確切知道，在此之前沒有人在那樣的深度裡進行聲音錄製。巴克萊目前聚焦在四千九百公尺以下的錄音，他想研究海洋動物在安靜的超深淵區裡是否以聲波進行交流，或者做更多意想不到的事。

雖然，巴克萊從未找到已經失聯的「深聲三號」著陸器，但某種意義上而言，他並未完全失去它。巴克萊在事後讀取佛克號船側的水聽器錄音時，他發現深聲三號發射後兩百四十七分鐘時，海裡曾出現巨大的噪音峰值訊號。第一個噪音峰值出現在八千兩百公尺的深度，是深聲三號受深海壓力而內爆的聲音；而第二次爆裂聲，則是第一聲的聲波在撞擊最深處的海床後產生的回聲。這是有史以來最深的內爆音紀錄。

-3,000

法布里斯．斯格諾那在亭可馬里的租船上，曾錄到一段他當下認為非常重要的錄音，事後發現他的判斷可能是正確的，這段錄音有重要的學術價值。斯格諾那認為他意外記錄到鯨魚發出罕見的「槍擊聲」——這是抹香鯨的發聲研究中，最珍稀也最令人不解的聲音。

科學家認為，這種聲音與抹香鯨的狩獵行為有關。抹香鯨和以口腔內鬚狀結構捕捉浮游生物的鬚鯨不同，抹香鯨的下顎有大約四十顆牙齒，捕鯨者認為抹香鯨用這些銳利牙齒攻擊獵物，但後來的研究發現並非如此。解剖抹香鯨的胃部（一頭抹香鯨有四個胃）分析其食物，確定牠們不會咀嚼食物。巨型魷魚是抹香鯨的主要食物來源，這種魷魚在水中的速度可以高達每小時五十六公里，體長可以大到近二十公尺長。而抹香鯨在海中的游速最高也僅每小時四十公里，這種速度落差，抹香鯨要如何能捕獲巨型魷魚？更不用說殺死一隻巨大魷魚卻不用咬的？當你根本不咀嚼食物時，牙齒有什麼好處？

包含斯格諾那在內的一些學者認為，抹香鯨的牙齒是一種類似接收天線的結構，可以用來輔助回聲定位，甚至是達成全像攝影溝通。在獵捕魷魚時，抹香鯨可能使用功率極高的槍聲來擊暈或殺死獵物，接著再吃掉牠們。

抹香鯨的研究領域裡，目前只有兩次「槍擊聲」的紀錄。一次是一九八七年，另一次則是一九九九年，兩次都是在斯里蘭卡由科學家記錄到。斯格諾那相信他用廚房的廢棄過濾瓢、掃把柄和自製的水聽器，錄到了第三個槍擊聲的紀錄。他事後寫下這件事：「我知道這是槍擊聲，我現在要透過正統的科學程序來證明它。」

-750

卡爾．斯坦利在早期曾經與島上當局發生過爭執，許多當地的旅行社拒絕宣傳他的潛水艇業務。然而，他說在過去的幾年裡，大多問題都已陸陸續續解決了，他在羅阿坦島受到當地居民和執政當局對他的肯定與歡迎。就在我們結束潛水艇的行程後，他告訴我，在二〇一一年時，他曾經載著宏都拉斯的總統與副總統潛入兩百公尺深的海域兜風。在二〇一二年的三月，他完成了他有史以來最久的一次潛水，潛入開曼海溝長達二十四小時，其中的十四小時都在七百三十公尺以下的深度。截至二〇一三年的八月，斯坦利創立的「羅阿坦深海探險機構」，以及全球最深的潛水艇觀光業務，都還在營運中。

-300

二〇一三年九月，就在花費了五年的時間和數千美元的成本打造出自製的鯨豚記錄設備後，法布里斯・斯格諾那成立了「咔嗒聲研究公司」，這間公司為公民科學家提供一般人負擔得起的海洋研究設備。咔嗒聲研究公司所提供的產品，由鯨魚和海豚區域數據庫的工程師馬庫斯・費克斯所設計開發。目前提供的產品有鯊魚監測設備、將野生鯨魚現場的發聲傳送到家庭音響播放的發射器，以及能透過海豚典型哨聲識別海豚的「海豚聲分析儀」。斯格諾那的願景是希望有朝一日能夠推出強化版的海豚聲分析儀，直接將海豚聲翻譯成英文。他告訴我：「可能幾年內能完成，但這是很複雜的，你知道的。」

斯格諾那以及鯨魚和海豚區域數據庫團隊裡的其他成員，計畫在二〇一六年，帶著由三十九個喇叭所組成的全像攝影溝通設備，前往阿拉伯半島的阿曼一個原始海灘進行為期兩週的測試。這將會是有史以來第一次嘗試以全像訊號與鯨豚溝通的野外測試。

斯格諾那在電話裡興奮地邀請我：「你一定要來！肯定會有令人瘋狂的結果。」

-250

奧地利自由潛水好手赫伯特．尼奇，在嘗試驚人的兩百四十四公尺深度挑戰失敗後，即使經過了一年，他仍然患有神經系統的問題。尼奇記不住名字，說話和走路都有困難，他的聲音顫抖、右臂失能，但他沒有放棄，將原本用來挑戰無限制自由潛水的熱情與毅力放在復健運動上，在他的努力不懈下，每天都不斷地在進步，他甚至重新開始嘗試自由潛水，但深度只有三公尺。

尼奇現在將大部分的時間都花在海洋保護。他與世界衝浪冠軍凱利．斯萊特以及傳奇自由潛水員安佐．馬奧卡，一起擔任海洋守護者協會裡的諮詢委員，目的是希望能結束對野生海洋動物的屠殺與海洋環境的破壞。

當記者採訪他，向他詢問可知道現在無限制自由潛水的世界紀錄是多少時，尼奇回答：「老實說，我現在已經不在乎了。」

-200

在二〇一一年十二月「友善鯊魚」試點成功後，地方當局展開擴大鯊魚標記的計畫，在接下來的一年裡，他們在留尼旺島西側海岸為一百多隻公牛鯊標記了聲波發射器，雖然這些新增的標記成功追蹤了公牛鯊的移動情形，但並未能阻止牠們攻擊遊客。從二〇一二年的一月到二〇一三年八月，留尼旺島又發生了三起致命的鯊魚襲擊事件，當局不得不再次關閉留尼旺的海灘，並在最近的報告中計畫要獵殺九十隻公牛鯊。

佛瑞德·布伊爾認為這樣的作法非但不會帶來正面的效果，甚至可能在未來引發更多的攻擊事件。他說：「衝浪者事先知道海域的情況很危險，但他們即使知道還是甘冒風險下水，接著發生了事情，卻責怪鯊魚釀禍。人們需要認識一件基本的事情，當你身處在海洋中時，你是在一片原野中游泳。這裡若有什麼問題，那麼唯一的解決方案是教育：不要在能見度很差的情況下下水、不要在大雨過後游泳、不要在河流的出海口附近游泳。這些都是基本的道理，但沒人聽進去。」

。。。。。。。

無獨有偶，留尼旺島鯊魚攻擊問題的解決方案，在地球的另一端有了不同方向的發展。尚—瑪麗．吉斯蘭——在開普敦經由普林斯露介紹認識的鯊魚研究員——提出了有別於布伊爾與斯格諾那的構想。二〇一三年九月，吉斯蘭在舊金山停留三天並來拜訪我，他向我解釋了他的想法。他一直在與一家比利時公司「水科技」進行協商，希望創建一套名為「驅鯊」的鯊魚嚇阻系統。「驅鯊」會在設置水域建立一套人眼看不見的防護磁場，水中的磁場將會直接衝擊鯊魚敏感的電感受體。這套系統使用在圈養和野生鯊魚的數十次測試中，具有百分之百的成功率，經常將仍在上百公尺外的鯊魚嚇跑，而且由於該系統只影響具有電感接收器的生物如鯊魚與鰩魚，對大部分的海洋生物都不會構成傷害。

水科技公司正在和留尼旺島當局進行協商，希望能在二〇一四年的時候，在留尼旺島西側海岸如博坎卡諾特、聖吉爾萊班等地區的海灘架設「驅鯊」系統。「這可能會是我們對待鯊魚的一套新典型作法的開始，」吉斯蘭說，「這套系統如果能成功，它很有可能拯救牠們……也拯救我們。」

-90

英國自由潛水員大衛．金在希臘卡拉馬塔舉行的自由潛水錦標賽中，大膽挑戰以單蹼進行一百零二公尺深的挑戰，因挑戰失敗一度造成心臟驟停被緊急後送就醫。所幸他事後並未因為這次失敗的潛水挑戰而留下後遺症。事發後幾個月，他寫下：「我並不是一個魯莽的潛水員。」他聲稱在希臘賽事的昏迷，是他自由潛水十年來首次發生的昏迷，他為自己辯解因為工作型態的緣故，導致他無法像一般頂尖選手那樣投入大量資源對自己進行潛水訓練，比賽前他也只有三次的空檔時間可以進行潛水。「當天潛抵一百零二公尺深時，我的平壓是很順利的，」他寫道，「但我後來確實在回水面的路上遇到了一些問題。」

-20

二〇一一年六月，就在我訪問基拉戈島海域的水瓶座研究站一個月後，負責營運管理水瓶座的聯邦機構「國家海洋和大氣管理局」縮減了該水下研究基地的經費，並且取消了所有預定的研究任務，不久之後，當時人類世界上最後一個水下居住地就被徹底關閉了。

直到二〇一三年初，佛羅里達國際大學與聯邦機構協商，接手水瓶座的營運工作。當年九月，水瓶座重新對外開放，海底科學工作者又重新回到這座水下基地，穿著半身長袍坐在寒冷潮濕的廚房裡，吃著已經被環境壓力壓扁的奧利奧餅乾，背景不時傳來調節壓力的氮氣噴發聲。他們承受這些不便，都是為了揭開水下二十公尺的世界和我們人類之間的祕密。

結語

就在即將交付本書稿截止日的前五天——二〇一三年十一月十七日——我突然收到佛瑞德．布伊爾的電子郵件，他在信中寫道：「詹姆斯你還記得我們之前的談話嗎？當我告訴你有一天我們會看到有人在自由潛水競賽中死去……今天，悲劇發生了。」

當地時間下午一點四十五分，來自布魯克林三十二歲的年輕選手尼古拉斯．梅沃利，在完成七十二公尺的無蹼潛水挑戰後不久，死於肺部損傷及其併發症。他這次參加的是自由潛水界裡非常重要的年度賽事「垂直湛藍」，舉辦地點是在巴哈馬群島的迪恩藍洞，是由世界紀錄保持人威廉．特魯布里奇所主辦。

由於是邀請制加上迪恩藍洞得天獨厚的潛水環境，使得每年垂直湛藍賽事都受到全球自由潛水人的關注。梅沃利仍是自由潛水界的新手，就在十八個月前，也就是二〇一二年的五月，他以新秀之姿，完成了以單蹼下潛九十一公尺深，令大家注意到這位成績亮眼的新手，畢竟對於一位資淺的新手而言，這是過去不曾有過的佳績。隔年，他積極參加了數十場比賽，大膽地挑戰了更大的深度，但隨著頻繁的賽事，他經常發生昏迷，鼻子和嘴巴也經常流血。他反覆造成自己肺部產生撕裂傷，因此常在比賽後的幾天裡吐出血液。梅沃利選擇忽視這些強烈的生理警訊，他持續潛水，持續打破紀錄。

事發前一天，十一月十六日，在垂直湛藍的賽事中，梅沃利嘗試了九十六公尺深的攀繩下潛挑戰，這個深度是當時美國全國紀錄。在挑戰過程中，他下降到七十九公尺時，突然轉身。最後安全人員不得不將已經失去知覺的他拉回水面。梅沃利醒來後，血液從他的嘴巴中冒出來。他憤怒地在水裡掙扎翻轉，並咒罵自己。幾個月前，他曾經在部落格寫下：「數字，像一種病毒似地感染了我的身心，以及為了實現目標的執著已經成為一種痴迷……痴迷會殺人。」很不幸的，梅沃利沒有理會來自自己內心的聲音，繼續忽視生理警訊。

第二天，也就是十一月十七日，他仍因前一天發生的昏迷而昏昏欲睡，在這種狀態下，梅沃利仍宣布他將打破另一項美國國家紀錄，而且這一次的項目還是所有項目中要求最高的無蹼潛水。這一次他嘗試挑戰七十二公尺深的深度。中午十二點三十分，他戴上面鏡，深深吸入最後一口氣，赤著腳沿著導潛繩下潛。很快地，梅沃利的身影消失在能見度邊緣之外。

甲板上有一名裁判官注視著他的下潛過程，一剛開始還很順利，梅沃利飛快地通過十五、三十、四十五，六十公尺……出乎眾人意料，他竟然在距離目標深度只剩數公尺處停了下來，片刻過去了，他靜止不動。過了一段時間他似乎已經放棄而開始上升，但隨即又折返向下，硬是強迫自己下到預定深度，抓取目標深度盤上的標籤。在甲板上注視著他的十五名潛水員、裁判和醫護人員此時皆心中著實一震，這是非常不尋常也很危險的作法，眾人曉得他做了一個魯莽的決定。梅沃利確實在目標深度盤上抓取到一張證明標籤，並且開始上升。

梅沃利乍看順利地回到水面上，出水時仍保有意識，按照規定他比出了一個OK手勢，當他試著要說出「我很好！」來完成最後的出水流程時，他無法完整說出來，幾秒鐘後，他就昏了過去。現場醫務人員立刻啟動自由潛水昏迷的喚醒程序，將他失去意識的身體拖上潛水平台上，但此時鮮血從他口中持續湧出，他的脈搏起初還有顫動。經眾人的努力搶救，十五分鐘後他仍未甦醒，脈搏顫動消失，醫務人員剪開他的防寒衣，開始對他壓胸並注射腎上腺素希望恢復他的心跳。復甦嘗試徒勞地進行了將近九十分鐘，眾人將他放進一輛休旅車中，緊急將他送往附近的一家醫院，沿路上醫護人員仍不放棄地執行心肺復甦術，當地醫院的醫師從他的肺部抽出了大約一公升的液體。到院不久後，梅沃利被正式宣告死亡。

由國際自由潛水發展協會主辦的正式比賽中，這是二十一年來首宗的自由潛水競賽死亡事件。布伊爾對此事件感到既悲傷又憤怒。

梅沃利死後，布伊爾在他經營的網站nektos.net上發表了一封公開信，在信中指出新一代的自由潛水選手們如何與大海脫節，他們已經因競爭而背離自由潛水真正的本質。

布伊爾提到，他用了十年的時間不間斷地訓練和潛水，才能觸及新手梅沃利現在的深度，而梅沃利的潛水資歷也才不過一年半，相關經驗非常的短淺。新的競爭選手跳得太深、太快了，他們同時省略了布伊爾所主張的「在深潛中生存所需要的適應階段」，他認為新一代的選手欠缺這種適應，將自己置身在嚴重的危險之中。因為觀察到這種現象，布伊爾寫道：「我在某個時候開始意識到這件事，開始擔心未來的某場比賽將會發生嚴重事故。在我眼中，這些選手是在自找麻煩。」

尼古拉斯·梅沃利的死訊成為國際頭條新聞。就在我收到布伊爾的電郵告知意外發生三天後，我被邀請在半島電視台對這起悲劇發表評論。隔天，我甚至出現在國家公共廣播電台的週末時段上。自從最近這兩年我開始接觸自由潛水以來，我就意外地成為這項運動在媒體上的名嘴。能發表自己的意見當然很好，但在我看來也是頗荒謬的一件事，因為其實我也只不過是參加了兩場比較正式的自由潛水活動，我比一般記者多的經歷也就是這兩場活動。還好有許多領域內的朋友相助，我在有限的接觸時間內，身為一名觀察者已經經歷了足夠多的事情，傾聽過不少專業人士的看法。最重要的是，我想藉此機會對公眾澄清事實。

我告訴國家公共廣播電台、半島電視台和一些其他媒體，以及我的父母、朋友和那星期曾和我通電話、通信的一些自由潛水休閒玩家——我也試圖在這本書中非常清楚地解釋——自由潛水競賽跟我所研究和所接受的潛水訓練是完全不同的兩件事。

大多數潛心專注在自由潛水競賽的選手們，對海洋環境的認識是盲目、痲木，甚至是愚蠢的。他們違背身體的本能，無視自己的極限，企圖利用身體內與生俱來的哺乳類動物潛水反射效應去發揮生理極限。他們選擇這樣做，是為了潛得比其他人都要更深、更久，有時他們會成功，但有時會失敗，甚至因為挑戰失敗而失去意識、昏迷，有人則留下後遺症或面臨更糟的情況。

我從普林斯露、斯格諾那、加佐和日本海女身上學到的自由潛水，與這種以自我為中心、數字為重的方向完全相反。對於這群人來說，自由潛水就是要讓自己與海洋環境產生連結，強化自己的感官更敏銳地去覺察環境，關注自己的生理感受與潛藏的本能，尊重自己的極限，接受海洋的包圍——永遠不要以任何理由強迫自己進入任何地方。這樣的自由潛水是一種精神修練，是以人體為載具深入探索海洋內部的奇特方式。

自由潛水也是一種工具。自由潛水讓我的前輩們，可以用前所未有的方式對海洋進行學術研究。這群業餘自由潛水好手所組成的團隊，正在釐清許多人類與海洋之間的誤會，人類長期以來因對海洋無知而產生的偏頗認知（例如，經過自由潛水人的試探，我們逐漸察覺抹香鯨並不想吃我們；海豚似乎正試著與我們溝通；大家以為危險的鯊魚，其實只要用類似牠們的行為模式去接近牠們，鯊魚並不危險，反而是溫順甚至帶點調皮的玩性）。以這樣的認知進展，這群人在未來還會做出更大的貢獻。他們以自由潛水的方式進入海洋，有朝一日可能會發現對人類產生重大影響的祕密，從根本上改變人類看待地球生物的方式，重新定義人類在地球生態圈中的位置。

° ° ° ° ° ° °

我們什麼時候會迎來這樣重大的認知革命？

參考過去的科學發展史，斯格諾那現在主張的咔嗒聲溝通或甚至是更大膽的全像攝影溝通的想法，將需要數年甚至長達數十年，才能累積足夠的證據以證明其真偽。重大的、典範轉移的科學認知改變，總是耗時這麼長久。

例如直到一九八〇年代，也就是弗里德里希．默克爾對歐洲知更鳥進行實驗之後的二十年，科學家們才證明生物體內磁感受體的存在。專利律師根特．瓦赫特紹澤在提出鐵硫世界學說後，仍沒沒無聞地工作了十年，才得以看見科學界檢驗他的想法並逐漸接受鐵硫觀點。其實還有許多科學觀點的演進，都是類似這種模式，需要耗費十幾年甚至幾十年才能漸漸證明為真。

我知道與海豚交談或與抹香鯨交換三維圖像的想法聽起來很瘋狂，當我開始參與這個專案時，我覺得這想法非常不可思議，而且每當我和陌生人談論到這個想法時，我仍然會想要拿出我的筆記本，看著目前已經累積的研究發現，好確定自己所說的並非完全憑空想像，而是已經有部分的研究觀察支持這個論點。

但必須考量的現實是，我們恐怕沒有太多時間可以去質疑、反駁像斯格諾那這一類正在深入研究的人。因為，海洋環境正在發生劇變。海平面正在上升。珊瑚礁正大規模地消亡，全球珊瑚礁有可能會在未來五十年內徹底消失。公海上的環境危害：漏油、垃圾廢棄物、噪音汙染、核廢料等比比皆是，這裡面有部分不利因素正在殺死鯨魚、海豚，甚至是我們還來不及發現的物種。在全球的海洋範圍裡，每年有一億隻鯊魚被殺死，這些動物可能在我們還沒完全了解牠們之前，就從地球上滅絕了。

毫無疑問，無論我們從牠們身上學到什麼，最終都會指向我們人類自己。

在過去的兩年裡，我逐漸明白，原來人類還不知道自己是什麼、從哪裡來。此時此刻，這些重大問題的解答就像是一個在我耳邊不斷響起的鐘聲。

這個鐘聲，我第一次非常清楚地聽見它，是在斯里蘭卡。

。。。。。。。

那是我們一夥人在亭可馬里的最後一天，我們照樣在租來的動力小艇上；斯格諾那和普林斯露從黎明就開始爭吵，兩個團隊始終處得不融洽。隨著太陽升起，氣溫很快就飆升超過攝氏四十三度，日曬與高溫及擁擠不舒適的小船上，大家的理智與脾氣瀕臨斷線邊緣。我們一如之前數日，今天一樣是漂浮在亭可馬里海溝上方，一直等到了中午才見到鯨魚，但鯨魚只待了一會兒就離去了。我們又開始無止境地等待。放眼所及，沒有任何陸地的影子，四面八方都是平靜的海面以及高掛在天空中的太陽，一道極致純粹的風景。

我向大家提出一個建議，請大家就這麼一次不為任何原因和目的，我們眾人一起跳入海中潛水，我補充說道：「相機、錄影設備、各種計畫、策略和任何不愉快的談話，我們都將它留在甲板上。」眾人聽了我的提議後，也覺得有趣，大家都同意了。我們各自穿上自己的自由潛水裝備，一個接著一個地跳入無垠的大海裡。

片刻之內，原本在海面上的眾人，一個個消失了，我們各自下潛，穿過通往深淵的大門，潛往深處。

我在海面上留到最後，深深吸一口氣後，捏住鼻子，躬身下潛加入他們的行列。我第一次見到加佐那麼輕鬆自在，他在中性浮力區平躺著，好像那裡有一張隱形的沙灘躺椅支撐著他，他雙手手掌交叉在後腦勺，就這樣寧靜自在地漂浮在這藍色空間中。斯格諾那在他旁邊不遠處，懶洋洋地張著四肢緩慢地水平旋轉。在他們的下方，普林斯露和他的愛人馬歇爾互相圍繞著對方，以緊密的雙螺旋軌跡在水中游動，漸漸淡出到能見度之外。

在這一片和諧的湛藍色空間中，我心裡想著，**我們究竟是怎樣的一種生物**？我屏住呼吸，在海裡思索著這個問題。

致謝

兩年前，我坐在一艘帆船船頭的邊緣，兩腳懸空在外擺盪，心思全在手中的筆與筆記本，我興奮且瘋狂地在紙上塗鴉、記錄，試圖將自由潛水競賽的緊張、興奮、深刻地恐懼都記錄下來。在第一天的比賽結束後，我手上記錄的只有幾個名字、潛水時間以及簡短的引述。這就是事實，因為第一次觀看自由潛水比賽的我，那畫面令我震驚得說不出其他話來，以至於我在觀看的過程中沒有寫下其他註記。

當晚，《戶外》雜誌的編輯亞歷克斯．赫德親自打電話來向我詢問首日的心得。我記得我喃喃地說著：「自由潛水運動就像是在太空中飛行，只不過實際上是發生在水中，你在水中以飛行的姿態潛水。自由潛水是最……最糟的……最好的……最血腥的。」由於我自己都還在千頭萬緒之中，實在沒辦法在當晚就清楚向編輯描述清楚，我相信編輯當晚掛斷電話後，心裡面肯定比打電話前還要更加困惑。但在接下來的幾個星期裡，他引導我將心裡複雜的感受寫下來。因此，在二〇一二年的三月，《戶外》雜誌的〈冒險主題〉就刊登了我的一篇自由潛水競賽的報導，這篇文章是這本書的開端。我非常感謝編輯亞歷克斯與《戶外》雜誌的同仁派我前往希臘報導一場事前我一無所知的體育賽事，這十天的出差引起了我對自由潛水的興趣。

在學術研究領域裡，實地考察是一件很困難的事。如果所謂的實地是指一片海洋的話，那就是更加困難的一件事了。租賃一艘搖搖晃晃的小船，在發展中國家海岸外數英里的地方進行海洋的實地研究，所使用的設備幾乎是自己手做拼裝出來的，在極其有限的預算限制下，竭盡所能使用貧乏的資源研究海洋世界中體形最大的獵食者，這在旁人看來簡直是將自己推向自殺的邊緣。但在撰寫本書的過程中，沒有人因為這樣的研究而受重傷，也許我只是無知加上運氣好，但我想我很幸運可以和這樣團隊裡老練的人學會接近野生鯨群或鯊魚的一招半式，在過去的一年半裡大家都安全且平安地達成實地考察的任務。

我非常感謝法布里斯·斯格諾那、漢莉·普林斯露以及佛瑞德·布伊爾，你們帶領我進入你們的水世界。謝謝你們說出類似「海豚通常都是很友善的，只是有時不知道哪根筋不對，會做出想強姦你的動作」這樣的話，然後，在實地考察時又對我大喊，逼我下水……和野生海豚接近。當我們完成某次實地考察，你們說我們剛剛潛水的海灘上沒有鯊魚時，我感謝你們的撒謊。謝謝你們拉著我的胳臂硬把我拖下水，讓我體驗到與野生抹香鯨面對面時，被牠們的回聲定位震得骨頭差點散架。謝謝你們每天最多只嘲笑我蹩腳的法語三次。如果沒有你們的堅持不懈，推著我往前進，我可能會因為自己的猶豫而永遠都不敢下水。

雖然我這一生都在離海非常近的地方生活，但在此之前，我對海面以下的事情一無所知。在撰寫本書的過程中，有數十名善良、耐心和才華洋溢的海洋科學家回覆我的電子郵件、回撥電話給我、花了幾個小時解釋我可能幾個月都不見得能理解清楚的東西，我感謝這些海洋科學家為我照亮了通往更深邃黑暗的道路。他們如此熱心助我，所獲得的也僅僅只是口頭上的報酬，我會感激地說「這對我非常有幫助」、「哇！這真的太棒了」、「非常出色」。這些幫助我的海洋科學家有：南密西西比大學的斯坦・庫查伊、水瓶座的營運總監索爾・羅瑟、亞伯丁大學的艾倫・賈米森、巴黎大學的法比安・德爾福、蒙特利灣水族館研究所的羅伯特・弗里延胡克、加州科學院的巴特・謝波德、Submex的約翰・貝文、斯克里普斯海洋研究所的道格拉斯・巴特利特和保羅・龐甘尼斯。最後我沒忘記「海洋偵測器公司」一位聰明的狠角色金・麥科伊，他數十次對我伸出援手，分享他豐富的人脈以及數十年累積的海洋專業知識（金是一位絕佳的諮詢對象，只要在南加州拉霍亞市中心的一家咖啡館，給他買杯義式濃縮咖啡，他就會告訴你任何你想知道的事情，而且他的回答會超出你的預期）。

在寫書的過程中，編輯修潤與整篇重寫之間只存在著一條細細的界線。我覺得我是個幸運的人，因為來自萊文格林伯格文學社的著作出版經紀人丹妮爾・斯維考夫經常越過這條線來協助我。願意接作者電話討論的出版經紀人簡直是天賜的禮物，如果又懂得編輯那更是珍寶。你要怎麼形容一個直到凌晨三點還在重讀你明天一早就要上編輯台的數十頁草稿的人呢？而且這麼做不止一次、兩次，而是無數次，而且第二天還給你回電話，這麼做是因為能在精神上獲得不可動搖的快樂嗎？我會用「可笑」來形容這樣的人。謝謝妳，丹妮爾・斯維考夫，現在請妳去睡一會兒覺吧。

過去二十年來出版的眾多書籍裡，許多致謝都提到了埃蒙・多蘭，他是一位深具智慧同時又擁有專業能力的編輯，如果你將每本提到他的致謝所耗用的墨水都收集起來，將墨水均勻地塗布在一張張的紙上，最後這些紙張將可以覆蓋整個蓋亞那的地表（看看地圖，你會發現南美洲的蓋亞那是一個很大的國家，國土面積有近二十二萬平方公里）。傳聞都是真的！埃蒙．多蘭是真正的頂尖專家，他有所堅持並且擁有超乎常人的毅力與耐心，能在我最黑暗的時刻提供專業的建議，協助我完成艱苦的最後衝刺。我在這裡要用掉更多墨水，即使他所擁有的讚揚已經非常多了，但我還是要再說一次：非常謝謝你，埃蒙，你當之無愧（我發誓再也不會用「難以置信」和「無與倫比」這種詞彙來描述事情）。

在水下一千五百公尺的深處，人們如果在沒有任何保護的情況下將雙眼裸露出來，請問眼球會噴出鮮血嗎？淹死一隻鴨子需要多少時間？如果你穿著宛如重裝盔甲的壓力潛水服，並且在裡頭小便，會發生什麼事？這種種令人感到難纏的問題，在過去一年大部分的時間裡，經常出現在朱莉．庫姆斯的電子信箱中，等著她協助求證。朱莉負責這本書的歷史考證與科學研究的確認，由於這本書談到的範圍很廣，但是她以不屈不撓的勤奮完成了這項工作。還好有她細心的求證與勘誤，很多次將我從與事實有出入的錯誤中拯救出來。謝謝妳，朱莉．庫姆斯，感謝妳的幽默感並祝妳有越來越好的時薪收入。

還有很多人在我撰寫這本書的過程中，以不那麼直接的方式提供了我很多的幫助。其中一些人意外被我寫進書裡成為一名小角色，有的人提供我寶貴的信息，也有些人只是偶爾幫我帶上一杯啤酒，聽我抱怨聯合航空國際線上糟糕的電影清單。這些人是「夢想殺手」的馬庫斯・費克斯、馬克斯・蘭德斯、「呼吸學」專家的史迪・施雲生、貝特朗・丹尼士、荷西船長、麻省理工學院多媒體實驗室的史蒂文・基廷、開源水下載具的大衛・朗、海衛潛艇的馬克・德佩，還有泰德・潘瑟以及亞當・費雪。英國「輪廓出版社」的丹尼爾・克魯在撰寫初期就毫不吝惜地給予我鼓勵與支持，並且在最後提供了出色的編輯建議，感謝你丹尼爾。

我也非常感謝具有專業精神的電影製作人伊曼紐爾・沃恩・李和他的團隊工作人員的支持，他們在斯里蘭卡拍攝抹香鯨的行動中，遭遇艱困環境所帶來的挫折，但他們並未因此而哀嚎。另外，我還要特別感謝尚―瑪麗・吉斯蘭，他擁有絕佳的水下攝影專業，他的水下照片是我見過最好的作品；另外他在外交方面的應對，讓我們的旅程進展得更為順利。

本書收錄了一些美得令人驚嘆的超凡照片，主要由以下朋友的提供：佛瑞德・布伊爾（nektos.net）、尚―瑪麗・吉斯蘭（ghislainjm.com）、楊・歐利亞、奧利維爾・博德（olivierborde.tumblr.com），以及安妮莉（anneliepompe.com）。感謝你們這些優秀的法國人、比利時人，還有那些不是法國人的人！

當你上網想搜尋一些相關資料時，推薦你瀏覽漢莉・普林斯露的「我是水」網站（iamwater.co.za），以及鯨魚和海豚區域數據庫（darewin.org）。這兩個接地氣的組織持續性地實踐著海洋探索與保護任務，它們總是直接行動，而且以最少的預算來完成想做的事，到目前為止已經漸漸產生影響力，推薦熱心者可以與他們聯繫，加入他們。

來自《男士雜誌》的威爾・卡克瑞爾，不知道用什麼原因說服了他的老闆，派一位之前沒合作過的作家前往一座之前沒聽說過的島嶼，他們想報導的主題是一個還在構想階段、可能會失敗的專案，也就是我們在留尼旺島上採訪的「友善鯊魚」專案，該專案的成果——一篇名為〈鯊魚耳語者〉的報導——刊登在二〇一二年六月號的《男士雜誌》上。假如不是威爾天外飛來一筆的構想，我這輩子都不可能前往留尼旺島，也永遠不可能認識法布里斯・斯格諾那；如果沒有這個開端，那麼過去兩年來我對深海的探索之旅很有可能都不會發生。謝謝你們，威爾以及《男士雜誌》的同仁們（我想對大家說，你們千萬不要被《男士雜誌》封面的潮男照片誤導，這本雜誌裡頭有許多深具內涵的內容，是品質最好的雜誌之一）。

假如你還沒搞清楚究竟是怎麼一回事，自由潛水其實是一種危險且致命的運動，已經有許多自由潛水人抱著僥倖或自欺欺人的態度進行潛水，結果導致了每年都有很多玩家死於本來可以預防的事故中。由美國自由潛水學校的埃里克·皮農以及沉浸自由潛水學校的泰德·哈蒂提供的教學課程，都非常扼要地強調一個最基本的規則，宣揚這個規則拯救了成千上萬的初學者。如果你想接觸自由潛水，想潛入深處，那麼你必須從最基礎開始學。去這些教學機構上課，和講師們面對面，並且聽從他們給予的最重要忠告：了解你的極限，永遠不要一個人單獨進行自由潛水，永遠保持鎮靜。

威廉·特魯布里奇肯定不會贊同這本書中的許多觀點，我當然也不贊成像威廉·特魯布里奇那樣的自由潛水風格，但我仍然要感謝他在希臘與我交談了五個小時，他給了我下定決心要深入了解自由潛水的動機。

你們是否曾經在杜拜機場看到一個怪人，臉上罩著一件T恤、四肢打開地躺在一排椅子上睡覺？那就是我，在杜拜機場停留十七個小時等待轉機。為了這本書，我有一年半的時間，很少在家。布倫特·約翰遜和梅勒·西弗特在這幾個月幫忙照顧我的狗「費斯」。阿曼達的針灸館在我長途奔波之後治癒我的身體，循環社區針灸也助我讓一切順利進行，感謝成員珍、大衛和梅麗莎。

七年前，母親警告我永遠不要辭掉日常工作。睿智的母親在很多事情上都是正確的，但唯獨這件事是錯的。我很感謝母親，但我仍然會持續保持著向外拓展各種可能性的態度，隨時做好啟程前往未知領域探索的準備。

《深》這本書是我穿梭於舊金山寫作協會、加州因弗內斯各式各樣的出租小屋、舊金山力學學院圖書館二樓辦公桌之間所寫成的。

這本書是獻給那些翻轉生命總開關的人。

註釋

-20

第三六頁

珊瑚沒有眼睛、**沒有耳朵**、**也沒有大腦結構**：自從一九八一年首次發現珊瑚的大規模產卵以來，同步產卵這個奇異的行為一直困擾著科學家。既然珊瑚是沒有視覺及聽覺的原始生物，但牠們可能擁有比我們更先進的溝通方式。

二〇〇七年，一群澳洲和以色列的研究人員試圖找出珊瑚互相聯繫以達到同步產卵的機制。他們發現珊瑚有一個叫做CRY2的基因，這組基因可以區分光線細微的變化。許多植物和動物，包括人類在內，都擁有CRY2基因；這個基因可以敏銳地察覺環境光照亮度以及感知磁場的細微變化。在人類之中，CRY2蛋白有助於設定睡眠的生理時鐘以配合地球晝夜的規律，也可能與憂鬱症及情緒障礙有關。珊瑚可能使用了此基因，作為原始的眼睛，以感知環境狀態。

「這個特別的基因，使珊瑚能夠感知環境中的藍光，以藉此計算出月亮所處的相位。」二〇〇七年十月二十二日在《科學》期刊上一篇研究報告的共同作者比爾．萊格特指出。《科學》期刊上進一步解釋道：他和一部分的科學家相信，利用這些CRY2基因，珊瑚就能夠感知季節的交替，並藉此達到在特定日子裡同步產卵的現象。這個研究結果即是在說明，珊瑚之間並沒有什麼神奇的心電感應，牠們只是透過特殊基因從天空中獲取時間線索，以此計算日子。

有些人被萊格特新的理論說服了，可是這個理論仍然和現有的許多研究結果牴觸。例如，萊格特的研究中沒有辦法說明，即使在沒有光的環境下，珊瑚也會有同步產卵的行為。換句話說，一大塊生長在完全陰影區裡的珊瑚，仍然會和幾十公尺深、幾百公里外的其他珊瑚同步產卵。在世界各地的水族館，都曾經目睹這種現象。

若我們拋開理論不談，在二〇〇七年的時空背景下，珊瑚具有CRY2基因，該發現本身已經具有足夠的新聞價值。對於萊格特和其他科學家而言，這已是人類與海洋乃至海洋中最原始動物緊密聯繫的證據。

萊格特說：「大約在二．四億年前珊瑚開始演化並繼承CRY2前，它早就已經存在了，直到今天，該基因仍同時存在於動物與人類體內。」昆士蘭大學海洋科學主任奧夫．霍格－古德堡談到CRY2基因的發現時說道：「該研究證據顯示珊瑚和人類在演化上具有親戚關係，在久遠的過去曾經有共同的祖先。」

看來，人類與海洋之間的聯繫不只是一般人認知的動物，也和海底堅硬的白色岩石塊有所關聯。

-90

第五五頁

有延長壽命的效果：法國生理學家保羅．伯特對此題目展開研究，比起夏爾．里歇還早了二十年。伯特早在一八七〇年代開始進行首次的動物兩棲反射實驗。為了實驗，伯特試著淹死雞、鴨，並計算牠們淹死的時間。在水中的鴨子可以持續七到十六分鐘才死亡，而雞隻只能存活約三分鐘半。從科學的角度來看，這樣的實驗似乎沒什麼意義，但這兩種在生物學上高度相似的物種——具有相似的肺容量、體重以及循環系統——從實驗結果來看，水似乎能延長鴨子的壽命，卻反過來加速雞隻的死亡。

為了澄清疑點，伯特後續又進行了一系列奇異的實驗，他將實驗名稱命名為「封閉容器內的死亡」。這種實驗方式使得找尋答案的過程非常可怕，但卻又帶來真正的啟發性結果。他這次將鴨子放血，使牠們體內的血量與雞隻相近，再將兩隻一起淹進水裡，觀察雞與鴨的死亡速度（結果發現，雞的死亡速度仍快上二至三倍）。他把剛剛出生的小貓塞進鐘形罐裡，並將罐子密封，量測牠們的死亡時間（結果小貓的死亡時間與勒死成年貓的時間差不多）。他還曾將一條狗抽血採樣，之後殺死牠，用一根電線穿過狗的嘴和肛門，並將這根電線通入電流，研究通電的屍體是不是會導致屍體內的氧氣濃度發生變化（結果並沒有改變）。他用不同的瓶子盛裝尿液，並將瓶子暴露在不同的氣壓下長達數日。結果是——用伯特自己的話來說——「外觀上完全混濁、高度鹼性、非常的臭。」

經過多達六百五十次的實驗，伯特殺死了幾十隻狗、麻雀、老鼠、貓、幼貓、兔子、貓頭鷹、雞與鴨子，還省去了很多次上廁所的時間，但他沒有因此更理解為什麼水中的鴨子可以比雞或其他動物存活得更久。在他漫長荒誕的實驗過程中，他確實發現了一個科學事實——呼吸高濃度的氧氣會導致氧氣中毒（後來稱之為「保羅．伯特效應」）。伯特的著作、篇幅高達一千零五十頁的《氣壓：實驗生理學研究》在一八七八年出版後，立即成為該領域的經典文獻，並為下一個世紀才要展開的水肺潛水和高空飛行預先做了理論的鋪陳。今日，伯特被認為是航空醫學之父。

第五八頁

幾十年前，他曾經在潛入深海的海豹身上觀察到相同的現象：到了一九六〇年代後期，科學家對動物的潛水生理學研究手法越來越怪誕離奇。其中又以海洋動物生理學家羅伯特．埃爾斯納的研究最古怪。埃爾斯納於一九六九年透過《耶魯大學生物學和醫學期刊》發表他的一系列實驗，其中包括切開懷孕綿羊的腹部，直接檢查母體和胎兒對窒息的生理反應。後來，埃爾斯納與另外兩名研究同事哈蒙德與帕克一起前往南極大陸，在那裡對野生威德爾海豹進行類似的實驗。他們發現綿羊和海豹的胎兒都會對窒息做出類似的生理反應：心率下降、血液被重新分配到重要器官內。

第八七頁

氮醉：利用配重或是動力機械輔助的方式進行大深度自由潛水，潛水員就必須面臨氮醉的風險，尤其是在短短幾個小時內快速並連續數次下潛到超過三十公尺的深度，血液中的氮氣含量會累積到達危險的水準。古代南太平洋珍珠採集者每天下潛高達四十至六十次，有時甚至會深潛達四十二公尺深，他們多半患上一種他們俗稱為「塔拉瓦納」的嚴重疾病，其主要症狀是：頭暈、麻木、視覺混亂，這和後來被稱為減壓病的疾病非常相似。在一九七〇年代，愛德華·蘭菲爾博士指出減壓病很容易避免，只要潛水深度減少，或是在水面的休息時間是潛水時間的兩倍，也能夠避免減壓病。足夠長的時間，能夠讓身體排出血液中的氮氣。

-200

第一三九頁

迄今為止人類在地球上所能發現最敏銳的生物感官能力：目前的實驗研究，只有當鯊魚在非常接近目標時（大約距目標僅剩九十公分），鯊魚才對電訊號有所感受。研究人員現在認為，鯊魚使用感電來調整下巴的方向，這樣才能對獵物進行更準確的攻擊。例如，在即將襲擊獵物的最後幾十公分，大白鯊會將眼睛翻轉藏入頭部以保護眼球，在沒有視覺的情況下，牠們透過電訊號的引導感知獵物的精確位置。

第一四三頁

講澤套語的人：相關參考資料：Deutscher, *Through the Language Glass*。

第一四五頁

沒有被綁上磁鐵的受測學生比綁上磁鐵的學生較能指出正確的方向：對照組學生（沒受磁鐵干擾）中，有百分之七十七的學生能夠以百分之七十五的正確率指出家鄉的方向。但配戴磁鐵的學生中，只有百分之五十的學生做出正確的指向。其他測試也產生了類似的結果（參見貝克的著作*Human Navigation*第五十二頁）。

第一四七頁

人類發生磁感能力的機率小於〇．〇〇五：大約在十年前，西安大略大學的研究人員開始研究極低磁場對人類大腦的影響，對大腦進行一系列與磁場相關的測試。大多數的測試數據顯示，非常低的磁場對處理無意識思考和感覺的大腦區域具有持續、甚至非常深遠的影響。在二〇〇九年進行的一項測試中，研究人員觀察了極低磁場對三十一名志願者的影響，該實驗的目的是為了找出大腦中極低磁場影響的確切區域和相關機制。實驗的方法是讓每位志願者進入功能性核磁共振儀內，並用加熱棒刺激志願者。接下來，研究人員將志願者分成兩組，在對照組中，他們重複了完全相同的實驗，沒有任何其他變因；但另一組志願者，則暴露在小於兩百微特斯拉（度量磁通量的單位）的微弱磁場中。

不論是對照組或是暴露在磁場下的實驗組，對於以加熱棒進行的兩次測試所形成的痛感，都未回報有感受上的差異。然而有趣的是，暴露在微磁場下的實驗組，其大腦掃描的結果顯示，處理疼痛的大腦區域如前扣帶皮質、島葉、海馬迴發生了明顯的變化。暴露在微磁場下的實驗組，大腦所處理的疼痛訊號較少，腦中發生了明顯變化，但受試者本身並未察覺差異。

研究結果顯示，微弱磁場的影響並不是顯而易見的——也就是說，不會有意識地感覺到——而是潛在的影響。換句話說，它們可以在我們都沒有意識到的情況下影響我們。

地球磁場強度範圍，大約是二十五到六十五微特斯拉之間，大約比實驗中所使用的磁場強度小四倍。然而，地球的微弱磁場是否足以讓人類大腦感知方向，這尚未有人能解答。然而，這個實驗結果已經闡明了一些意義，足以激起西安大略大學研究人員的評論：「磁感可能比現在所想像的還要更加普遍。」

第一五七頁

法國籍世界冠軍奧黛莉．麥斯翠：許多人將麥斯翠的死歸咎於她的丈夫費雷拉斯，他負責檢查無限制自由潛水所用的下潛滑車，當然也必須包含確認滑車上壓縮空氣瓶有足夠的氣量。根據他們夫妻的密友兼自由潛水潛伴卡洛斯．塞拉的說法，他認為費雷拉斯嫉妒妻子在這個領域裡取得的成就，事發之前夫妻倆就已經瀕臨離婚邊緣了。塞拉和其他人大膽推測費雷拉斯故意讓氣瓶的氣量不足。一些船上的工作人員甚至回憶當天的情景，指出在麥斯翠正式潛水之前，已經多次向費雷拉斯確認氣瓶裡是否有足夠的氣量，費雷拉斯多次回覆確認氣量充足。即使到了今日，許多潛水員也將麥斯翠的死歸咎於費雷拉斯，而他則一直堅稱自己是清白的。多明尼加共和國免除他所有的罪責。就在麥斯翠去世一年後，費雷拉斯以無限制自由下潛的方式抵達一百七十一公尺深。

第一六〇頁

潛入驚人的七百三十公尺深：蘿倫斯．歐文注意到威德爾海豹具有超凡的大深度潛水能力，牠們潛水深度屢屢超過研究人員的預想，明明是哺乳類動物的牠們，具有如此超凡的潛水能力，彷彿牠們能從水中獲取氧氣。「從這些不同的敍述中，我們可以得到出結論，某些哺乳類動物抵抗窒息的能力遠遠超過人類，事實上，應該說人類無法理解為何牠們所攜帶的氧氣量能讓牠們潛水如此之久而不發生昏迷。」

第一七〇頁

有些人聲稱海女可以在水下停留長達十五分鐘：二十世紀後期的潛水科學研究只會讓這個謎團更增添神祕感。日本勞動科學研究所所長暉峻義等博士來到日本東南沿海進行監測工作時，意外發現海女驚人的潛水能力。他看著一位海女能下潛到二十六公尺深的水域，閉氣時間長達兩分鐘。即使在冬季，每位海女也僅穿著一條薄薄的棉布裙，儘管海水溫度低於攝氏十度。對於醫學博士出身的暉峻義等而言，這幾乎是不可能的事情。水面下二十六公尺的深度，其環境壓力是海平面的兩倍半，這樣的力量已經足以壓碎人體器官令肺部坍陷。而且，在這樣的低溫環境中，海女應該不出一個小時就會出現體溫過低的症狀，但事實上她們沒有這樣的問題，幾十年來她們每天潛水數小時，已經習慣在寒冷的天氣中潛入極端的深處，並且保持著完美的健康狀態。有些海女甚至已經高齡七、八十歲，仍然保持著潛水的習慣。暉峻義等對她們進行了許多實驗測試，測量海女們在深潛前後的吸氣和呼氣，試著尋找她們頂尖兩棲能力的生理線索。他的論文〈海女和她們的工作〉於一九三二年在德國發表，這是對閉氣潛水的第一次正式科學評論。這篇論文發表後產生的新問題比答案還要多，海女的神祕面紗並未被揭開，其神話依舊持續成長。

一九四〇年代，納粹受暉峻義等的論文啟發，對人體在水下的適應性展開了實驗。他們複製了日本海女每天潛水的時間表，將裸體的受害者浸入冰冷的水中長達數小時，並監測其生理訊號和行為變化。他們為了測試人體的恢復時間，直接將受害者從冰冷的水中拉出來，再直接投入沸水之中，讓體溫過低的受害者直接進入極熱的環境中，並且在實驗過程中為他們注射血清以觀察恢復時間的變化。他們直接剝奪了受害者的氧氣，直到他們缺氧昏迷，再讓他們直接呼吸混合氣體、二氧化碳等。這些駭人聽聞的實驗，大部分的實驗數據都被銷毀了，僅存的一點紀錄也被認為是不確定的。

也許真正的發現是納粹與暉峻義等沒有發現的。他們沒有發現海女本身有任何特別之處，除了肺部比一般女性稍大、體脂肪稍多以隔絕冰冷的海水。他們都沒有在海女身上發現任何基因異常或是有別於一般人的兩棲特徵。事實上海女的祕密與生理結構完全是兩回事，即使在今天，科學家對海女的理解也還存在著許多不確定。

-300

第一九五頁

海豚和其他鯨豚類動物都具有透視眼：在一九四〇年代初期，佛羅里達聖奧古斯丁海洋公園的館長亞瑟．麥克布萊德知道了這項研究，也開始研究自己手邊的海豚，他在工作生涯中廣泛地觀察海豚的行為，想確認海豚是否具有回聲定位的能力。十年來，他對海豚進行了詳細的紀錄，累積了龐大的觀測資料，但就在他快要能夠證明海豚具有回聲定位的能力之前，不幸於一九五〇年去世。

美國心理學家溫思羅普．凱洛格延續了麥克布萊德的工作，他找來了兩隻海豚，將牠們圈養在一個大水池裡。凱洛格在泳池中央架設一張大網，將泳池一分為二，但大網的兩端各有一個洞，海豚可以自由地穿過網洞在兩個區域來回穿梭。凱洛格先確認海豚可以輕快熟練地穿梭這兩個洞，接著，他找來一片透明壓克力，隨機地用透明壓克力蓋住網洞。實驗過程中，凱洛格還會臨時改變壓克力的位置，但因為是透明的壓克力，所以在水下幾乎無法以視覺辨識。兩個網洞不論有沒有被壓克力蓋住，看起來都是一模一樣的，然而，實驗的海豚在一百次中有九十八次選擇了沒有壓克力的網洞。

對凱洛格而言，這個實驗已經證明了海豚使用視覺以外的感官進行導航，而且很可能就是回聲定位。但這個實驗還是免不了被懷疑，也許海豚透過良好的視力看到了壓克力在水中的反光。一九六〇年代，洛杉磯加利福尼亞大學分校的動物學家肯尼斯．諾里斯設計了一個無懈可擊的實驗，清楚地證明了海豚具有回聲定位的能力。

諾里斯在泳池裡面建造了一個迷宮般的垂直管道，每個管道之間的距離只有幾十公分。接下來，他放一隻海豚進入池中，並且將牠的眼睛用橡膠吸盤貼住，這是一種專門為牠打造的眼罩，目的是暫時性讓海豚失去視覺能力。諾里斯將暫時性失明的海豚放入池中後，海豚立刻就適應了，罩著眼仍能在管道裡靈活地穿梭，接著諾里斯朝迷宮裡丟入一條魚，敏銳的海豚立即有反應並且很快地在迷宮裡找到了魚，並開心地吃掉。在五十八次的實驗中，眼睛被罩住的海豚沒有和管道發生任何碰種。這個獨具巧思的實驗設計，得到非常具有說服力的結果，諾里斯清楚證明了海豚存在著回聲定位的能力。

第二一四頁

相當於人類在上網聊天時，還一邊講著電話：約翰．坎寧安．利利談到這個實驗時表示：「牠們可以用哨聲溝通的同時，又用連串的咔嗒聲進行溝通，哨聲和咔嗒聲彼此完全不同步，各自獨立運行。這兩種聲音的切換也非常順暢，當一種聲音處在靜默狀態的瞬間，另一種型態的聲音又能持續運作。在這種多工式的溝通模式中，另一隻海豚也會採用類似的模式進行溝通。因此，一對海豚如果以多工模式進行溝通，那場對話聽起來會像是有兩對海豚同時在說話，一對用咔嗒聲，而同時運行的哨聲會令人誤以為有另一對海豚的存在。」（參見利利和米勒的著作《海豚之間的聲音交流》。）

第二二一頁

在接下來幾年破解鯨豚語言：當我和斯坦．庫查伊啃著羊角麵包，並等待其他組員的到來時，他利用這個空檔讓我了解更多關於海豚語言研究的輝煌歷史。大約在利利建立通訊研究所之際，美國海軍聘請了三位科學家，讓美國海軍水下作戰中心與這三人合作，一同打造一台機器，這台機器可以將人類的語言轉譯成海豚的哨聲，也能翻譯海豚的語言成為人類聽得懂的話。他們將這個研究計畫命名為「人與海豚交流專案」，直到一九六四年截止，這個由哈佛大學物理和機械工程系教授德懷特．韋恩．巴托博士領導的專案，在夏威夷的一座祕密實驗室裡對兩隻海豚普卡與茂宜進行試驗。巴托打造了一部「人豚翻譯機」，運作方式很直接：當巴托對著系統的麥克風說出一個單字時，這套系統會將人的聲音轉成類似海豚哨音的聲音，並透過水下廣播系統將聲音播放到普卡與茂宜所在的室外水池中；當普卡與茂宜回應這個聲音時，這套系統也能接收並即時地將牠們的哨音轉換為對應的人類語言單字。

巴托的一位研究夥伴帕特里克．弗拉納根聲稱，他們打造的人豚翻譯機已經能夠成功翻譯三十五個單字。經由學習後，普卡與茂宜能夠以有限的單詞創建簡單的句子，並且能回答人類的問題。弗拉納根認為以這樣的進展，能在十年內打造一個五百個單字的詞彙庫，屆時人與海豚之間的溝通將會更順暢。一九六七年，巴托的研究團隊完成了研究並準備要進行結案報告，他們寫到，這個研究計畫初步建立了人類與海豚之間的口語交流，巴托堅持這個研究計畫應該繼續下去，以擴大詞彙庫的規模。此研究成果與他的主張一時躍上了全國新聞，哈佛大學甚至邀請了巴托就他的研究成果發表公開演講。不幸的是，就在即將提交最終結案報告前，巴托離奇地陳屍在住家外的海灘上。驗屍官的報告指稱死因為溺水窒息，但對於認識巴托的人來說，這個結論是很令人懷疑的，因為巴托是一位出色的游泳運動員，而且身體狀態一直很健康。在巴托死後，美國海軍水下作戰中心關閉了人與海豚交流實驗室，結束了這項專案，並對所有的實驗紀錄標示為機密文件後封存管理，巴托大多數的實驗紀錄就此消失了。

早在一九六一年時，帕特里克・弗拉納根就被《生活》雜誌評選為「美國最重要的一百位青年男女」之一，他持續研究著金字塔的神密力量。他現在銷售一種特殊的洗面乳與叫做「晶體能量」的飲用水添加劑，聲稱將晶體能量添加進自來水後，可以將自來水變成一種促進健康和長壽的仙丹妙藥。他擁有一群粉絲，所經營的YouTube頻道有數十萬人點閱。

一九八〇年代，莫斯科「俄羅斯科學院」的兩位科學家宣稱已經建立了三十萬個人與海豚共享詞彙庫。在一份發表的報告中，首席科學家弗拉基米爾・馬爾科夫寫到，海豚透過廣泛的聲音信號進行溝通，語言結構上類似廣東話的聲調。這些信號組織的方式與人類語言相近，存在著一組音位，海豚將音位組合成音節，用音節組成單字，以單字組合成句子。馬爾科夫的報告裡提到，海豚有一個由五十一個脈衝音和九個自然音調的字母表，利用這些基本元素組合成豐富的海豚哨音。馬爾科夫於一九九〇年低調地發表了一篇論文〈瓶鼻海豚的溝通規則與架構〉。第二年，蘇聯政權解體，馬爾科夫的研究專案失去了資金來源，研究無以為繼，馬爾科夫從此消聲匿跡。

在過去的三十年裡，海豚溝通研究很大一部分被「新時代運動」所包裝。有些網站毫無根據地宣稱海豚回聲定位音可以用來治癒慢性憂鬱症、逆轉唐氏症以及一系列退化性疾病。如今體驗與海豚一起游泳的活動已經成為產值數百萬美元的商機，即使研究海豚的溝通已經成為冷門的科學領域。

這個領域裡正式的研究人員並不多，他們常被迫身兼其他工作，自己籌措研究相關的資金，他們多半沒沒無聞地獨自研究。其中一位是海洋生物學家丹尼絲・赫爾辛博士，她已經研究了二十年的海豚，過去的十五年裡，她每年都在巴哈馬待上六個月的時間，嘗試建構一套全新的海豚英語翻譯機。二〇一一年，她獲得了喬治亞理工學院人工智慧工程師的協助，打造了海豚英語翻譯機的原型機，稱為「鯨豚類動物的聽覺與遙測」，迄今為止，這套系統仍在修正中，尚未成功。

第二三〇頁

不論是斯格諾那本人或科扎克都沒有驗證這個假設：二〇一〇年，一位佛羅里達州的業餘海豚科學家傑克・卡塞維茨聲稱透過記錄海豚對一個三角形物體的回聲定位，事後將其錄音回放給另一隻海豚，海豚聽到後立即辨識出了聲音信號中所描述的三維結構，並且動身到海底拿取正確的三角形物體，他以此實驗證明牠們使用全像攝影溝通。卡塞維茨還沒有正式向科學界提交實驗的細節。我和另一位研究人員討論到這件事時，對方不以為然地斥責卡塞維茨是「出發點良善的新時代夢想家」。

第二九六頁

生活在水深九百公尺以下：沒有人能就深海中——或陸地上——未被發現的物種數量達成共識，那實在是一個沒有人知道答案的問題。我在文中所引用的數字是來自克萊兒．諾維安的著作《深海》，以及由蒙特利灣水族館研究所研究部門主席布魯斯．羅比遜在二〇一二年展示的投影片中的資料。二〇一一年發表在《PLOS生物學》期刊上的一篇文章〈在地球上的海洋中，存在著多少的物種？〉（http://www.plosbiology.org/article/info:doi/10.1371/journal.pbio.1001127），對這個問題做出了科學估計，指出海洋中尚未被發現的物種大約只有五十到一百萬，這個數字不包括病毒和細菌（幾乎無法計數）。根據發表在《每日科學》期刊上的海洋生物普查結果（http://www.sciencedaily.com/releases/2011/08/110823180459.htm），認為陸地上總共有六百五十萬種物種（百分之八十六的物種尚未被發現），而生活在九百公尺深度以下的物種數量尚不清楚，因為人類對該區域的調查尚不足百分之一。平均而言，從這個深度以下的撈網中所撈得的物種，大約百分之五十到九十都是身分不明的生物，而且在大多數情況下，每次從深海中拉出的生物，對科學界來說都是新的物種。

-3,000

第三二八頁

兩個物種之間似乎又具有驚人的相似之處：體形大小可能是最不重要的特徵，影響智力表現的因素很多，包括大腦皮質的複雜度和特定的腦細胞的存在數量（例如梭形細胞）。由於動物大腦的大部分都被降級成監督身體的功能，因此一九六〇年代的科學家認為，要準確的衡量智力標準，大腦重量與體重的比例是較佳的指標。基本的想法是，動物的體重越大，身體組織越龐大，運作的功能越多，就會需要越大的大腦控制身體各部位。扣除掉體重因素後，若大腦還有超額的質量，那麼就很有可能是用於高層次思考的腦力需求，這意味著具有更高的智力表現。基於這個概念，科學家建立一個數值指標用來衡量不同物種之間的智力水準，這個指標稱之為「腦化指數」。腦化指數值若為一，意味著該研究對象的腦質量與其所控制的體重相當。人類具有幾乎最高的腦化指數七，這代表人類的大腦有很大的比例並非用在控制、監控身體各部位。人類的近親黑猩猩，其腦化指數大約為二．五；狗的腦化指數落在一．七左右；而貓的腦化指數則非常接近一，貓剛好落在眾多物種的平均線上。而腦化指數排名第二的則是瓶鼻海豚，腦化指數為四．二。但抹香鯨的腦化指數僅有〇．三，低於平均線，大約和陸地上的兔子相當。

然而，越來越多近期的研究發現腦化指數並不如一開始所預想的那麼可靠。如果能夠以大腦的大小與動物大腦進化的方式做更複雜的評比，會是衡量智力表現更佳的指標。抨擊腦化指數的人指出，像是鯨鯊這類大型生物，牠可以長到十二公尺長，體重高達二十一公噸，但牠的大腦僅有三十六公克，換算下來，其腦化指數僅約〇．四五。還有一些鳥類，牠們的大腦非常迷你，但卻照樣能表現出非凡的認知功能，例如不同個體之間能夠溝通交流，甚至有些鳥類還懂得使用工具。其他動物例如水母，甚至沒有腦部構造，但依然能在極端環境中生存、捕獵食物、進行交配。

當我與斯坦．庫查伊討論腦化指數的優點時，他總結說：「我們現在根本不知道大腦是如何運作的，在不足的情況下，根本無法用這些方程式中的任何一種做出這些假設。」

第三二九頁

「**我非常肯定，牠們是非常聰明的動物。**」參見http://www.newscientist.com/article/dn10661-whales-boast-the-brain-cells-that-make-us-human.html.

第三三六頁

抹香鯨使用的語言可能是數位化的：其中一種典型的「嘎吱聲」通常是用來做短距離的回聲定位，距離約數百公尺內；而一般性的回聲定位音或是社交用途的咔嗒聲可以延伸數十甚至上百英里。低頻、緩慢的抹香鯨咔嗒聲如果沿著「深水聲道」——六百到一千兩百公尺的深度範圍——發音，聲音甚至可以從地球的這端傳到另一端，因為聲音能在這個特殊的狹窄聲道中低阻耗傳播得很遠而不會消散。這種原理就像是我們用一根繃緊的繩子連接兩個錫罐，在錫罐裡說話，透過繩子將聲音傳遞給另一端。

一九五〇年代，美國海軍將水聽器沉入深水聲道內，想藉此監聽敵方潛艦的動靜。除了聽到遠方潛艇的聲音，工程師們還聽到奇怪的呻吟聲，他們將這種未知來源的聲音以他們當時正在執行的祕密潛艇專案的名稱命名為「耶洗別怪物」。後來知道，那並不是什麼未知的怪物，而是藍鯨和長鬚鯨的叫聲。鯨魚似乎長久以來都知道能透過深水聲道聯絡數百甚至數千英里外的同伴。

後來，在一九九〇年代，一個國際科學家小組通力合作建造了一個巨大的望遠鏡，並將其沉入法國土倫外海約兩千五百公尺深的地方。這台名為「心宿二」的望遠鏡目的是在探測微中子、次原子粒子。科學家需要透過對次原子粒子的觀察，幫助他們了解黑洞和宇宙暗物質。當心宿二水下望遠鏡第一次部署完成後，捕捉到的不是微中子的訊號，而是鯨魚的歌聲。現在已經證實，鯨魚可以在特定的水深中，以超高效率的波長發聲，讓聲音訊號在深海中遠距離傳輸，這種現象在物理架構上類似於次原子粒子以特定的物質波長在宇宙中長距離遊歷。

第三四三頁

他們將鯨魚的遺體放置在面向南方的海灘上：對於這個故事的真實性（對你們大多數人來說並不重要），現在已經有很多考證指出有數百年歷史的克里斯托弗．赫西事件與歷史不符。歷史學家經過辯證後，根據當時的紀錄，那個年代的「克里斯托弗．赫西」要麼是一名六歲的男孩，或者是一名二十歲但已經死去的人。他們懷疑傳說中的赫西可能是克里斯托弗的孫子之一，但這已經無從考證起。

第三四七頁

這是當時地球上的總抹香鯨數量的五分之一：引用自艾利斯所著《大抹香鯨》一書。

第三五〇頁

對鯨豚研究人員來說，研究的同時也必須和時間賽跑；相關數據引用自二〇〇五年的一部紀錄片《鯨群的生活》。

譯者後記

我已經離開大海很久也很遠了。我的人生中，曾經有完整的十年以自由潛水為生活的主軸。這十年期間，不分季節，也不在意海面是放晴或是陰陰細雨，無論氣溫是八度還是三十七、八度，至少一個月會有兩個週末到蘇澳港南堤進行自由潛水。

在我開始自由潛水的那個年代，台灣自由潛水人數非常稀少，大家分散各地，幾乎都是獨潛。許多人像我，讀了一些國外的新聞報導與文章後，自己買了裝備穿兜起來，找一片海域就往裡頭跳。每一次活著回來，我都興奮地在部落格、網路論壇分享心得。這樣的土法潛水時代，很慶幸已經過去了。如今台灣有不同的自由潛水教育訓練體系健全地運作著，現在想接觸自由潛水的人，只要循序漸進接受教育系統按部就班的安排，可以較安全地體驗自由潛水。

我曾經自由潛水了十年，如今再回頭看，我離開自由潛水也十年了。在我平凡的人生中，自由潛水的那段日子，有幸遇見大海璀璨的一面，也在海的深處享受過沒有寂寞成分的獨處時光。在我平淡的人生旅程記憶裡，鑲著一顆最閃亮的寶石：自由潛水。

在離開海的很多年後，有一個夜晚，我獨自在新竹尖石的深山中過夜。

在非常深的夜裡，我從帳篷中醒來，所有森林動物的聲音都消停了。遠方的大風飛掠大平洋海面，經司馬庫斯山區，越過陵線，再刮向我所在這片森林的樹冠層，一陣接著一陣地吹襲著如墨般黑夜裡的山林大地。森林的樹冠層在大風中搖曳、摩擦、拍擊，無數枝條與嫩葉撞擊產生一種細密但磅礡的聲浪。

迷迷濛濛中醒來，越聽越覺得這聲音很熟悉……我曾經閉著氣躺在海底時，被這樣的聲音包圍，也曾經在無數個夜晚的夢裡，夢見自己沉浸在這溫暖的聲場中。那是海浪在遠方的海岸上來回推動無數的圓滑礫石碰撞，產生一種綿細的、粉紅色的雜訊音。

這是在寧靜的海底，才能聽見的海潮之聲。

此時黑森林的底層，一頂豔橘色的寂寞帳篷，孤獨的我躺在裡頭，聽見廣袤原始的黑森林正在合奏著屬於海洋的歌。在寒冷的空氣裡，我禁不住驚嘆地呼出一團霧氣。此刻我才弄明白，我內心深處有多麼地思念大海。在那些年裡無數個日子中，我仰躺在六、七層樓深的海底，那柔軟細緻的沙底上，舒張四肢輕輕閉上雙眼，上方海面上刺眼的陽光，來到這個深度轉為溫柔的粼粼波光，柔和的光線如風般掠過海的大地，與海潮的聲音一起撫摸著我的身體。這是自出生以後再次回到溫暖的羊水狀態，在這裡沒有寂寞，只有唯美的獨處。

大海令我一生對她有著無限的迷戀。

在我離開自由潛水後的這十年裡，台灣的自由潛水規模壯大的速度，簡直是等比級數式發展。但我們這些領略過自由潛水之美的人，都不應該對這樣的發展感到意外，因為我們曉得，大海對人的包容，還有她帶給我們不可思議的美的感受，這當然是一項會吸引許多人投入的運動。森林與海的深處並非是寂靜無聲的，之所以能讓你感到平靜，是因為一旦你身處其中，你能感受到被完整地接納與包容。任何人們想走入自然原野的念頭，都是值得鼓勵的，因為那才是我們本該存在的地方，我們所有人都應該暫時性離開文明，進入原野中找回與自然的連結。當你重返人間文明後，你會更曉得自己的位置與生命的美好。

自然原野的美麗與感動，在於她的危機四伏，大自然永遠會在你不經意的時候，測試你對返回老家之路是否帶著崇敬的心。

無論你上過什麼樣的課程，你都不能認為自由潛水很安全。在沒有任何動力機械的輔助與保護下的野外，我們用最柔弱的身體直接面對原野，我們是最脆弱的。只要願意遵守原則，自由潛水的風險一定程度上是可以控制的，但它並不是安全的運動，我們不能輕忽其致命的可能。

我們的一些朋友，也許意外、也許一時大意，他們永遠留在海裡了。

我們選擇了相同的方式進入大海，這是一條少人走的路。我們曾經在同一片海域潛水，曾經一次又一次地用相同的方式，進入海面下一般人無法企及的地方。我們這群人，內心都曾有過相同的感動，那是旁人所無法理解的。每次當我又聽到有自由潛水人發生意外，或失蹤在汪洋裡，也許就是我的朋友，或是朋友的朋友，但即使我與對方素昧平生，我都曉得這世上有一位可以和我一見如故的人離開了。每一次意外都令活著的人非常悲痛，但我們終究要繼續前行，重新踏上這條美麗的道路，重新找回大家心裡曾共有的感動，才是對已逝朋友最好的懷念。

隨著自由潛水這項運動的快速普及，希望不會帶給未入門者錯誤的鼓舞。自由潛水值得所有人都來嘗試，但請切記，意外隨時都可能再發生，行前請充分受訓，潛水過程中嚴格遵守潛伴制度，始終抱持尊敬大自然的心理。

0

卡拉馬塔 Kalamata
《戶外》 *Outside*
水肺
self-contained underwater breathing apparatus, SCUBA
威廉・特魯布里奇 William Trubridge
萊恩・拉克提 Ryan Lochte
低空跳傘 BASE jumping
哺乳動物潛水反射
mammalian dive reflex
生命總開關 Master Switch of Life
佩爾・蘇蘭德 Per Scholander
磁感 magnetoreception
赫伯特・尼奇 Herbert Nitsch
電鰩 electric rays
內火冥想 Tum-mo meditation
抹香鯨 sperm whales
珍・古德 Jane Goodall

-20

水瓶座 Aquarius
基拉哥島 Key Largo
索爾・羅瑟 Saul Rosser
林賽・德尼安 Lindsey Deignan
海底科學工作者 aquanaut
勞埃德・戈德森 Lloyd Godson
法比安・庫斯拉 Fabien Cousteau
透光帶 Photic (Sunlight) zone
愛德蒙・哈雷 Edmond Halley
約翰・萊斯布里奇 John Lethbridge
約翰・迪恩 John Deane
沉箱病 caisson disease
唐・沃爾希 Don Walsh
雅克・皮卡爾 Jacques Piccard
的里雅斯特 *Trieste*
馬里亞納海溝 Mariana Trench
雅克・庫斯托 Jacques Cousteau
大陸棚 Conshelf
《沒有太陽的世界》
A World Without Sun
布拉德・佩德羅 Brad Peadro
奧利奧 Oreo
史蒂芬・麥克莫里 Stephen McMurray
約翰・漢默 John Hanmer
幽閉煩躁症 cabin-fever
奶油氣彈 Whip-It
奧托・羅騰 Otto Rutten
呼吸調節器 regulators
浮力背心 buoyancy-control devices

-90

雷蒙多・比歇爾 Raimondo Bucher
卡布里島 island of Capri
羅伯特・波以耳 Robert Boyle
夏爾・里歇 Charles Richet
阿托品 atropine
史蒂凡・米夫薩德 Stéphane Mifsud
無限制項目 No-limits apnea
潛水射魚 spearfishing
阿德爾・阿布・哈利卡
Adel Abu Haliqa
帕特里克・穆西穆 Patrick Musimu
〈又一個陣亡〉
Another One Bites the Dust
皇后樂團 Queen
《水世界》 *Waterworld*
雅尼・喬治歐 Yanis Georgoulis
安全繫繩 Lanyard
出水流程 surface protocol
國際自由潛水發展協會
International Association for the Development of Apnea, AIDA
卡拉・蘇・漢森 Carla Sue Hanson
恆重無蹼
constant weight without fins, CNF
攀繩下潛 free immersion
靜態閉氣 static apnea

北濱淳子 Junko Kitahama
阿克迪泰格多斯度假酒店
Akti Taygetos Hotel
漢莉・普林斯露 Hanli Prinsloo
普利托利亞 Pretoria
我是水 I Am Water
麥西尼亞灣 Messinian Bay
生物發光 bioluminescence
皮平・費雷拉斯
Francisco Ferreras-Rodriguez,
Pipín Ferreras
單蹼 monofin
大衛・金 David King
莎拉・康貝爾 Sara Campbell
戴夫・肯特 Dave Kent
吉拉姆・內里 Guillaume Néry
《自由墜落》 *Free Fall*
斯塔夫羅斯・卡斯特里納基斯
Stavros Kastrinakis
馬里納・馬特烏斯 Malina Mateusz
娜塔莉亞・莫爾查諾娃
Natalia Molchanova
安東尼・科德曼 Antoni Koderman
米哈爾・里時安 Michal Rišian

-200

波旁島 Bourbon Island
度度 Dodo
佛瑞德・布伊爾 Fred Buyle
雙髻鯊 hammerheads
白鰭鯊 whitetips
法布里斯・斯格諾那 Fabrice Schnöller
大氣壓潛水服 atmospheric diving suits
暮光區 twilight zone
中水層浮游區 mesopelagic zone
愛德華・福布斯 Edward Forbes
無生命區域 azoic (lifeless) zone
麥克・薩爾斯 Michael Sars
海百合 sea lily
威廉・比柏 William Beebe
潛水球 Bathysphere
楠薩奇島 Nonsuch Island
奧蒂斯・巴頓 Otis Barton
威尼斯海灘 Venice Beach
康尼島 Coney Island
弗里德里希・默克爾 Friedrich Merkel
羅蘭加洛斯機場
Roland Garros International Airport
鯨魚和海豚區域數據庫
Database Regional for Whales and
Dolphins, DareWin
友善鯊魚 SharkFriendly
水下電影節 underwater film festival
博坎卡諾特 Boucan Canot
拉波塞雄 La Possession
馬庫斯・費克斯 Markus Fix
蓋・加佐 Guy Gazzo
威廉・溫拉姆 William Winram
雷姆斯汀 Rammstein
交流／直流 AC/DC.
《碧海藍天》 *The Big Blue*
賈克・馬攸 Jacques Mayol
安佐・馬奧卡 Enzo Maiorca
馬爾佩洛 Malpelo
加拉巴哥群島 Galápagos Islands
凶猛砂錐齒鯊
Smalltooth sand tiger shark,
Ragged-tooth Shark
斯特凡諾・蘿倫齊尼 Stefano Lorenzini
蘿倫氏壺腹 ampullae of Lorenzini
窄頭雙髻鯊 bonnethead
羅賓・貝克 Robin Baker
詹姆斯・庫克 James Cook
賴阿特阿島 Raiatea
圖帕亞 Tupaia
辜古依密舍 Guugu Yimithirr
馬克斯・普朗克心理語言學研究所
Max Planck Institute for Psycholinguistics

澤套語 Tzeltal
綠蠵龜 green turtles
史蒂文・雷珀特 Steven M. Reppert
聖吉爾萊班 Saint-Gilles

-250

阿莫迪 Amoudi
錫拉夏島 Therasia
百年靈 Breitling
《李普利的信不信由你》
Ripley's Believe It or Not
鮑勃・西蒙 Bob Simon
聖托里尼 Santorini
希爾維・麗特 Silvie Ritt
卡洛斯・科斯泰 Carlos Coste
班傑明・法蘭茲 Benjamin Franz
奧黛莉・麥斯翠 Audrey Mestre
蘿倫斯・歐文 Laurence Irving
威德爾海豹 Weddell seals
仁科 Nishina
澤田 Sawada
高彥 Takayan
奧維耶多 Gonzalo Fernández de Oviedo
瑪格麗特 Margarita
盧卡亞印第安人 Lucayan Indians
菲利伯托・韋爾納蒂爵士
Sir Philiberto Vernatti
芳子 Yoshiko
奇異子寵物 Chia Pet
福代馬努桑克 Fukuyo Manusanke
鈴木敏惠 Toshie Suzuki

-300

自然星球 Planet Nature
安娜貝爾 *Annabelle*
曼波鼓 bongo drum
門戶樂團 The Doors
〈暴風雨中的騎士〉
Riders on the Storm
尚・馬克 Jean Marc
齒鯨 Toothed whale
虎鯨 orcas
透視眼 x-ray vision
德尼・狄德羅 Denis Diderot
盲視 blindsight
詹姆斯・霍爾曼 James Holman
面部視覺 facial vision
卡爾・達倫巴哈 Karl M. Dallenbach
布萊恩・布施威 Brian Bushway
丹尼爾・基希 Daniel Kish
盲人探訪世界
World Access for the Blind
快閃聲納 FlashSonar
核磁共振造影 fMRI
瓶鼻海豚 bottlenosed dolphin
約翰・坎寧安・利利
John Cunningham Lilly
國家心理健康研究所
National Institute of Mental Health
美國精神病學協會
American Psychiatric Association
通訊研究所
Communications Research Institute, CRI
卡爾・愛德華・薩根
Carl Edward Sagan
梅爾文・埃利斯・卡爾文
Melvin Ellis Calvin
海豚會社 Order of the Dolphin
瑪格麗特・浩威 Margaret Howe
感官剝奪艙 sensory-deprivation tank
斯坦・庫查伊 Stan Kuczaj
湯姆・佩蒂 Tom Petty
種間研究 interspecies research
《灰色花園》 *Grey Gardens*
全像攝影溝通
holographic communication
科扎克 V. A. Ko-zak
聲波圖 sonogram

-750

埃里克・皮農 Eric Pinon
巨型馬鮫魚 kingfish
坦帕 Tampa
自由潛水學校
Performance Freediving International
伍迪・哈里森 Woody Harrelson
自由潛水人 Freediver
《紅瀝青》 *Red Asphalt*
乾性溺水 dry drowning
終末喘氣 terminal gasp
馬丁・斯捷潘內克 Martin Štěpánek
湯姆・西塔斯 Tom Sietas
大衛・布萊恩 David Blaine
布蘭科・彼得羅維奇 Branko Petrovi
芥子毒氣 mustard gas
奧卡拉 Ocala
烏桕樹 candleberry trees
四十噚石窟 40 Fathom Grotto
滯底時間 down time
平壓 equalizing
水下遙控載具
remotely operated underwater vehicle, ROV
阿爾文號 *Alvin*
伍茲霍爾海洋研究所
Woods Hole Oceanographic Institution
潛水器 submersible
乾船塢 dry dock
卡爾・斯坦利 Karl Stanley
反抗權威綜合症
defiance-of-authority syndrome
浮力可控水下滑翔機
controlled-by-buoyancy underwater glider, CBUG
羅阿坦島 Roatan
午夜區 midnight zone
羅阿坦深海探險機構
Roatan Institute of Deeposea Exploration
提基 tiki
食人族咖啡廳 Cannibal Café
巴布・馬利 Bob Marley
開曼海溝 Cayman Trench
海底熱泉噴發口 hydrothermal vent
馬克・羅斯科 Mark Rothko
濱鯛 Red snapper
瓦西里・齊布利耶夫 Vasily Tsibliyev
瓦列理・留民 Valery Ryumin
鮟鱇魚 anglerfish
海三色堇 sea pansy
愛德華多・卡克 Eduardo Kac
斑馬魚 zebra fish
螢光魚 GloFish
中水區 midwater
喬治・歐威爾 George Orwell
《巴黎倫敦落魄記》
Down and Out in Paris and London
軟泥 ooze
生物電 Bioelectricity
離子通道 ion channels
弗朗西絲・艾希克羅 Frances Ashcroft
《探索》 *Discover*
菲爾・普萊特 Phil Plait
硫醯基尿素類 Sulfonylurea
靈氣 Renki
普拉納 Prana
西藏苯教 Bön tradition
櫛水母 comb jellyfish
櫛板動物門 Ctenophora phylum

-3,000

水中的幸災樂禍
Subaquatic Schadenfreude
靜態閉氣訓練表 static tables
閉氣行走 apnea walk
伐爾沙瓦氏法 Valsalva maneuver
法蘭茲平壓法 Frenzel method
泰德・哈蒂 Ted Harty

卡爾克灣 Kalk Bay
南露脊鯨 Southern right whale
薩拉・坎貝爾 Sara Campbell
達哈布 Dahab
恆重下潛 Constant Weight, CWT
達蘭薩拉 Dharamshala
南非國家七人制橄欖球隊
Springbok Sevens
豐田海力士 Toyota Hilux
弗蕾亞 Freya
托爾金 Tolkien
尚一馬里・吉斯蘭 Jean-Marie Ghislain
鯊魚革命 Shark Revolution
感知轉變 perception shift
兩洋水族館 Two Oceans Aquarium
米勒斯點 Miller's Point
七鰓鯊 sevengill cow sharks
《自由潛水手冊》 *Manual of Freediving*
狄德羅・莫烏瑞 Diderot Mauuary
愛德華・霍普 Edward Hopper
鴿子島景觀民宿
Pigeon Island View Guesthouse
亭可馬里 Tricounamale
坦米爾猛虎解放軍
Liberation Tigers of Tamil
彼得・馬歇爾 Peter marshall
吉斯蘭 Ghislain
《鯨不哭泣》 *Whales Weep Not*
傑森・羅巴茲 Jason Robards
霍爾・懷德海 Hal Whitehead
下丘 inferior colliculus
外側丘系 lateral lemniscus
帕特里克・霍夫 Patrick Hof
奧馬爾・邦戈 Omar Bongo
咔嗒聲 clicks
嘎吱聲 creaks
尾聲 codas
相近性 proximity
終極海洋 4D 紀錄器 SeaX Sense 4-D
湯姆・克魯斯 Tom Cruise
克里斯托弗・赫西 Christopher Hussey
南塔克特島 Nantucket Island
埃塞克斯 Essex
歐文・科芬 Owen Coffin
赫爾曼・梅爾維爾 Herman Melville
《白鯨記》 *Moby-Dick*
拿塔尼爾・菲畢里克
Nathaniel Philbrick
《白鯨傳奇：怒海之心》
Heart of the Sea
亞伯拉罕・波諾・格斯納
Abraham Pineo Gesner
多氯聯苯
polychlorinated biphenyls, PCBs
羅傑・佩恩 Roger Payne
白鱀豚 baiji dolphin
功能性滅絕 Functional extinction
亞速爾 Azores
盧克・倫德爾 Luke Rendell
多明尼克抹香鯨專案計畫
Dominica Sperm Whale Project
法比安・德爾福 Fabienne Delfour
曼紐爾・沃恩－李
Emmanuel Vaughan-Lee
咔嗒聲研究公司 Click Research

-10,927

道格拉斯・巴特利特 Douglas Bartlett
拉霍亞的海洋學院斯克里普斯研究所
Scripps Institution of Oceanography in La Jolla
著陸器 landers
瑟琳娜深淵 Sirena Deep
佛克號 *RV Falkor*
施密特海洋研究所
Schmidt Ocean Institute
艾瑞克・施密特 Eric Schmidt
溫蒂・施密特 Wendy Schmidt

瑪麗皇后二號 *Queen Mary 2*
地中海俱樂部 Club Med
哈迦納 Hagåtña
麥肯尼峰 Mount McKinley
有孔蟲 xenophyophores
克馬得海溝 Kermadec Trench
白化蝦 albino shrimp
蝸牛魚 snailfish
亞伯丁 Aberdeen
特有種 endemic
多重世界理論 multiworld theory
阿德里安娜 Adrianna
乾實驗室 Dry Lab
《星艦迷航》 *Star Trek*
黑皮諾 Pinot Noir
傑克・柯里斯 Jack Corliss
加拉帕戈斯海溝 Galápagos Trench
過熱海水 superheated
安格斯 *Angus*
化學合成生命 chemosynthetic life
挑戰者深淵 Challenger Deep
詹姆斯・卡麥隆 James Cameron
深海挑戰者號 *Deepsea Challenger*
大衛・巴克萊 David Barclay
傑克・布萊克 Jack Black
深聲三號 *Deep Sound 3*
阿特・雅楊思 Art Yayanos
根特・瓦赫特紹澤
Günter Wächtershäuser
鐵硫世界學說
Iron–sulfur world hypothesis
湯理論 soup theory
喬治・柯迪 George Cody
邁克爾・拉塞爾 Michael Russell
威廉・馬丁 William Martin
《自然科學會報》
Philosophical Transactions of the Royal Society
大衛・普萊斯 David Price
僧帽水母 Portuguese man o'war
波多黎各海溝 Puerto Rico Trench

上升

深聲二號 *Deep Sound 2*
鬚鯨 Baleen whales
凱利・斯來特 Kelly Slater
水科技 AquaTek
驅鯊 Shark Repelling System, SRS

結語

尼古拉斯・梅沃利 Nicholas Mevoli
垂直湛藍 Vertical Blue
迪恩藍洞 Dean's Blue Hole

致謝

亞歷克斯・赫德 Alex Heard
實地考察 Field research
艾倫・賈米森 Alan J. Jamieson
羅伯特・弗里延胡克 Robert Vrijenhoek
巴特・謝波德 Bart Shepherd
約翰・貝文 John Bevan
保羅・龐甘尼斯 Paul Ponganis
海洋偵測器公司 Ocean Sensors
金・麥科伊 Kim McCoy
萊文格林伯格文學社
Levine Greenberg Literary Agency
丹妮爾・斯維考夫 Danielle Svetcov
埃蒙・多蘭 Eamon Dolan
蓋亞那 Guyana
朱莉・庫姆斯 Julie Coombes
馬克斯・蘭德斯 Max Landes
呼吸學 Breatheology
史迪・施雲生 Stig Severinsen
史蒂文・基廷 Steven Keating
開源水下載具 OpenROV
大衛・朗 David Lang
海衛潛艇 Triton Submarines
馬克・德佩 Marc Deppe

泰德・潘瑟 Tad Panther
亞當・費雪 Adam Fisher
輪廓出版社 Profile Books
丹尼爾・克魯 Daniel Crewe
楊・歐利亞 Yann Oulia
奧利維爾・博德 Olivier Borde
安妮莉 Annelie
《男士雜誌》 *Men's Journal*
威爾・卡克瑞爾 Will Cockrell
〈鯊魚耳語者〉The Shark Whisperer
倫特・約翰遜 Brent Johnson
梅勒・西弗特 Maile Sievert
循環社區針灸
Circle Community Acupuncture

註釋

比爾・萊格特 Bill Leggat
奧夫・霍格－古德堡
Ove Hoegh-Guldberg
保羅・伯特 Paul Bert
封閉容器內的死亡
death in closed vessels
《氣壓：實驗生理學研究》
Pressure: Researches in Experimental Physiology
羅伯特・埃爾斯納 Robert Elsner
哈蒙德 D. D. Hammond
帕克 H. R. Parker
塔拉瓦納 taravana
愛德華・蘭菲爾 Edward Lanphier
卡洛斯・塞拉 Carlos Serra
暉峻義等 Gito Terouka
亞瑟・麥克布萊德 Arthur McBride
溫思羅普・凱洛格 Winthrop Kellogg
肯尼斯・諾里斯 Kenneth Norris
《海豚之間的聲音交流》
Vocal Exchanges Between Dolphins
人與海豚交流專案
Man/Dolphin Communication Project
人豚翻譯機 man-dolphin translator
帕特里克・弗拉納根 Patrick Flanagan
《生活》 *Life*
俄羅斯科學院
Russian Academy of Sciences
弗拉基米爾・馬爾科夫
Vladimir I. Markov
音位 phonemes
丹尼斯絲・赫爾辛 Denise Herzing
鯨目動物的聽覺與遙測
Cetacean Hearing and Telemetry, CHAT
傑克・卡塞維茨 Jack Kassewitz
克萊兒・諾維安 Claire Nouvian
《深海》*The Deep*
蒙特利灣水族館研究所
Monterey Bay Aquarium Research Institute
布魯斯・羅比遜 Bruce Robison
《每日科學》 *Science Daily*
腦化指數 encephalization quotient, EQ
深水聲道 SOFAR
耶洗別怪物 Jezebel Monster
土倫 Toulon
艾利斯 Ellis
《大抹香鯨》 *The Great Sperm Whale*
《鯨群的生活》 *A Life Among Whales*

發光體 07

深：海洋怪奇物語；自由潛水人、叛逆科學家與我們的海洋手足

作　　者　詹姆斯・奈斯特
譯　　者　黃珈擇
封面設計　示草設計　**內文排版**　游淑萍
副總編輯　林獻瑞　　**責任編輯**　簡淑媛

出 版 者　好人出版／遠足文化事業股份有限公司
新北市新店區民權路108之2號9樓
電話02-2218-1417　傳真02-8667-1065
發　　行　遠足文化事業股份有限公司（讀書共和國出版集團）
電話02-2218-1417　傳真02-8667-1065
電子信箱service@bookrep.com.tw　網址http://www.bookrep.com.tw
郵撥帳號 19504465　遠足文化事業股份有限公司
讀書共和國客服信箱：service@bookrep.com.tw
讀書共和國網路書店：www.bookrep.com.tw
團體訂購請洽業務部(02) 2218-1417 分機1124
法律顧問　華洋法律事務所　蘇文生律師
印　　製　中原造像股份有限公司　電話02-2226-9120

出版日期　2023年1月17日初版一刷　2023年7月12日初版三刷
定　　價　550元
ISBN　978-626-96892-5-5

國家圖書館出版品預行編目(CIP)資料

深：海洋怪奇物語；自由潛水人、叛逆科學家與我們的海洋手足／詹姆斯・奈斯特作；黃珈擇譯. -- 初版. -- 新北市：遠足文化事業股份有限公司好人出版：遠足文化事業股份有限公司發行, 2023.01
480面；14.8X21公分.（發光體；7）
譯自：Deep : freediving, renegade science, and what the ocean tells us about ourselves
ISBN　978-626-96892-5-5（平裝）

1. CSI: 潛水 2. CSI: 海洋學 3.CSI: 海洋生物

351.9　　111021740

讀者回函QR Code
期待知道您的想法